유클리드 원론

ΣΤΟΙΧΕΙΑ

ΕΥΚΛΕΙΔΗΣ

Published by Acanet, Korea, 2022

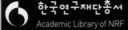한국연구재단총서 Academic Library of NRF　학술명저번역　640

유클리드 원론

ΣΤΟΙΧΕΙΑ

2

유클리드 **지음** | **박병하 옮김**

아카넷

일러두기

1. 이 책은 유클리드의 ΣTOIXEIA를 완역한 것이다. 번역의 저본은 요한 루드비 헤이베르(Johan Ludvig Heiberg)의 편집본(1883~1888)이다. 저본과 참고본에 관한 서지 사항은 참고문헌을 참조하라.
2. 본문에 삽입한 구문 중 저본의 편집자 헤이베르의 것은 대괄호로 묶었으며 옮긴이의 것은 소괄호로 묶었다.
3. 본문에서 앞서 나온 정의, 공준, 공통 개념, 명제를 뒤의 증명에서 참조한 것은 약호로 넣었다. 약호는 헤이베르 편집본의 라틴어 판을 따르되 옮긴이가 필요에 따라 가감했다. 예를 들어 약호 [I-3]은 '제1권 명제 3에 따라'라는 뜻이고 [I-def-15]는 '제1권 정의 15에 따라'라는 뜻이다.
4. 판본에 따라 차이를 보이는 정의, 공리, 명제의 항목은 꺾쇠로 묶었다. 이에 대한 자세한 설명은 해당 항목의 주석을 참조하라.
5. 주석은 모두 역주이다.
6. 본문의 볼드체는 옮긴이의 강조이다.

차례

제10권157

: •

157 제10권은 무리 직선들의 정의, 생성, 성격, 분류이다. 매우 추상적이고 논리적인 체계이다. 독자 스스로 해석을 시도하는 것이 좋지만 영어권의 연구 중 참조할 자료는 다음과 같은 것이 있다.

Taisbak, C. M. 1982. *Coloured Quadrangles: A Guide to the Tenth Book of Euclid's Elements.*

Fowler, D. H. 1992. "An invitation to read Book X of Euclid's Elements." *Historia Mathematica 19*, 233~264.

Knorr, W. 1985. "Euclid's tenth Book: an analytic survey." *Historia Scientiae 29*, 17~35.

Knorr, W. 1975. *The Evolution of the Euclidean Elements.*

Mueller, I. 1981. *Philosophy of Mathematics and Deductive Structure in Euclid's Elements.*

Pappus 저. Thomson.W. 영역. 1930. *The Commentary of Pappus on Book X of Euclid's Elements*, Arabic text and translation.

정의 1

1. 동일 척도로 재어지는 크기들은 **공약 크기들**이라고 말하고, 반면 그것들의 공통 척도가 결코 나올 수 없는, 그런 크기들은 **비공약** 크기들이라고 말한다.

2. 그 두 직선으로부터의 정사각형들이 동일 구역으로 재어질 때, 그 직선들은 **제곱으로[158] 공약** 직선들이고, 반면 그 두 직선으로부터의 정사각형들에 공통 척도인 구역이 결코 나올 수 없을 때, 그 직선들은 **제곱으로 비공약** 직선들이다.

3. 이러한 전제로부터 증명된다. 내보인 직선과 공약인 직선들 그리고 비공약인 직선들도 무한 개가 나타나는데, 어떤 것은 선형으로만 비공약이고, 어떤 것은 (선형으로 비공약이고) 제곱으로도 비공약이다. 그 내보인 직선을 **유리 직선**이라고 부르자. 또 그 직선과 선형이자 제곱으로

⁝

[158] "직선들이 제곱으로 공약이다"라고 의역한 부분의 원문은 εὐθεῖαι δυνάμει σύμμετροί εἰσιν 이다. 원문 δυνάμει는 정사각형으로 만들기(영어로 squaring)라고 이해할 수 있다. '제곱으로 공약의 뜻은 밝혀진 대로다. 즉, 두 직선으로부터 각각 정사각형을 그려 넣을 때 그 두 정사각형이 공약 가능한 경우다. 예를 들어 길이가 1인 직선과 길이가 $\sqrt{2}$인 직선이 있다면 이 두 직선은 그 자체로는 공약이 아니다(제10권 명제 115 다음에 그 사실을 명제로 제시한 판본이 있지만 본 번역에서는 싣지 않았다. 무리 직선에 대한 추상 이론인 제10권에서 유클리드가 그런 개별적인 사실을 담지 않았으리라고 보기 때문이다). 그런데 1로부터 그려 넣은 정사각형과 $\sqrt{2}$로부터 그려 넣은 정사각형을 비교하면 넓이가 1과 2가 되므로 넓이가 1인 단위 정사각형으로 재어진다.

공약인 직선은 혹은 (그 직선과 선형으로 비공약이고) 제곱으로만 공약인 직선은 **유리 직선**, 그 직선과 (제곱으로도) 비공약인 직선은 **무리 직선**이라고 부르자.[159]

4. 또 내보인 직선으로부터의 정사각형은 **유리 정사각형**이요, 그 정사각형과 공약인 구역은 **유리 구역**이요, 그 정사각형과 비공약인 구역은 **무리 구역**이라 부르자. 그리고 (그 무리 구역이) 정사각형이면 그 변들 자체가, 어떤 다른 직선형 구역이면 그 구역과 (넓이가) 같은 정사각형을 그려 넣은 변들이, 그 구역의 제곱근인 **무리 직선**이라 부르자.[160]

∴

[159] (1) 유리 직선의 원문은 ῥητός로 '말할 수 있는, 언명된, 지정된, 합리적인'이라는 뜻이다. 무리 직선의 원문은 ἄλογος로 유리 직선과 반대의 의미다. (2) 유리 직선은 유리수가 아니고 무리 직선은 무리수가 아니다. 예를 들어, 단위 길이 1에 대해 현대의 $\sqrt{2}$는 무리수이지만 유클리드의 분류에서는 유리 직선이다. 대신 $\sqrt{\sqrt{2}}$ 또는 $\sqrt{2}+1$은 현대의 무리수이고 유클리드의 무리 직선이다. 따라서 현대적 개념인 무리수와 그 표기법으로 제10권을 읽으면 오히려 헷갈리고 제10권의 논의가 모두 무의미하게 보일 수 있다. 낯설더라도 유클리드의 논의를 따라가면서 제1권부터 9권까지의 큰 흐름을 염두에 두고, 제13권의 명제 6과 명제 11, 그리고 명제 13부터 명제 18까지를 참조하며 독자 스스로 해석하기를 권한다. (3) 『원론』 전체는 '자와 컴퍼스로 생성되는 크기들'의 세계다. 그래서 현대적 수의 개념으로 $\sqrt[3]{2}$ 같은 크기는 『원론』이 구성하는 세계의 밖에 있다(자와 컴퍼스를 유한 번 써서 $\sqrt[3]{2}$을 작도할 수 없다는 사실은 19세기 초반에 증명된다). 따라서 『원론』에서는 그런 크기에 대한 언급이 없다.

[160] (1) 원문은 αἱ δυνάμεναι αὐτὰ ἄλογοι로 직역하면 '(정사각형)을 만들 수 있는 무리 (직선)들'이다. 현대의 무리수 개념과 혼동할 위험이 있지만 제곱근이라는 용어를 선택했다. 가독성을 고려했고 '제곱근'이라는 말 자체가 그런 뜻을 내포하기도 한다. 『원론』에서 정사각형은 '주어진 어떤 직선으로부터 생성된다'. 따라서 정사각형이 생성된 결과라면, 그 직선, 즉 변은 정사각형의 원천, 즉 뿌리이다. 결국 주어진 변은 정사각형의 근, 즉 제곱근이다. (2) 유클리드는 제10권의 정의 3과 정의 4에 나오는 무리 직선들은 같다고 전제한다. 과연 같을까? 『원론』에는 이 질문에 답하는 명제가 없다. 같은 넓이를 갖는 두 다각형이 같은 조각들로 분할된다는 사실은 19세기에 증명된다.

명제 1

제시된 같지 않은 두 크기에 대해, 큰 것에서 절반보다 큰 것이 빠지면, 또한 그렇게 하고 남은 크기에서 절반보다 큰 것이 빠지면, 또한 이것이 계속해서 발생하면, 제시된 작은 크기보다 더 작은 어떤 크기가 남게 될 것이다.

같지 않은 두 크기 AB, C가 있는데 그중 AB가 더 크다고 하자. 나는 주장한다. AB에서 절반보다 큰 것이 빠지면, 또 그렇게 하고 남은 크기에서 절반보다 큰 것이 빠지면, 또 이것이 계속해서 발생하면, C보다 더 작은 어떤 크기가 남게 될 것이다.

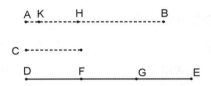

C를 (계속) 곱절하면 언젠가는 AB보다 크게 될 것이다[V-def-4]. 곱절하였고, DE가 C의 곱절인데 AB보다는 크다고 하고, C와 같은 DF, FG, GE로 DE가 분리되었다고 하고, AB에서 절반보다 큰 BH를, AH에서 절반보다 큰 HK를 빼냈다고 하고, AB 안에서의 분할이 DE에서의 분할과 같은 개수로 될 때까지 이것이 계속해서 발생한다고 하자.

DF, FG, GE 분할과 같은 개수로 있는 분할이 AK, KH, HB라고 하자. DE가 AB보다 크고, DE에서는 절반보다 작은 EG가, AB에서는 절반보다 큰 BH가 빠졌으므로 남은 GD가 남은 HA보다 크다. 또 GD가 HA보다 크고, GD에서는 절반 GF가, HA에서는 절반보다 큰 HK가 빠졌으므로 남은 DF가 남은 AK보다 크다. 그런데 DF는 C와 같다. 그래서 C가 AK보다 크다.

그래서 AK는 C보다 작다.

그래서 제시된 작은 크기 C보다 작은 크기 AK가 크기 AB에서 남게 된다. 밝혀야 했던 바로 그것이다. 빠지는 크기가 절반이라 해도 비슷하게 증명할 수 있다.

명제 2

[제시된] 같지 않은 두 크기에 대해 큰 크기에서 작은 크기를 매번 '연속 빼내기'하여, 그렇게 해서 남은 크기가 자기 자신 (바로) 앞(에 있던 크기)를 결코 재지 못한다면, 그 크기들은 비공약 크기들일 것이다.[161]

같지 않고 (그중) AB가 더 작은 두 크기 AB, CD에 대하여, 큰 크기에서 작은 크기를 매번 '연속 빼내기'하여, 나머지가 자기 자신 (바로) 앞(에 있던 크기)를 결코 재지 못한다고 하자. 나는 주장한다. AB, CD는 비공약 크기들이다.

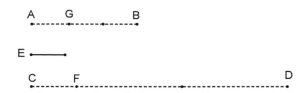

:•

---

161 제7권과의 연관성이 뚜렷한 명제이다. '연속 빼내기'라는 낱말인 ἀνθυφαιρέω는 제7권 명제 2에서 나왔고, '재다'라는 낱말인 καταμετρέω는 제7권의 정의 1, 3, 4와 명제 1에서만 쓰이는 낱말이다. 명제와 증명에 나오는 문장 구조도 흡사하다. 제10권의 전반부 명제들은 제7권의 전반부 명제들과 언어만 아니라 명제의 내용도 연관이 깊다.

만약 공약 크기들이라면 어떤 크기가 그 크기들을 잴 것이다. 혹시 가능하다면, 잰다고 하고 (재는 크기를) E라 하자. AB가 FD를 재고서 그 자신보다 작은 CF를 남겼는데 CF는 BG를 재고서 그 자신보다 작은 AG를 남기고, E보다 작은 어떤 크기가 남을 때까지 이것이 계속 발생한다고 하자. 발생했고 E보다 작은 AG가 남았다고 하자.

E가 AB를 재고 한편, AB는 DF를 재므로 E는 FD를 잴 것이다. 그런데 전체 CD도 잰다. 그래서 남은 CF도 잴 것이다. 한편, CF가 BG를 잰다. 그래서 E도 BG를 잰다. 그런데 (E가) 전체 AB도 잰다. 그래서 (E가) 남은 AG도 잴 것이다. 큰 것이 작은 것을 잰다는 말이다. 이것은 불가능하다. 그래서 크기 AB, CD를 어떤 크기가 잴 수는 없다. 그래서 크기 AB, CD는 비공약 크기들이다[X-def-1-1].

그래서 같지 않은 두 크기에 대하여 (…)이면, 기타 등등.[162]

명제 3

주어진 두 공약 크기들에 대하여 그 크기들의 최대 공통 척도를 찾아내기.

주어진 두 공약 크기 AB, CD가 있고 그중 AB가 작다고 하자. 이제 AB, CD의 최대 공통 척도를 찾아내야 한다.

크기 AB가 CD를 재거나 재지 못할 것이다. 만약 잰다면, 그 자신 또한 재므로 AB, CD에 대하여 AB가 공통 척도다. 또한 최대라는 것은 분명하다. AB보다 큰 것이 AB를 잴 수는 없으니까 말이다.

∴·

[162] 원문이 여기서 끝난다. 제10권과 제11권에서 이런 모호한 종결이 몇 번 더 등장한다.

```
A F        B
┣━━━━┅━━┫

C  E                    D
┣━┅━┅━┅━┅━┅━┅━┅━┫

G ┣━━┫
```

이제 AB가 CD를 못 잰다고 하자. 큰 크기에서 작은 크기를 매번 '연속 빼내기'하여, AB, CD가 비공약 크기들이 아닌 까닭에 나머지가 언젠가 자기 자신 (바로) 앞(에 있던 크기)를 잴 것이다[X-2]. AB가 ED를 재고서 그 자신보다 작은 EC를 남긴 반면, EC는 FB를 재고서 그 자신보다 작은 AF를 남기고 AF가 CE를 잰다고 하자.

AF가 CE를 재고, 한편 CE가 FB를 재므로 AF는 FB를 재기도 할 것이다. 그런데 (AF는) 그 자신도 잰다. 그래서 AB 전체를 AF가 잴 것이다. 한편 AB는 DE를 잰다. 그래서 AF도 ED를 잴 것이다. 그런데 (AF는) CE도 잰다. 그래서 전체 CD를 잰다. 그래서 AF가 AB, CD의 공통 척도이다.

이제 나는 주장한다. 최대이기도 하다.

만약 아니라면, AB, CD를 재는 AF보다 큰 어떤 크기가 있을 것이다. G라고 하자. G가 AB를 재고 한편, AB가 ED를 재므로 G도 ED를 잴 것이다. 그런데 전체 CD도 잰다. 그래서 남은 CE도 G가 잴 것이다. 한편, CE가 FB를 잰다. 그래서 G는 FB를 재기도 한다. 그런데 (G는) 전체 AB도 재고 남은 AF도 잰다. 큰 것이 작은 것을 잰다는 말이다. 이것은 불가능하다. 그래서 AF보다 큰 어떤 크기가 AB, CD를 잴 수는 없다. 그래서 AB, CD에 대하여 AF가 최대 공통 척도이다.

그래서 주어진 두 공약 크기 AB, CD의 최대 공통 척도를 찾아냈다. 밝혀야 했던 바로 그것이다.

따름. 이제 이로부터 명확하다. 어떤 크기가 두 크기를 잰다면 동일 크기들의 최대 공통 척도도 잴 것이다.

명제 4

주어진 세 공약 크기에 대하여 그 크기들의 최대 공통 척도를 찾아내기.
주어진 세 공약 크기 A, B, C가 있다고 하자. 이제 A, B, C의 최대 공통 척도를 찾아내야 한다.

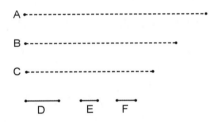

두 크기 A, B의 최대 공통 척도 D가 잡혔다고 하자[X-3]. 이제 D가 C를 재거나 못 잴 것이다. 먼저 잰다고 하자. D가 C를 재는데 A, B도 재므로 D는 A, B, C를 잰다.
그래서 D는 A, B, C의 공통 척도이다. 최대 공통 척도이기도 하다는 것도 분명하다. 크기 D보다 큰 것이 A, B를 재지 않으니까 말이다.
이제 D가 C를 못 잰다고 하자. 먼저 나는 주장한다. C, D는 공약 크기들이다.
A, B, C가 공약 크기들이므로, 분명히 A, B를 잴 어떤 크기가 그 A, B, C를 잴 것이다. 결국 그 어떤 크기는 A, B의 최대 공통 척도인 D를 잴 것이

다[X-3 따름]. 그런데 C도 잰다. 결국 언급된 크기가 C, D를 잴 것이다. 그래서 C, D는 공약 크기들이다[X-def-1-1]. 그 크기들 중 최대 공통 척도가 잡혔고[X-3] 그것이 E라고 하자. E가 D를 재고 한편, D가 A, B를 재므로 E는 A, B도 잴 것이다. 그런데 C도 잰다. 그래서 E는 A, B, C를 잰다. 그래서 E는 A, B, C의 공통 척도이다.

이제 나는 주장한다. 최대이기도 하다.

혹시 가능하다면, E보다 큰 어떤 크기 F가 있고 A, B, C를 잰다고 하자. F가 A, B, C를 재므로 A, B를 잴 것이고 A, B의 최대 공통 척도도 잴 것이다. 그런데 A, B의 최대 공통 척도는 D이다. 그래서 F가 D를 잰다. 그런데 C도 잰다. 그래서 F는 C, D를 잰다. 그래서 C, D의 최대 공통 척도를 F가 잰다[X-3 따름]. 그런데 (그 최대 공통 크기가) E다. 그래서 F가 E를 잴 것이다. 큰 것이 작은 것을 잰다는 말이다. 이것은 불가능하다. 그래서 E보다 큰 어떤 크기가 A, B, C를 잴 수는 없다. 그래서 D가 C를 재지 않는다면 E가 A, B, C의 최대 공통 척도이고 D가 C를 잰다면 D가 그것이다.

주어진 세 공약 크기들의 최대 공통 척도를 찾아냈다. [밝혀야 했던 바로 그것이다].

따름. 이제 이로부터 명확하다. 어떤 크기가 세 크기를 잰다면, 그 크기들의 최대 공통 척도도 잴 것이다. 마찬가지로 여러 개의 크기들에 대해 최대 공통 척도가 얻어질 것이고, 따름 명제는 계속 유효할 것이다. 이것이 밝혀야 했던 (바로 그)것이다.

명제 5

공약 크기들은 서로에 대해 수가 수에 대해 갖는 그런 비율을 가진다.

공약 크기 A, B가 있다고 하자. 나는 주장한다. A는 B에 대하여 수가 수에 대해 갖는 그런 비율을 가진다.

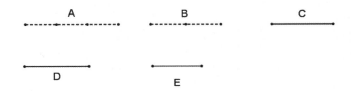

A, B가 공약 크기들이므로 어떤 크기가 그 크기들을 잰다. 잰다고 하고 (재는 크기가) C라고 하자.

단위들이 D 안에 있는 그만큼으로는 C가 A를 재는데 단위들이 E 안에 있는 그만큼으로는 C가 B를 잰다. C는 A를 D 안에 있는 단위들만큼으로 재는데 단위도 D를 그 D 안에 있는 만큼으로 재므로 단위가 수 D를 재는 것과 같은 만큼으로 크기 C도 A를 잰다. 그래서 C 대 A는 단위 대 D이다 [VII-def-20]. 그래서 거꾸로, A 대 C는 D 대 단위이다[V-7 따름]. 다시 C 는 B를 E 안에 있는 단위들만큼으로 재는데 단위도 E를 그 E 안에 있는 만큼으로 재므로 단위가 수 E를 재는 것과 같은 만큼으로 크기 C는 B를 잰다. 그래서 C 대 B는 단위 대 E이다. 그런데 A 대 C는 D 대 단위라는 것 은 밝혀졌다. 그래서 같음에서 비롯해서, A 대 B는 D 대 E이다[V-22].

그래서 공약 크기 A, B는 서로에 대해 수 D가 수 E에 대해 갖는 그런 비율을 가진다. 밝혀야 했던 바로 그것이다.

명제 6

두 크기가 서로에 대해 수가 수에 대해 갖는 그런 비율을 가지면, 그 크기들은 공약일
것이다.

두 크기 A, B가 서로에 대해 수가 수에 대해 갖는 그런 비율을 가진다고
하자. 나는 주장한다. A, B는 공약 크기들이다.

D 안에 단위들이 있는 그만큼 A가 분리되었고 C가 그 분리된 크기들 중
하나라고 하자. 반면 E 안에 단위들이 있는 그만큼 F가 C와 같은 크기들
에서 결합했다고 하자.

D 안에 단위들이 있는 그만큼 C와 같은 크기가 A 안에 있으므로, 단위가
D의 어떤 몫이든 C도 A의 동일한 몫이다. 그래서 C 대 A는 단위 대 D이
다[VII-def-20]. 그런데 단위는 수 D를 잰다. 그래서 C도 A를 잰다. 또 C
대 A는 단위 대 수 D이므로, 거꾸로, A 대 C는 수 D 대 단위이다[V-7 따
름]. 다시, E 안에 단위들이 있는 그만큼 C와 같은 크기들이 F 안에 있으므
로 C 대 F는 단위 대 수 E이다. 그런데 A 대 C가 D 대 단위라는 것은 밝혀
졌다. 그래서 같음에서 비롯해서, A 대 F는 D 대 E이다[V-22]. 한편, D 대
E는 A 대 B이다. 그래서 A 대 B는 (A 대) F이기도 하다[V-11]. 그래서 A가
B, F 각각에 대하여 동일한 비율을 가진다. 그래서 B가 F와 같다[V-9]. 그
런데 C가 F를 잰다. 그래서 (C가) B도 잰다. 더군다나 A도 잰다. 그래서 C

가 A, B를 잰다. 그래서 A는 B와 공약이다[X-def-1-1].
그래서 두 크기가 서로에 대해 (…)이라면, 기타 등등.

따름. 이제 이로부터 분명하다. D, E 같은 두 수와 A 같은 직선이 있다면 수 D 대 수 E는 직선 대 직선 (F)이도록 할 수 있다[V-11]. 그런데 A, F에 대하여 B 같은 비례 중항을 잡으면[V-13], A 대 F가 A로부터의 (정사각형) 대 B로부터의 (정사각형), 즉 첫째 직선 대 셋째 직선이 첫째 직선으로부터 (그려 넣어진 형태) 대 둘째 직선으로부터, (그것과) 닮고도 닮게 그려 넣어진 (형태)일 것이다[VI-20 따름]. 한편 A 대 F는 수 D 대 수 E이다. 그래서 수 D 대 수 E는 직선 A로부터의 (형태) 대 직선 B로부터의 (닮은 형태)이게 된다. 밝혀야 했던 바로 그것이다.

명제 7

비공약 크기들은 서로에 대해 수가 수에 대해 갖는 그런 비율을 갖지 않는다.
비공약 크기들 A, B가 있다고 하자. 나는 주장한다. A는 B에 대하여 수가 수에 대해 갖는 그런 비율을 갖지 않는다.

만약 A가 B에 대하여 수가 수에 대해 갖는 그런 비율을 가진다면 A는 B와 공약이다[X-6]. 그런데 아니다. 그래서 A는 B에 대하여 수가 수에 대해 갖

는 그런 비율을 갖지 않는다.

그래서 비공약 크기들은 서로에 대해 (…)인 비율을 갖지 않고, 기타 등등.

명제 8

두 크기가 서로에 대해 수가 수에 대해 갖는 그런 비율을 갖지 않으면, 그 크기들은 비공약일 것이다.

두 크기 A, B가 서로에 대해 수가 수에 대해 갖는 그런 비율을 갖지 않는다고 하자. 나는 주장한다. A, B는 비공약 크기들이다.

A •┄┄┄┄┄┄┄┄•

B •┄┄┄┄┄┄•

만약 공약이라면, A는 B에 대하여 수가 수에 대해 갖는 그런 비율을 가진다[X-5]. 그런데 아니다. 그래서 A, B는 비공약 크기들이다.

그래서 두 크기가 서로에 대해 (…)이라면, 기타 등등.

명제 9

선형 공약 직선들로부터의 정사각형들은 서로에 대해, 정사각수가 정사각수에 대해 갖는, 그런 비율을 가진다. 또 서로에 대해, 정사각수가 정사각수에 대해 갖는, 그런 비율을 갖는 정사각형들은 선형으로 공약인 변들도 가질 것이다. 반면 선형 비공약 직선들

로부터의 정사각형들은 서로에 대해, 정사각수가 정사각수에 대해 갖는, 그런 비율을
갖지 않는다. 또한 서로에 대해, 정사각수가 정사각수에 대해 갖는, 그런 비율을 갖지
않는 정사각형들은, 선형으로 공약인 변들을 갖지 않을 것이다.

A, B가 선형 공약 직선이라 하자. 나는 주장한다. A로부터의 정사각형은
B로부터의 정사각형에 대해, 정사각수가 정사각수에 대해 갖는, 그런 비
율을 가진다.

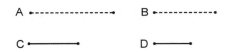

A가 B와 선형으로 공약이므로 A는 B에 대해 수가 수에 대해 갖는 비율을
가진다[X-5]. 수 C가 수 D에 대해 (갖는, 그런 비율을) 가진다고 하자. A 대
B는 C 대 D이고 한편, A의 B에 대한 (비율의) 이중 비율은 A로부터의 정
사각형이 B로부터의 정사각형에 대한 비율이다. 닮은 도형들은 상응하는
변들에 대하여 이중 비율로 있으니까 말이다[VI-20 따름]. 그런데 수 C의
수 D에 대한 (비율의) 이중 비율은 C로부터의 정사각수가 D로부터의 정사
각수에 대한 비율이다. 두 정사각수에 대하여 비례 중항인 수가 하나 있고
정사각수는 정사각수에 대해 변이 변에 대해 (갖는 비율)에 비하여 이중 비
율을 가지니까 말이다[VIII-11]. 그래서 A로부터의 정사각형 대 B로부터의
정사각형은 수 C로부터의 정사각수 대 수 D로부터의 정사각수이다.

한편, 이제 A로부터의 정사각형 대 B로부터의 정사각형이 수 C로부터의
정사각수 대 수 D로부터의 정사각수라고 하자. 나는 주장한다. A는 B에
대하여 선형으로 공약이다.

A로부터의 정사각형 대 B로부터의 (정사각형)이 C로부터의 정사각수 대 D

로부터의 (정사각수)이고 한편, A로부터의 정사각형이 B로부터의 (정사각형)에 대한 비율은 A의 B에 대한 (비율의) 이중 비율이요[VI-20 따름], 수 C로부터의 정사각수가 수 D로부터의 정사각수에 대한 비율은 수 C의 수 D에 대한 (비율의) 이중 비율이므로[VIII-11] A 대 B는 수 C 대 수 D이다. 그래서 A는 B에 대해 수 C가 수 D에 대해 갖는 비율을 가진다. 그래서 A는 B와 선형으로 공약이다[X-6].

이제 한편, A가 B와 선형 비공약이라고 하자. 나는 주장한다. A로부터의 정사각형은 B로부터의 (정사각형)에 대해 정사각수가 정사각수에 대해 갖는 그런 비율을 갖지 않는다.

만약 A로부터의 정사각형이 B로부터의 (정사각형)에 대해 정사각수가 정사각수에 대해 갖는 그런 비율을 가진다면 A는 B와 공약일 것이다. 그런데 그렇지 않다. 그래서 A로부터의 정사각형은 B로부터의 (정사각형)에 대해 정사각수가 정사각수에 대해 갖는 그런 비율을 갖지 않는다.

이제 다시 A로부터의 정사각형이 B로부터의 (정사각형)에 대해 정사각수가 정사각수에 대해 갖는 비율을 갖지 않는다고 하자. 나는 주장한다. A는 B와 선형 비공약이다.

만약 A가 B와 공약이라면 A로부터의 (정사각형)은 B로부터의 (정사각형)에 대해 정사각수가 정사각수에 대해 갖는 비율을 가진다. 그런데 갖지 않는다. 그래서 A는 B와 선형으로는 공약이 아니다.

그래서 선형으로 공약인 크기들로부터의 (정사각형들은 …), 기타 등등.

따름. 또 증명된 것으로부터 분명하다. 선형 공약 크기들은 모두 제곱으로도 (공약 크기들이지만) 제곱으로 (공약 크기들)이 항상 선형 (공약 크기들인) 것은 아니다. [왜냐하면 선형 공약 직선들로부터의 정사각형들은 정사각수가 정사각수에 대해 갖는 그런 비율을 가질텐데 (어쨌든) 수가 수에 대해 (갖는) 비율을 가지므로 공약 (크기들)이기 때문이다. 따라서 선형 공약 직선들은 선형으로 공약 (크기들)일뿐만 아니라, 한편 제곱으로도 공약 (크기들)이다.

더 나아가, 정사각수가 정사각수에 대해 갖는, 그런 비율을 가지는 정사각형들은 증명되었듯이 선형 공약 (크기들)이고, 정사각형들이 수가 수에 대해 갖는 그런 비율을 가지므로 제곱으로도 공약 (크기들)인 반면, 정사각수가 정사각수에 대해 갖는 그런 비율은 갖지 않고 단지 수가 수에 대해 갖는 그런 비율만 가지는 정사각형들은 제곱으로는 공약이되 선형으로는 결코 (공약)일 수 없다. 결국 선형 공약 (크기들)은 항상 제곱으로도 (공약 크기들)이되, 만약 그것들이 정사각수가 정사각에 대해 (갖는) 비율을 갖지 않는다면 제곱으로 (공약 크기들)이 모두 선형으로도 (공약 크기들)인 것은 아니다.

이제 나는 주장한다. 선형 비공약 크기들이 모두 제곱으로도 (비공약 크기)들인 것은 아니다.

왜냐하면 제곱으로 공약 크기들이 정사각수가 정사각수에 대해 갖는 그런 비율을 갖지 않을 수 있고 또 이로부터 제곱으로 공약 크기들이면서 선형으로는 비공약 크기들일 수 있기 때문이다. 결국 선형으로 비공약 크기들이 모두 제곱으로도 (비공약 크기)들인 것은 아니고, 한편 선형으로 비공약인 그런 크기들이 제곱으로는 비공약 크기들일 수도 있고 공약 (크기들)일 수도 있다.

그런데 제곱으로 비공약 크기들은 항상 선형으로도 비공약 크기들이다. 만약 선형으로 공약 크기들이라면, 제곱으로도 공약 크기들일 텐데, 비공약이라고 전제했으니까 말이다. 이것은 있을 수 없다. 그래서 제곱으로 비공약 크기들은 항상 선형으로도 (비공약 크기들)이다.]

보조 정리. 닮은 평면수들이 서로에 대해 정사각수가 정사각수에 대해 갖는 그런 비율을 가진다는 것이 산술 (책)들에서 증명되었다[VIII-26]. 또한 두 수가 서로에 대해 정사각수가 정사각수에 대해 갖는 그런 비율을 가진다면, (그것들은) 닮은 평면수들이라는 것도[163] 이로부터 명확하다. 닮지 않은 평면수들은, 다시 말해 비례하는 변들을 갖지 않는 평면수들은 서로에 대해 정사각수가 정사각수에 대해 갖는 그런 비율을 갖지 않는다. 만약 (그것들이 그런 비율을) 가진다면, 닮은 평면수들일 텐데 그렇지 않다고 전제되었으니까 말이다. 따라서 닮지 않은 평면수들은 서로에 대해, 정사각수가 정사각수에 대해 갖는, 그런 비율을 갖지 않는다.

명제 10

내보인 직선과 비공약인 두 직선, (즉 하나는) 선형으로만 (비공약 직선, 다른 하나는) 제곱으로도 (비공약인) 직선을 찾아내기.

내보인 직선 A가 있다고 하자. 이제 내보인 A와 비공약인 두 직선, (즉 하나는) 선형으로만 (비공약인 직선, 다른 하나는) 제곱으로도 (비공약인) 직선을 찾아내야 한다.

서로에 대해, 정사각수가 정사각수에 대해 갖는, 그런 비율을 갖지 않는 두 수 B, C가 제시된다고 하자. 즉, 닮은 평면(수)들이 아니다. 또 B 대 C

∴∴

163 (1) 유클리드는 이 명제를 드러내서 증명한 적은 없다. 제8권의 명제 26의 역명제로 볼 수 있다. (2) 위의 따름 정리와 이 보조 정리는 훗날 추가된 것일 수 있다. 명제 9의 따름 정리의 첫 문장만 있고 나머지가 없는 판본, 보조 정리가 축약되거나 없는 판본들이 있다.

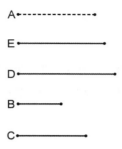

는 A로부터의 정사각형 대 D로부터의 정사각형이 되도록 했다고 하자. (이에 대해서는) 우리가 배웠으니까 말이다[X-6 따름].

그래서 A로부터의 (정사각형)은 D로부터의 (정사각형)과 공약이다[X-6]. 또 B가 C에 대해, 정사각수가 정사각수에 대해 갖는 그런 비율을 갖지 않으므로, A로부터의 (정사각형)이 D로부터의 (정사각형)에 대해, 정사각수가 정사각수에 대해 갖는 그런 비율을 갖지 않는다. 그래서 A는 D와 선형 비공약이다[X-9]. A, D의 비례 중항 E가 잡혔다고 하자[VI-13]. 그래서 A 대 D는 A로부터의 정사각형 대 E로부터의 (정사각형)이다[V-def-9]. 그런데 A는 D와 선형으로 비공약이다. 그래서 A로부터의 정사각형도 E로부터의 정사각형과 비공약이다.[164] 그래서 A는 E와 제곱으로 비공약이다.

그래서 제시된 직선 A와 비공약인 두 직선 D, E를 찾아냈다. D는 선형으로만 (비공약이요), E는, 분명히, 선형으로도 제곱으로도 (비공약인 직선이다). [해야 했던 바로 그것이다.]

••

164 이 문장은 다음 명제인 명제 11에서 증명된다. 언어적으로도 낯선 부분이 있다. 따라서 이 명제와 증명은 원본에 있던 내용이 아니거나 원본에 있었다면 현재의 형태가 아니었을 가능성이 크다.

명제 11

네 크기가 비례하는데, 첫째 크기가 둘째 크기와 공약이면 셋째 크기도 넷째 크기와 공약일 것이고, 첫째 크기가 둘째 크기와 비공약이면 셋째 크기도 넷째 크기와 비공약일 것이다.

비례하는 네 크기 A, B, C, D가 있다고 하자. (즉) A 대 B는 C 대 D이다. 그런데 A가 B와 공약이라고 하자. 나는 주장한다. C도 D와 공약일 것이다.

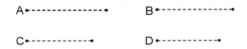

A가 B와 공약이므로 A는 B에 대해, 수가 수에 대해 갖는 그런 비율을 가진다[X-5]. 또 A 대 B는 C 대 D이다. 그래서 C도 D에 대해, 수가 수에 대해 갖는 그런 비율을 가진다. 그래서 C는 D와 공약이다[X-6].

이제 한편, A가 B와 비공약이라고 하자. 나는 주장한다. C도 D와 비공약일 것이다. A가 B와 비공약이므로 A는 B에 대해, 수가 수에 대해 갖는 그런 비율을 갖지 않는다[X-7]. 또 A 대 B가 C 대 D이다. 그래서 C도 D에 대해, 수가 수에 대해 갖는 그런 비율을 갖지 않는다. 그래서 C는 D와 비공약이다[X-8].

그래서 만약 네 크기가 (…) 이라면, 기타 등등.

명제 12

동일 크기와 공약인 크기들은 서로에 대해서도 공약이다.

A, B 각각이 C와 공약이라고 하자. 나는 주장한다. A도 B와 공약이다.

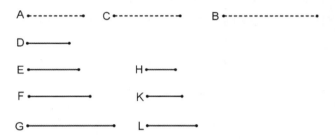

A가 C와 공약이므로 A는 C에 대해, 수가 수에 대해 갖는 그런 비율을 가진다[X-5]. 수 D가 수 E에 대해 갖는 그런 비율을 가진다고 하자. 다시 C가 B와 공약이므로 C는 B에 대해, 수가 수에 대해 갖는 그런 비율을 가진다. 수 F가 수 G에 대해 갖는 그런 비율을 가진다고 하자. D가 E가 대해 갖는, 또한 F가 G에 대해 갖는, 그런 주어진 몇몇 비율들에 대하여 그 주어진 비율로 (있는) 연속 비례인 최소 수들 H, K, L이 잡혔다고 하자[VIII-4]. 결국 D 대 E는 H 대 K요, F 대 G는 K 대 L이다.

A 대 C가 D 대 E인데 한편, D 대 E가 H 대 K이므로 A 대 C는 H 대 K이기도 하다[V-11]. 다시 C 대 B가 F 대 G인데 한편, F 대 G가 K 대 L이므로 C 대 B는 K 대 L이기도 하다. 그래서 A는 B에 대해, 수 H가 수 L에 대해 (갖는), 그런 비율을 가진다[V-22]. 그래서 A는 B와 공약이다[X-6].

그래서 동일 크기와 공약인 크기들은 서로에 대해서도 공약이다. 밝혀야 했던 바로 그것이다.

명제 13

두 크기가 공약인데, 그 크기들 중 하나가 어떤 크기와 비공약이면, 남은 크기도 그 크기와 비공약일 것이다.

두 크기 A, B가 공약인데, 그 크기들 중 A가 다른 어떤 크기 C와 비공약이라고 하자. 나는 주장한다. 남은 B도 C와 비공약이다.

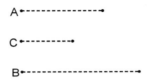

만약 B가 C와 공약이라면, 한편 A도 B와 공약이니, 그래서 A도 C와 공약이다[X-12]. 한편, 비공약이기도 하다. 이것은 있을 수 없다. 그래서 B는 C와 공약이 아니다. 그래서 비공약이다. 그래서 두 크기가 공약이면 (…), 기타 등등

> **보조 정리.** 같지 않은 주어진 직선들에 대하여, 큰 직선이 작은 직선보다 제곱근으로 얼마나 큰지 찾아내기.[165]

∴

165 (1)원문은 δύναται인데 특수 용어라고 보고 이렇게 의역했다. 이 동사와 관련된 명사는 δύναμις로 힘, 가능성, 역량 등의 뜻이 있고 고대 그리스의 수학에서는 제10권 정의 1-2의 주석에서 말한 기하적인 의미를 갖는다. 이 보조 정리가 찾는 것은 다음과 같다. 큰 직선으로부터 정사각형을 그려 넣고, 작은 직선으로부터 정사각형으로 그려 넣는다. 그럴 때 큰 정사각형에서 작은 정사각형을 빼내면 직선형 도형이 남는다. 그러면 제1권의 명제 45와 제2권의 명제 14의 방법으로 그 직선형 도형과 넓이가 같은 정사각형을 작도할 수 있다. 그 정사각형의 변이 찾던 그것이다. 요약하면 큰 직선이 변인 정사각형에서 작은 직선이 변인 정

같지 않은 주어진 두 직선 AB, C가 있는데 그중 AB가 크다고 하자. 이제 AB가 C보다 제곱근으로 얼마나 큰지 찾아내야 한다.

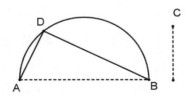

AB 위에 반원 ADB가 그려졌다고 하고, 그 원 안으로 C와 같은 AD가 끼워 넣어졌다고 하고[IV-1], DB가 이어졌다고 하자. 이제 분명하다. 각 ADB는 직각이고[III-31], AB가 AD보다, 즉 C보다 DB만큼 제곱근으로 크다[I-47].

비슷한 방식으로 주어진 두 직선에 대한 제곱근 직선도 다음과 같이 찾을 수 있다.

주어진 두 직선 AD, DB가 있다고 하고, 그 직선들에 대하여 제곱근 직선을 찾아야 한다고 하자. AD, DB 사이의 (각)을 직각 사이에 둘러싸도록 놓고 AB가 이어졌다고 하자. 다시 분명하다. AD, DB에 대한 제곱근 직선이 AB이다[I-47]. 밝혀야 했던 바로 그것이다.

•• 사각형을 뺀 뒤 작도되어 나오는 정사각형의 변이고 현대의 개념과 표기로는 $a > b$인 두 직선이 주어질 때 $\sqrt{a^2 - b^2}$의 크기이다. (2) 증명의 두 번째 문단은 $\sqrt{a^2 + b^2}$으로 이해할 수 있다. 같은 내용이 제13권 명제 10에서는 약간 다르게 표현된다.

명제 14

네 크기가 비례하는데, 첫째 직선이 둘째 직선보다 그 자신과 선형으로 공약인 직선으로부터의 (정사각형)만큼 제곱근으로 크면 셋째 직선도 넷째 직선보다, 그 자신과 [선형으로] 공약인 직선으로부터의 (정사각형)만큼 제곱근으로 크다. 또 첫째 직선이 둘째 직선보다, 그 자신과 비선형으로 공약인 직선으로부터의 (정사각형)만큼 제곱근으로 크면, 셋째 직선도 넷째 직선보다, 그 자신과 비선형으로 공약인 직선으로부터의 (정사각형)만큼 제곱근으로 크다.

비례하는 네 크기 A, B, C, D가 있다고 하자. (즉), A 대 B는 C 대 D이다. 또 A는 B보다 E로부터의 (정사각형)만큼 제곱근으로 크고, C는 D보다 F로부터의 (정사각형)만큼 제곱근으로 크다고 하자. 나는 주장한다. 만약 A가 E와 공약이면 C도 F와 공약이고 A가 E와 비공약이면 C도 F와 비공약이다.

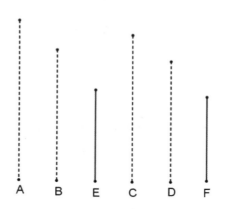

A 대 B가 C 대 D이므로 A로부터의 (정사각형) 대 B로부터의 (정사각형)은 C로부터의 (정사각형) 대 D로부터의 (정사각형)이다[VI-22]. 한편, A로부터의 (정사각형)과는 E, B로부터의 (정사각형)들(의 합)이, C로부터의 (정사각형)과는 D, F로부터의 (정사각형)들(의 합)이 같다. 그래서 E, B로부터의 (정사

각형)들(의 합) 대 B로부터의 (정사각형)은 D, F로부터의 (정사각형)들(의 합) 대 D로부터의 (정사각형)이다. 그래서 분리해내서, E로부터의 (정사각형) 대 B로부터의 (정사각형)은 F로부터의 (정사각형) 대 D로부터의 (정사각형)이다 [V–17]. 그래서 E 대 B가 F 대 D이다[VI–22]. 그래서 거꾸로, B 대 E가 D 대 F이다[V–7 따름]. 그런데 A 대 B가 C 대 D이다. 그래서 같음에서 비롯해서, A 대 E는 C 대 F이다[V–22]. 만약 A가 E와 공약이면 C도 F와 공약이고 만약 A가 E와 비공약이면 C도 F와 비공약이다[X–11].

그래서 (…) 이면, 기타 등등.

명제 15

두 공약 크기가 결합한다면, 전체도 그 크기들 각각과 공약일 것이다. 또 전체가 그 크기들 하나와 공약이면, 원래 크기들도 (서로) 공약일 것이다.

두 공약 크기 AB, BC가 결합한다고 하자. 나는 주장한다. 전체 AC도 AB, BC 각각과 공약이다.

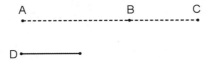

AB, BC가 공약이므로 어떤 크기가 그 크기들을 잴 것이다. 잰다고 하고 (재는 크기를) D라고 하자. D가 AB, BC를 재므로 (D는) 전체 AC도 잰다. 그런데 (D는) AB, BC도 잰다. 그래서 D가 AB, BC, AC를 잰다. 그래서 AC가 AB, BC 각각과 공약이다[X–def–1–1].

이제 한편, AC가 AB와 공약이라고 하자. 이제 나는 주장한다. AB, BC도 공약이다.

AC, AB가 공약이므로 어떤 크기가 그 크기들을 잴 것이다. 잰다고 하고 (재는 크기를) D라고 하자. D가 CA, AB를 재므로 (D는) 남은 BC도 잰다. 그런데 (D는) AB도 잰다. 그래서 D가 AB, BC를 잰다. 그래서 AB, BC는 공약이다[X-def-1-1].

그래서 두 크기가 (⋯)이면, 기타 등등.

명제 16

두 비공약 크기가 결합한다면, 전체도 그 크기들 각각과 비공약일 것이다. 또 전체가 그 크기들 중 하나와 비공약이면, 원래 크기들도 (서로) 비공약일 것이다.

두 비공약 크기 AB, BC가 결합한다고 하자. 나는 주장한다. 전체 AC도 AB, BC 각각과 비공약이다.

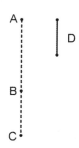

만약 CA, AB가 비공약이 아니라면 어떤 크기가 그 크기들을 잰다. 혹시 가능하다면, 잰다고 하고 (재는 크기를) D라 하자.

D가 CA, AB를 재므로 남은 BC도 잰다. 그런데 AB도 잰다. 그래서 D가 AB, BC를 잰다. 그래서 AB, BC는 공약이다[X-def-1-1]. 그런데 비공약이라고도 전제했다. 이것은 불가능하다. 그래서 어떤 크기가 CA, AB를 잴 수 없다. 그래서 CA, AB는 비공약이다[X-def-1-1]. 이제 AC, CB가 비공약이라는 것도 우리는 비슷하게 밝힐 수 있다. 그래서 AC는 AB, BC 각각과 비공약이다.

이제 한편, AC가 AB, BC 중 하나와 비공약이라고 하자. 이제 먼저 AB와 비공약이라고 하자. 나는 주장한다. AB, BC도 비공약이다.

만약 공약일 수 있다면, 그 크기들을 어떤 크기가 잴 것이다. 잰다고 하고 (재는 크기를) D라 하자. D가 AB, BC를 재므로 전체 AC도 잰다. 그런데 AB도 잰다. 그래서 D가 CA, AB를 잰다. 그래서 CA, AB는 공약이다. 그런데 비공약이라고 전제했다. 이것은 불가능하다. 그래서 어떤 크기가 AB, BC를 잴 수 없다. 그래서 AB, BC는 비공약이다.

그래서 두 크기가 (…)이면, 기타 등등.

보조 정리. 정사각형 형태만큼 부족한 평행사변형[166]이 어떤 직선에 나란히 대어지면, 대어진 (평행사변형)은 덧댐으로써 생긴 그 직선들의 선분들로 (둘러싸인 직각 평행사변형)과 같다.

정사각형 DB만큼 부족한 평행사변형이 직선 AB에 나란히 대어진다고 하자. 나는 주장한다. AD는 AC, CB로 (둘러싸인 직각 평행사변형)과 같다.

∵

166 여기서 '평행사변형'은 직각 평행사변형이라는 뜻으로 쓴 것인데, 이렇게 줄여서 쓰는 것은 『원론』에서 처음 나왔다. 아르키메데스도 평행사변형이라는 용어를 직각 사각형이라는 뜻으로 자주 쓴다.

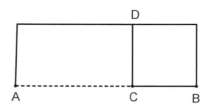

자명하기도 하다. DB가 정사각형이므로 DC가 CB와 같고, AD는 AC, CD 사이에, 즉 AC, CB로 (둘러싸인 직각 평행사변형)과 같다.

그래서 어떤 직선에 나란히 (⋯)이면, 기타 등등.

명제 17

같지 않은 두 직선이 있는데, 정사각형 형태만큼 부족하면서 작은 직선으로부터의 (정사각형) 사분의 일과 같은 (평행사변형)이 큰 직선에 나란히 대어진다면, 또 (그 평행사변형이) 그 (큰 직선)을 선형 공약들로 분리한다면, 큰 직선은 작은 직선보다 자기 자신과 [선형] 공약인 직선으로부터의 (정사각형)만큼 제곱근으로 크다. 또 큰 직선이 작은 직선보다 자기 자신과 [선형] 공약인 직선으로부터의 (정사각형)만큼 제곱근으로 큰데, 정사각형 형태만큼 부족하면서 작은 직선으로부터의 (정사각형) 사분의 일과 같은 (평행사변형)이 큰 직선에 나란히 대어진다면 (그 평행사변형은) 그 직선을 선형 공약들로 분리한다.[167]

∴

167 (1) 제6권 명제 28참조. (2) 현대의 기호로 표현하면 다음과 같다. 두 직선 a, b가 주어지고 $(a-x)x = \left(\frac{b}{2}\right)^2$ 을 만족하는 x를 찾았을 때 a가 x와 선형으로 공약이면 $\sqrt{a^2 - b^2}$와도 선형으로 공약이고 그 역도 성립한다. 앞의 방정식을 만족하는 x를 대수의 언어로 표현하면 $x = \frac{1}{2}\left(a \pm \sqrt{a^2 - b^2}\right)$ 이므로 제10권의 명제 15에 따라 이 명제는 거의 자명하지만 기하의

같지 않은 두 직선 A, BC가 있고 그중 BC가 크다고 하자. 그런데 정사각형 형태만큼 부족하면서 작은 직선 A로부터의 (정사각형) 사분의 일과, 즉 A의 절반으로부터의 (정사각형)과 같은 (평행사변형)이 BC에 나란히 대어졌다 하고, 또 BD, DC로 (둘러싸인 직각 평행사변형)이 있는데 BD가 DC와 선형으로 공약이라고 하자. 나는 주장한다. BC는 A보다, 자기 자신과 (선형) 공약인 직선으로부터의 (정사각형)만큼 제곱근으로 크다.

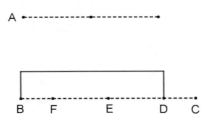

BC가 점 E에서 이등분되었고[I-10] DE와 같게 EF가 놓인다고 하자[I-3]. 그래서 남은 DC가 BF와 같다. 또 직선 BC가 E에서는 같은 직선들로, D에서는 같지 않은 직선들로 잘렸으므로 BD, DC 사이에 둘러싸인 직각 (평행사변형)은 ED로부터의 정사각형과 함께, EC로부터의 정사각형과 같다[II-5]. (그것들의) 네 배도 그렇다. 그래서 BD, DC로 (둘러싸인 직각 평행사변형)의 네 배는 DE로부터의 정사각형 네 배와 함께, EC로부터의 정사각형 네 배와 같다. 한편, BD, DC로 (둘러싸인 직각 평행사변형)의 네 배와는 A로부터의 정사각형이 같고, DE로부터의 (정사각형)의 네 배와는 DF로부터의 정

∴

> 언어로 나타내어 증명하니 현대의 독자에게는 낯설다. 다만 대수의 언어는 유클리드 이후 약 2,000년 동안 기하학이 충분히 발달하고 대수학이 독립하면서 차원, 수, 셈, 식에 대한 개념이 확장되고 추상적으로 정립되는 과정에서 등장한 언어라는 사실을 염두에 두어야 한다.

사각형이 같다. DF가 DE의 두 배이니까 말이다. 그런데 EC로부터의 (정사각형) 네 배와 BC로부터의 정사각형이 같다. 다시 BC가 CE의 두 배이니까 말이다. 그래서 A, DF로부터의 정사각형들(의 합)이 BC로부터의 정사각형과 같다. 결국 BC로부터의 (정사각형)은 A로부터의 (정사각형)보다 DF로부터의 (정사각형)만큼 크다. 그래서 BC는 A보다 DF(에서의 정사각형)만큼 제곱근으로 크다.

BC가 DF와 공약이라는 것도 밝혀야 한다.

BD가 DC와 선형으로 공약이므로 BC도 CD와 선형으로 공약이다[X-15]. 한편, CD는 CD, BF(의 합)과 선형으로 공약이다. CD가 BF와 같으니까 말이다[X-6]. 그래서 BC도 BF, CD(의 합)과 선형으로 공약이다[X-12]. 결국 BC가 남은 FD와 선형으로 공약이다[X-15]. 그래서 BC는 A보다, 자기 자신과 (선형) 공약인 직선으로부터의 (정사각형)만큼 제곱근으로 크다.

이제 한편, BC가 A보다 자기 자신과 (선형) 공약인 직선으로부터의 (정사각형)만큼 제곱근으로 큰데, 정사각형 형태만큼 부족하면서 A로부터의 (정사각형) 사분의 일과 같은 (평행사변형)이 BC에 나란히 대어졌다 하고, BD, DC로 (둘러싸인 직각 평행사변형)이 있다고 하자. BD가 DC와 선형으로 공약이라는 것을 밝혀야 한다.

동일한 작도에서 BC가 A보다 FD로부터의 (정사각형)만큼 제곱근으로 크다는 것을 우리는 비슷하게 밝힐 수 있다. 그런데 BC가 A보다 자기 자신과 (선형) 공약인 직선으로부터의 (정사각형)만큼 제곱근으로 크다. 그래서 BC는 FD와 선형으로 공약이다. 결국 남은 BF, DC가 함께 합쳐진 것과 BC가 선형으로 공약이다[X-15]. 한편, BF, DC는 함께 합쳐져서 DC와 (선형) 공약이다[X-6]. 결국 BC도 CD와 선형으로 공약이다[X-12]. 그래서 분리해내서, BD도 DC와 선형으로 공약이다[X-15].

그래서 만약 같지 않은 두 직선이 (…)이라면, 기타 등등.

명제 18

같지 않은 두 직선이 있는데, 정사각형 형태만큼 부족하면서 작은 직선으로부터의 (정사각형) 사분의 일과 같은 (평행사변형)이 큰 직선에 나란히 대어진다면, 또 (그 평행사변형이) 그 직선을 [선형] 비공약들로 분리한다면, 큰 직선이 작은 직선보다 자기 자신과 비공약인 직선으로부터의 (정사각형)만큼 제곱근으로 크다. 또 큰 직선이 작은 직선보다 자기 자신과 비공약인 직선으로부터의 (정사각형)만큼 제곱근으로 큰데, 정사각형 형태만큼 부족하면서 작은 직선으로부터의 (정사각형) 사분의 일과 같은 (평행사변형)이 큰 직선에 나란히 대어진다면 (그 평행사변형은) 그 직선을 [선형] 비공약들로 분리한다.

같지 않은 두 직선 A, BC가 있고 그중 BC가 크다고 하자. 그런데 정사각형 형태만큼 부족하면서 작은 직선 A로부터의 (정사각형) 사분의 일과 같은 (평행사변형)이 큰 직선에 나란히 대어졌다 하고, 또 BDC로[168] (둘러싸인 직각 평행사변형)이 있는데 BD가 DC와 선형 비공약이라고 하자. 나는 주장한다. BC는 A보다 자기 자신과 (선형) 비공약인 직선으로부터의 (정사각형)

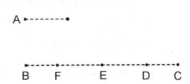

---

168 BD, DC로 둘러싸인 직각 평행사각형이라고 해왔던 관행을 깨고 이와 같이 표현했다. 이후 'BD, DC로 둘러싸인'의 형식과 'BDC로 둘러싸인'의 형식이 모두 쓰인다.

만큼 제곱근으로 크다.

앞에서 나온 것과 동일한 작도에서, BC가 A보다 FD로부터의 (정사각형)만큼 제곱근으로 크다는 것을 우리는 비슷하게 밝힐 수 있다.

BC가 DF와 선형으로 비공약이라는 것도 밝혀야 한다.

BD가 DC와 선형 비공약이므로 BC도 CD와 선형 비공약이다[X-16]. 한편, DC는 BF, DC가 함께 합쳐진 것과 공약이다[X-6]. 그래서 BC도 BF, DC가 함께 합쳐진 것과 비공약이다[X-13]. 결국 BC가 남은 FD와 선형 비공약이다[X-16]. 또 BC는 A보다 FD로부터의 (정사각형)만큼 제곱근으로 크다. 그래서 BC는 A보다 자기 자신과 (선형) 비공약인 직선으로부터의 (정사각형)만큼 제곱근으로 크다.

이제 다시 BC가 A보다 자기 자신과 (선형) 비공약인 직선으로부터의 (정사각형)만큼 제곱근으로 큰데, 정사각형 형태만큼 부족하면서 A로부터의 (정사각형) 사분의 일과 같은 (평행사변형)이 BC에 나란히 대어졌다고 하고, BD, DC로 (둘러싸인 직각 평행사변형)이 있다고 하자. BD가 DC와 선형 비공약이라는 것을 밝혀야 한다.

동일한 작도에서, BC가 A보다 FD로부터의 (정사각형)만큼 제곱근으로 크다는 것을 우리는 비슷하게 밝힐 수 있다. 한편, BC는 A보다 자기 자신과 (선형) 비공약인 직선으로부터의 (정사각형)만큼 제곱근으로 크다. 그래서 BC는 FD와 선형 비공약이다. 결국 남은 BF, DC가 함께 합쳐진 것과 BC도 비공약이다[X-16]. 한편 BF, DC는 함께 합쳐져서 DC와 선형으로 공약이다[X-6]. 그래서 BC도 DC와 선형 비공약이다[X-13]. 결국 분리해내서, BD도 DC와 선형 비공약이다[X-16].

그래서 만약 두 직선이 (…)이라면, 기타 등등.

보조 정리. 선형으로 공약인 크기들은 항상 제곱으로도 [공약]인데, 제곱으로 공약인 크기들이 항상 선형으로도 공약인 것은 아니고, 한편, 선형으로 공약일 수도 있고 비공약일 수도 있다고 증명되었으므로[X–9 따름] 다음은 자명하다. 제시된 유리 직선과 어떤 직선이 선형으로 공약이라면 그 직선은 그 유리 직선과 **선형일 뿐만 아니라 제곱으로도 공약인 유리 직선**이라고 말한다. 선형 공약 직선들은 항상 제곱으로도 공약이기 때문이다. 그런데 제시된 유리 직선과 어떤 직선이 제곱으로 공약이라면, 만약 (그 직선이) 선형으로도 (공약)인 경우는, 그 (유리 직선)과 **선형으로도 제곱으로도 공약인 유리 직선**이라고 말하되, 만약 어떤 직선이 제시된 유리 직선과 다시 제곱으로 공약인데 그 (유리 직선)과 선형으로는 비공약인 경우는 **제곱으로만 공약인 유리 직선**이라고 말한다.

명제 19

앞서 언급한 의미들 중 어떤 방식으로든 선형으로 공약인 유리 직선들 사이에 둘러싸인 직각 (평행사변형)은 유리 구역이다.

선형으로 공약인 유리 직선 AB, BC로 직각 (평행사변형) AC가 둘러싸인다고 하자. 나는 주장한다. AC는 유리 구역이다.

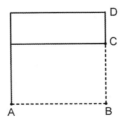

AB로부터 정사각형 AD를 그려 넣었다고 하자.[I-46]

그래서 AD는 유리 구역이다[X-def-1-4]. AB가 BC와 선형으로 공약인데 AB가 BD와 같으므로 BD는 BC와 선형으로 공약이다. 또 BD 대 BC는 DA 대 AC이다[VI-1]. 그래서 DA는 AC와 공약이다[X-11]. 그런데 DA가 유리 구역이다. 그래서 AC도 유리 구역이다[X-def-1-4].

그래서 선형으로 공약인 유리 직선들로 (…)이면, 기타 등등.

명제 20

유리 구역이 유리 직선에 나란히 대어지면 그 유리 구역은 너비를, 대도록 놓인 그 유리 직선과 선형으로 공약인 유리 직선으로 만든다.

유리 구역 AC가 BC를 너비로 만들면서, 다시 앞에서 언급된 의미들 중 어떤 방식으로든 유리 직선 AB에 나란히 대어졌다고 하자. 나는 주장한다. BC는 BA와 선형으로 공약인 유리 직선이다.

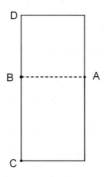

AB로부터 정사각형 AD를 그려 넣었다고 하자.

그래서 AD는 유리 구역이다[X-def-1-4]. 그런데 AC도 유리 구역이다. 그래서 DA가 AC와 공약이다. 또 DA 대 AC가 DB 대 BC이다[VI-1]. 그래서 AB도 BC와 공약이다. 그런데 AB가 유리 직선이다. 그래서 BC는 유리 직선이고 AB와 선형으로 공약이다[X-def-1-3].

그래서 유리 구역이 유리 직선에 나란히 대어지면 (…), 기타 등등.

명제 21

제곱으로만 공약인 유리 직선들 사이에 둘러싸인 직각 (평행사변형)은 무리 구역이고, 그 (직각 평행사변형)의 제곱근 직선도 무리 직선이다.[169] 그것을 메디알[170]이라 부르자.

제곱으로만 공약인 유리 직선 AB, BC 사이에 직각 (평행사변형) AC가 둘러싸인다고 하자. 나는 주장한다. AC는 무리 구역이고, 그 (직각 평행사변형)의 제곱근 직선도 무리 직선이다. 그것을 메디알이라 부르자.

AB로부터 정사각형 AD를 그려 넣었다고 하자.

··

169 제10권 중 무리 직선이 나오는 정리 96개(명제 19부터 명제 114) 중 거의 3분의 2가 이 명제를 직간접으로 인용한다. Knorr, W. 1975. *The Evolution of the Euclidean Elements*. p. 259 참조. 이 명제의 논증을 따라가면 제5권의 명제 7, 9, 11, 22와 제6권의 명제 1이 기초인데, 다시 그 명제들의 뿌리는 제5권 정의 4, 5, 7이다.

170 첫번째 무리 직선 집합이 등장했다. 단위 1이 유리 직선이라고 할 때, 현대식 수의 표현으로는 $\sqrt{\sqrt{2}}$ 같은 크기이다. 원문은 μέση이고 가운데, 중항이라는 뜻이다. 두 유리 직선의 기하 평균이기도 하다. 라틴어로 medialis로 번역되면서 영어 번역도 이것을 따른다. 그 뜻과 상관없이 이런 상황에서만 쓰이는 특수 용어라고 보고 한글 번역도 메디알이라고 옮겼다. 그에 비해 제10권 명제 53과 54 사이의 보조 정리 이후 등장하는 μέσον ἀνάλογόν이라는 표현은 뜻에 맞게 비례 '중항'으로 번역한다.

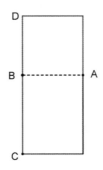

그래서 AD는 유리 구역이다[X-def-1-4]. 또 AB는 BC와 선형으로는 비공약이다. 제곱으로만 공약이라고 가정했으니까 말이다. 그런데 AB가 BD와 같다. 그래서 DB도 BC와 선형으로는 비공약이다. 또 DB 대 BC가 AD 대 AC이다[VI-1]. 그래서 DA도 AC와 비공약이다[X-11]. 그런데 DA가 유리 구역이다. 그래서 AC는 무리 구역이다[X-def-1-4]. 결국 AC의 제곱근 [즉, 그 AC와 같은 정사각형의 제곱근] 직선은 무리 직선이다[X-def-1-4]. 그것을 메디알이라 부르자. 밝혀야 했던 바로 그것이다.

보조 정리. 두 직선이 있으면, 첫째 직선 대 둘째 직선은 첫째 직선으로부터의 (정사각형) 대 두 직선으로 (둘러싸인 직각 평행사변형)이다.

두 직선 FE, EG가 있다고 하자. 나는 주장한다. FE 대 EG는 FE로부터의 (정사각형) 대 FE, EG로 (둘러싸인 직각 평행사변형)이다.

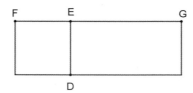

FE로부터 정사각형 DF가 그려 넣어졌고 GD가 마저 채워졌다고 하자.
FE 대 EG가 FD 대 DG이고[VI-1], FD는 FE로부터의 (정사각형)이요,
DG는 DE, EG로, 즉 FE, EG로 (둘러싸인 직각 평행사변형)이므로, FE 대
EG는 FE로부터의 (정사각형) 대 FE, EG로 (둘러싸인 직각 평행사변형)인
데, 마찬가지로 GE, EF로 (둘러싸인 직각 평행사변형) 대 EF로부터의 (정
사각형), 즉 GD 대 FD는 GE 대 EF이다. 밝혀야 했던 바로 그것이다.

명제 22

**메디알로부터의 (정사각형)이 유리 직선에 나란히 대어지면서 너비를, 그 정사각형이 대
도록 놓인 그 (유리 직선)과 선형으로 비공약인 유리 직선으로 만든다.**

메디알 직선은 A, 유리 직선은 CB가 있다고 하고, A로부터의 (정사각형)
과 같게 CD를 너비로 만드는 직각 (평행사변형) 구역 BD가 BC에 나란히
대어졌다고 하자. 나는 주장한다. CD는 CB와 선형으로 비공약인 유리 직
선이다.

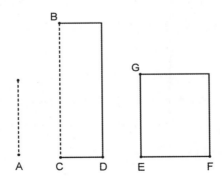

A가 메디알이므로 제곱으로만 공약인 유리 직선들 사이에 둘러싸인 구역의 제곱근 직선이다[X-21]. (A가) GF의 제곱근 직선이라 하자. 그런데 (A는) BD의 제곱근 직선이기도 하다. 그래서 BD가 GF와 같다. 그런데 그 (직각 평행사변형)과 등각이기도 하다. 같고도 등각인 평행사변형들에 대하여 같은 각들 주변에서 변들은 역으로 비례한다[VI-14]. 그래서 BC 대 EG는 EF 대 CD이다. 그래서 BC로부터의 (정사각형) 대 EG로부터의 (정사각형)은 EF로부터의 (정사각형) 대 CD로부터의 (정사각형)이다[VI-22]. 그런데 CB로부터의 (정사각형)은 EG로부터의 (정사각형)과 공약이다. 그것들 각각이 유리 구역이니까 말이다. 그래서 EF로부터의 (정사각형)은 CD로부터의 (정사각형)과 공약이다[X-11]. 그런데 EF로부터의 (정사각형)은 유리 구역이다. 그래서 CD로부터의 (정사각형)도 유리 구역이다[X-def-1-4]. 그래서 CD는 유리 직선이다. 또 EF는 EG와 선형으로 비공약이다. 제곱으로만 공약이니까 말이다. 그런데 EF 대 EG는 EF로부터의 (정사각형) 대 FE, EG로 (둘러싸인 직각 평행사변형)이다. 그래서 EF로부터의 (정사각형)은 FE, EG로 (둘러싸인 직각 평행사변형)과 비공약이다[X-11]. 한편, EF로부터의 (정사각형)과 CD로부터의 (정사각형)은 공약이다. (EF, CD가) 제곱으로 유리 직선들이니까 말이다. 그런데 FE, EG로 (둘러싸인 직각 평행사변형)과 DC, CB로 (둘러싸인 직각 평행사변형)은 공약이다. A로부터의 (정사각형)과 같으니까 말이다. 그래서 CD로부터의 (정사각형)도 DC, CB로 (둘러싸인 직각 평행사변형)과 비공약이다[X-13]. 그런데 CD로부터의 (정사각형) 대 DC, CB로 (둘러싸인 직각 평행사변형)은 CD 대 CB이다. 그래서 DC가 CB와 선형으로 비공약이다[X-11]. 그래서 CD는 유리 직선이고 CB와 선형으로 비공약이다. 밝혀야 했던 바로 그것이다.

명제 23

메디알과 공약인 직선은 메디알이다.

메디알 직선 A가 있고, A와 공약인 직선 B가 있다고 하자. 나는 주장한다. B도 메디알이다.

유리 직선 CD가 제시된다고 하고 A로부터의 (정사각형)과 같게는, ED를 너비로 만드는 직각 (평행사변형) 구역 CE가 CD에 나란히 대어졌다고 하자. 그래서 ED는 유리 직선이고 CD와 선형으로는 비공약이다[X-22]. 반면 B로부터의 (정사각형)과 같게는, DF를 너비로 만드는 직각 (평행사변형) 구역 CF가 CD에 나란히 대어졌다 하자. A가 B와 공약이므로, A로부터의 (정사각형)도 B로부터의 (정사각형)과 공약이다. 한편, A로부터의 (정사각형)과는 EC가 같고, B로부터의 (정사각형)과는 CF가 같다. 그래서 EC는 CF와 공약이다. 또 EC 대 CF는 ED 대 DF이다[VI-1]. 그래서 ED는 DF와 선형으로 공약이다[X-11]. 그런데 ED는 유리 직선이고 DC와 선형으로 비공약이다. 그래서 DF도 유리 직선이고[X-def-1-3] DC와 선형으로 비공약이다[X-13]. 그래서 CD, DF는 유리 직선들이고 제곱으로만 공약이다. 그런데 제곱으

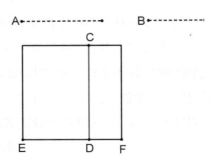

로만 공약인 유리 직선들로 (둘러싸인 직각 평행사변형)의 제곱근 직선은 메디알이다[X-21]. 그래서 CD, DF로 (둘러싸인 직각 평행사변형)의 제곱근 직선은 메디알이다. CD, DF로 (둘러싸인 직각 평행사변형)의 제곱근 직선은 B이기도 하다. 그래서 B는 메디알이다.

따름. 이제 이로부터 분명하다, 메디알인 구역과 공약인 구역은 메디알이다. [그 구역들의 제곱근 직선들은 제곱으로 공약인 직선들이고 그 직선들 중 하나는 메디알이다. 결국 남은 직선도 메디알이니까 말이다.]

[**보조 정리.** 유리 직선들에 대해서 언급한 것들이 메디알에 대해서도 비슷하게 따라 나온다. 메디알과 선형으로 공약인 직선은 그 직선과 **선형으로만 공약일 뿐만 아니라 제곱으로도 공약인 메디알**이라고 말한다. 보통 선형으로 공약인 크기들은 항상 제곱으로도 (공약)이기 때문이다. 그런데 어떤 직선이 메디알과 제곱으로 공약이면, 만약 선형으로도 (공약)인 경우는 **선형으로도 제곱으로도 공약인 메디알**이라고 말하고, 만약 제곱으로만 (공약)인 경우는 **제곱으로만 공약인 메디알**이라고 말한다.]

명제 24

앞서 언급한 의미들 중 어떤 방식으로든 선형으로 공약인 메디알 직선들 사이에 둘러싸인 직각 (평행사변형)은 메디알 구역이다.
선형으로 공약인 메디알 직선 AB, BC 사이에 직각 (평행사변형) AC가 둘러싸인다고 하자. 나는 주장한다. AC는 메디알 구역이다.

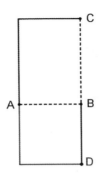

AB로부터 정사각형 AD를 그려 넣었다고 하자.

그래서 AD는 메디알 구역이다. AB가 BC와 선형으로 공약인데 AB가 BD와 같으므로 DB도 BC와 선형으로 공약이다. 결국 DA도 AC와 공약이다 [VI-1, X-11]. 그런데 DA가 메디알 구역이다. 그래서 AC도 메디알 구역이다[X-23 따름]. 밝혀야 했던 바로 그것이다.

명제 25

제곱으로만 공약인 메디알 직선들 사이에 둘러싸인 직각 (평행사변형)은 유리 구역이거나 메디알 구역이다.

제곱으로만 공약인 메디알 직선 AB, BC 사이에 직각 (평행사변형) AC가 둘러싸인다고 하자. 나는 주장한다. AC는 유리 구역이거나 메디알 구역이다.

AB, BC로부터 정사각형 AD, BE를 그려 넣었다고 하자.

그래서 AD, BE는 메디알 구역이다. 또 유리 직선 FG가 제시된다고 하고, AD와 같게는, FH를 너비로 만드는 직각 평행사변형 GH가 FG에 나란히 대어졌고, AC와 같게는, HK를 너비로 만드는 직각 평행사변형 MK가 HM

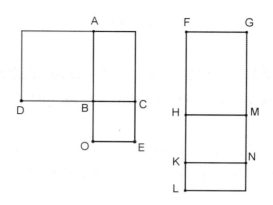

에 나란히 대어졌고, 게다가 마찬가지로 BE와 같게는, KL을 너비로 만드
는 (직각 평행사변형) NL이 KN에 나란히 대어졌다고 하자. 그래서 FH, HK,
KL은 직선으로 있다. AD, BE 각각이 메디알이고, AD는 GH와, BE는 NL
과 같으므로 GH, NL 각각도 메디알이다. 또 유리 직선 FG에 나란히 대어
놓여 있다. 그래서 FH, KL 각각은 유리 직선이고 FG와 선형으로는 비공약
이다[X-22]. 또 AD가 BE와 공약이므로 GH도 NL과 공약이다. 또 GH 대
NL이 FH 대 KL이다[VI-1]. 그래서 FH는 KL과 선형으로 공약이다[X-11].
그래서 FH, KL은 선형으로 공약인 유리 직선들이다. 그래서 FH, KL로 (둘
러싸인 직각 평행사변형)은 유리 구역이다[X-19]. 또 DB는 BA와, OB는 BC
와 같으므로 DB 대 BC는 AB 대 BO이다. 한편, DB 대 BC는 DA 대 AC이
다[VI-1]. 그런데 AB 대 BO는 AC 대 CO이다[VI-1]. 그래서 DA 대 AC는
AC 대 CO이다. 그런데 AD는 GH와, AC는 MK와, CO는 NL과 같다. 그래
서 GH 대 MK는 MK 대 NL이다. 그래서 FH 대 HK는 HK 대 KL이다[VI-1].
그래서 FH, KL로 (둘러싸인 직각 평행사변형)은 HK로부터의 (정사각형)과 같
다[VI-17]. 그런데 FH, KL로 (둘러싸인 직각 평행사변형)은 유리 구역이다.
그래서 HK로부터의 (정사각형)도 유리 구역이다. 그래서 HK는 유리 직선

이다. 또 FG와 선형으로 공약이라면 HN은 유리 구역이요[X-19], FG와 선형으로 비공약이라면 KH, HM은 제곱으로만 공약인 유리 직선들이어서 HN은 메디알 구역이다[X-21]. 그래서 HN은 유리 구역이거나 메디알 구역이다. 그런데 HN은 AC와 같다. 그래서 AC가 유리 구역이거나 메디알 구역이다.

그래서 제곱으로만 공약인 메디알 직선들로 (…)이면, 기타 등등.

명제 26

메디알 구역은 (다른) 메디알 구역보다 유리(구역)만큼 초과하지 않는다.

혹시 가능하다면, 메디알 구역 AB가 메디알 구역 AC보다 유리 구역 DB만큼 초과한다고 하고, 유리 직선 EF가 제시된다고 하고, AB와 같게는, EH를 너비로 만드는 직각 평행사변형 FH가 EF에 나란히 대어졌다고 하고, AC와 같게는 FG가 빠졌다고 하자.

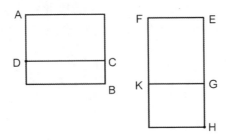

그래서 남은 BD가 남은 KH와 같다. 그런데 DB는 유리 구역이다. 그래서 KH도 유리 구역이다. AB, AC 각각은 메디알 구역이고 AB는 FH와, AC는 FG와 같으므로 FH, FG 각각은 메디알 구역이다. 유리 직선 EF에 나란히 대어 놓여 있기도 하다. 그래서 HE, EG 각각은 유리 직선이고 EF와 선형으로 비공약이다[X-22]. 또 DB는 유리 구역이고 KH와 같으므로 KH도 유리 구역이다. 또 유리 직선 EF에 나란히 대어 놓여 있다. 그래서 GH는 유리 직선이고 EF와 선형으로 공약이다. 한편, EG는 유리 직선이고 EF와 선형으로는 비공약이다. 그래서 EG는 GH와 선형으로 비공약이다[X-13]. 또 EG 대 GH는 EG로부터의 (정사각형) 대 EG, GH로 (둘러싸인 직각 평행사변형)이다[X-13/14 보조 정리[171]]. 그래서 EG로부터의 (정사각형)은 EG, GH로 (둘러싸인 직각 평행사변형)과 비공약이다[X-11]. 한편, EG로부터의 (정사각형)과 EG, GH로부터의 정사각형들(의 합)은 공약이다. 둘 다 유리 구역들이니까 말이다. 그런데 EG, GH로 (둘러싸인 직각 평행사변형)과 EG, GH로 (둘러싸인 직각 평행사변형)의 두 배는 공약이다. 그것의 두 배이니까[172] 말이다[X-6]. 그래서 EG, GH로부터의 (정사각형)들(의 합)은 EG, GH로 (둘러싸인 직각 평행사변형)의 두 배와 비공약이다[X-13]. 그래서 EG, GH로부터의 (정사각형)들과 EG, GH로 (둘러싸인 직각 평행사변형)의 두 배가 함께 합쳐지면, 그것은 바로 EH로부터의 (정사각형)인데[II-4] EG, GH로부터의 (정사각형)들(의 합)과 비공약이다[X-16]. 그런데 EG, GH로부터의 (정사각형)들은 유리 구역들이다. 그래서 EH로부터의 (정사각형)이 무리 구역이다

∵

171 참조할 명제로 '보조 정리(lemma)'를 넣을 때는 해당 보조 정리가 있는 위치를 지정했다. 즉, [X-13/14 보조 정리]는 제10권 명제 13과 14 사이에 있는 보조 정리를 참조하라는 뜻이다.

172 바로 앞의 문장에서 '두 배'라고 번역한 원문은 δὶς로 '두 번, 반복하여'라는 뜻이 있다. 반면 바로 이 문장에서 '두 배'라고 번역한 원문은 διπλάσιον으로 '두 배, 갑절하여'라는 뜻이다. 현대의 독자에게 $(a+b)^2=a^2+b^2+2ab$라는 표현에서 $2ab$ 부분에 대해 유클리드는 '두 번의 직각 평행사변형'이라는 뜻으로 δὶς라는 낱말을 쓴다. 가독성을 위하여 우리는 약간 추상적으로 의역하여 '두 배'라고 번역했다. 원문에서 다른 두 낱말을 번역에서 구별하지 않았다. 그러다 보니 번역이 다소 어색한 경우가 있는데 이 문장도 그중 하나다.

[X-def-1-4]. 그래서 EH가 무리 직선이다. 한편, 유리 직선이기도 하다. 이것은 불가능하다.

그래서 메디알 구역은 (다른) 메디알 구역보다 유리 구역만큼 초과하지 않는다. 밝혀야 했던 바로 그것이다.

명제 27

유리 구역을 둘러싸는, 제곱으로만 공약인 메디알 직선들을 찾아내기.[173]

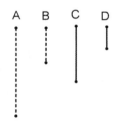

제곱으로만 공약인 두 유리 직선 A, B가 제시되고[X-10], A, B에 대하여 비례 중항 C가 잡혔고, A 대 B가 C 대 D가 되도록 했다고 하자[VI-13, 12]. A, B가 제곱으로만 공약인 유리 직선들이므로, A, B로 (둘러싸인 직각 평행 사변형), 즉 C로부터의 (정사각형)은[VI-17] 메디알이다[X-21]. 그래서 C가

173 이 명제부터 명제 35까지는 특정한 조건을 만족하는 두 직선을 찾는 문제이다. 명제 36부터 41까지 등장하는 비노미알 계열의 무리 직선 여섯 가지와 명제 73부터 78까지 등장하는 아포토메 계열의 무리 직선 여섯 가지를 논의하기에 앞서 그런 무리 직선들이 존재한다는 사실을 밝힌 명제들이다. 즉, 앞으로 탐구할 열두 가지의 무리 직선 집합들은 어느 것도 공집합이 아니다.

메디알이다[X-21]. 또 A 대 B는 C 대 D인데 A, B가 제곱으로만 공약이므로 C, D도 제곱으로만 공약이다[X-11]. 또 C는 메디알이다. 그래서 D도 메디알이다[X-23]. 그래서 C, D는 제곱으로만 공약인 메디알들이다.

나는 주장한다. (C, D가) 유리 구역을 둘러싼다.

A 대 B는 C 대 D이므로, 교대로, A 대 C가 B 대 D이다[V-16]. 한편, A 대 C는 C 대 B이다. 그래서 C 대 B는 B 대 D이다[V-11]. 그래서 C, D로 (둘러싸인 직각 평행사변형)이 B로부터의 (정사각형)과 같다[VI-17]. 그런데 B로부터의 (정사각형)은 유리 구역이다. 그래서 C, D로 (둘러싸인 직각 평행사변형)도 유리 구역이다.

그래서 유리 구역을 둘러싸는, 제곱으로만 공약인 메디알 직선들을 찾아냈다. 밝혀야 했던 바로 그것이다.

명제 28

메디알 구역을 둘러싸는, 제곱으로만 공약인 메디알 직선들을 찾아내기.

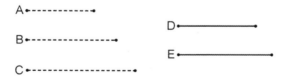

제곱으로만 공약인 [세] 유리 직선 A, B, C가 제시되고, A, B에 대하여 비례 중항 D가 잡혔고[VI-13], B 대 C는 D 대 E가 되도록 했다고 하자[VI-12]. A, B가 제곱으로만 공약인 유리 직선들이므로 A, B로 (둘러싸인 직각 평행

사변형), 즉 D로부터의 (정사각형)은[VI-17] 메디알이다[X-21]. 그래서 D가 메디알이다[X-21]. 또 B, C가 제곱으로만 공약이고 B 대 C는 D 대 E이므로 D, E도 제곱으로만 공약이다[X-11]. 그런데 D는 메디알이다. 그래서 E도 메디알이다[X-23]. 그래서 D, E는 제곱으로만 공약인 메디알들이다.

이제 나는 주장한다. (D, E가) 메디알 구역을 둘러싼다.

B 대 C가 D 대 E이므로, 교대로, B 대 D는 C 대 E이다[V-16]. 그런데 B 대 D는 D 대 A이다. 그래서 D 대 A는 C 대 E이다. 그래서 A, C로 (둘러싸인 직각 평행사변형)이 D, E로 (둘러싸인 직각 평행사변형)과 같다[VI-16]. 그런데 A, C로 (둘러싸인 직각 평행사변형)은 메디알이다[X-21]. 그래서 D, E로 (둘러싸인 직각 평행사변형)도 메디알이다.

그래서 메디알 구역을 둘러싸는 제곱으로만 공약인 메디알 직선들을 찾아냈다. 밝혀야 했던 바로 그것이다.

보조 정리 1. 그 수들에서 결합한 수도 정사각수이도록 하는 그런 두 정사각수를 찾아내기.[174]

∴

174 어떤 두 수에 대하여 각각 제곱하며 더한 것이 제곱수가 되는 그런 두 수를 찾는 알고리듬, 즉 피타고라스 정리를 만족하는 세 자연수의 쌍을 찾는 알고리듬을 밝힌 보조 정리다. 제10권 명제 9에서 어떤 두 크기가 제곱수 대 제곱수로 표현되면 그 두 크기는 공약 가능이고 그 역도 성립하기 때문에 제곱수에 대한 성질은 무리 직선론에서도 중요하다. 지금까지 제곱수에 대한 성질은 제8권과 제9권에서 일부가 밝혀졌다(특히 제8권 명제 11과 22). 디오판토스는 명저 『산술』에서 제곱수에 대해 더 깊이 탐구한다. 예를 들어 주어진 제곱수를 두 개의 제곱수(의 합으)로 분리하라는 문제가 있다(제2권 명제 8). 다만 디오판토스는 해의 범위를 양의 유리수까지로 본다.

두 수 AB, BC가 제시되는데 혹은 (둘 다) 짝수거나 혹은 (둘 다) 홀수라고 하자.

짝수로부터 짝수를 빼든 홀수로부터 홀수를 빼든 남은 수는 짝수이므로[IX-24, IX-26] 남은 AC는 짝수이다. AC가 D에서 이등분되었다고 하자. 그런데 AB, BC가 닮은 평면(수)들이거나, 그 자체로 닮은 평면(수)들인 정사각수들이라고 하자. 그래서 AB, BC에서 (곱하여 생성된 수)는 CD로부터의 정사각수와 함께, BD로부터의 정사각수와 같다[II-6]. AB, BC에서 (곱하여 생성된 수)는 정사각수이기도 하다. 닮은 두 평면수가 서로를 곱하여 어떤 수를 만든다면, 생성된 수는 정사각수라는 것은 이미 밝혀졌기 때문이다[IX-1]. 그래서 함께 놓여 BD로부터의 정사각수를 만드는, 그런 두 정사각수를 찾아냈다. (즉), AB, BC에서 (곱하여 생성된 수)와 CD로부터의 (정사각수) 말이다.

또한 분명하다. AB, BC가 닮은 평면수일 때는, 그 (두 정사각수)의 차이인 AB, BC로 (둘러싸인 직각 평행사변형)이 정사각수이도록 하는, 그런 두 정사각수를 다시 찾아냈다. (즉), BD로부터의 정사각수와 CD로부터의 (정사각수) 말이다. (AB, BC가) 닮은 평면수가 아닐 때는, 그 (두 정사각수)들의 차이인 AB, BC로 (둘러싸인 직각 평행사변형)이 정사각수가 아닌, 그런 두 정사각수를 찾아냈다. (즉), BD로부터의 (정사각수)와 DC로부터의 (정사각수) 말이다. 밝혀야 했던 바로 그것이다.

보조 정리 2. 그 수들에서 결합한 수가 정사각수가 아니도록 하는 그런 두 정사각수를 찾아내기.

우리가 말해 왔듯이 AB, BC에서 (곱하여 생성된 수)가 정사각수이고 CA는 짝수이고 CA가 D에서 이등분되었다고 하자.

이제 분명하다. CD로부터의 (정사각수)와 함께한 AB, BC에서 (곱하여 생성된) 정사각 수는 BD로부터의 정사각수와 같다[앞의 보조 정리 1]. 단위 DE가 빠졌다고 하자. 그래서 AB, BC에서 (곱하여 생성된 수)는 CE로부터의 (정사각수)와 함께, BD로부터의 정사각형보다 작다.

나는 주장한다. AB, BC에서 (곱하여 생성된) 정사각수는 CE로부터의 (정사각수)와 함께, 정사각수일 수 없다.

만약 정사각수일 수 있다면 BE로부터의 (정사각수)와 같거나 BE로부터의 (정사각형)보다 작지, 단위가 쪼개지지 않는 한 결코 클 수는 없다. 먼저, 혹시 가능하다면, AB, BC에서 (곱하여 생성된 수)는 CE로부터의 (정사각수)와 함께, BE로부터의 (정사각수)와 같다고 하고 단위 DE의 두 배가 GA라 하자. 전체 AC가 전체 CD의 두 배인데 그중 AG가 DE의 두 배이므로 남은 GC도 남은 EC의 두 배이다. 그래서 GC가 E에서 이등분되었다. 그래서 GB, BC에서 (곱하여 생성된 수)는 CE로부터의 (정사각수)와 함께, BE로부터의 (정사각수)와 같다[II-6]. 한편, AB, BC에서 (곱하여 생성된 수)도 CE로부터의 (정사각수)와 함께, BE로부터의 (정사각수)와 같다고 전제했다. 그래서 CE로부터의 (정사각수)와 함께한 GB, BC에서 (곱하여 생성된 수)는, CE로부터의 (정사각수)와 함께한 AB, BC에서 (곱하여 생성된 수)와 같다. CE로부터의 (정사각수)가 공히 빠지면서 AB가 GB와 같다고 귀결된다. 이것은 있을 수 없다. 그래서 AB, BC에서 (곱하여 생성된 수)는 CE로부터의 (정사각수)와 함께, BE로부터의 (정사각수)와 같지 않다.

이제 나는 주장한다. BE로부터의 (정사각형)보다 작지도 않다.

혹시 가능하다면, BF로부터의 (정사각수)와 같다고 하고 DF의 두 배가 HA라고 하자. 다시 HC가 CF의 두 배라고 귀결될 것이다. 결국 CH가 F에서 이등분된 것이고, 그에 따라 HB, BC에서 (곱하여 생성된 수)는 FC로부터의 (정사각수)와 함께, BF로부터의 (정사각수)와 같게 된다[II-6]. 그런데 AB, BC에서 (곱하여 생성된 수)가 CE로부터의 (정사각수)와 함께, BF로부터의 (정사각수)와 같다고 전제했다. 결국 CF로부터의 (정사각수)와 함께한 HB, BC에서 (곱하여 생성된 수)도, CE로부터의 (정사각수)와 함께한 AB, BC에서 (곱하여 생성된 수)가 같다. 이것은 있을 수 없다. 그래서 AB, BC에서 (곱하여 생성된 수)가 CE로부터의 (정사각수)와 함께, BE로부터의 (정사각형)보다 작지 않다. 그런데 BE로부터의 (정사각수)와 같을 수 없다는 것도 이미 밝혔다. 그래서 AB, BC에서 (곱하여 생성된 수)는 CE로부터의 (정사각수)와 함께 정사각수일 수 없다. [언급된 그런 수들을 여러 방법으로 밝혀낼 수 있지만 이미 상당한 분량인 저술을 더 늘리지 않도록 앞에서 언급한 방식으로 제한하기로 하자.] 밝혀야 했던 바로 그것이다.

명제 29

제곱으로만 공약인 두 유리 직선을 찾아내기. (단), 큰 직선이 작은 직선보다 그 자신과 선형으로 공약인 직선으로부터의 (정사각형)만큼 제곱근으로 큰 (두 직선이어야 한다).

어떤 유리 직선 AB와, 그 수들의 차이인 CE가 정사각수가 아니도록 하는 그런 두 정사각수 CD, DE가 제시된다고 하자[X-28/29 보조 정리]. AB 위에 반원 AFB가 그려졌고 DC 대 CE가 BA로부터의 정사각형 대 AF로부터

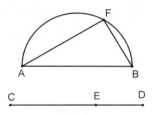

의 정사각형이게 되었고[X-6 따름] FB가 이어졌다고 하자.

BA로부터의 (정사각형) 대 AF로부터의 (정사각형)이 DC 대 CE이므로, BA로부터의 (정사각형)은 AF로부터의 (정사각형)에 대해 수 DC 대 수 CE가 갖는 그런 비율을 가진다. 그래서 BA로부터의 (정사각형)은 AF로부터의 (정사각형)과 공약이다[X-6]. 그런데 AB로부터의 (정사각형)은 유리 구역이다[X-def-1-4]. 그래서 AF로부터의 (정사각형)도 유리 구역이다. DC가 CE에 대해, 정사각수가 정사각수에 대해 갖는, 그런 비율을 갖지 않으므로, BA로부터의 (정사각형)도 AF로부터의 (정사각형)에 대해, 정사각수가 정사각수에 대해 갖는 그런 비율을 갖지 않는다. 그래서 AB가 AF와 선형으로 비공약이다[X-9]. 그래서 BA, AF는 제곱으로만 공약인 유리 직선들이다. 또 DC 대 CE가 BA로부터의 (정사각형) 대 AF로부터의 (정사각형)이므로, 뒤집어서, CD 대 DE는 AB로부터의 (정사각형) 대 BF로부터의 (정사각형)이다[V-19의 따름, III-31, I-47]. 그런데 CD는 DE에 대해, 정사각수가 정사각수에 대해 갖는 그런 비율을 가진다. 그래서 AB로부터의 (정사각형)도 BF로부터의 (정사각형)에 대해, 정사각수가 정사각수에 대해 갖는 그런 비율을 가진다. 그래서 AB는 BF와 선형으로 공약이다[X-9]. 또 AB로부터의 (정사각형)은 AF, FB로부터의 (정사각형)들(의 합)과 같다[I-47]. 그래서 AB는 AF보다 그 자신과 공약인 BF만큼 제곱근으로 크다.

그래서 제곱으로만 공약인 두 유리 직선 BA, AF를 찾아냈다. (단), 큰 직선 AB가 작은 직선 AF보다, 그 자신과 선형으로 공약인 직선 BF로부터의 (정사각형)만큼 제곱근으로 큰 (두 직선이다). 밝혀야 했던 바로 그것이다.

명제 30

제곱으로만 공약인 두 유리 직선을 찾아내기. (단), 큰 직선이 작은 직선보다 그 자신과 선형으로 비공약인 직선으로부터의 (정사각형)만큼 제곱근으로 큰 (두 직선이어야 한다).
유리 직선 AB와, 그 수들의 결합인 CD가 정사각수가 아니도록 하는 두 정사각수 CE, ED가 제시된다고 하자[X-28/29 보조 정리 2]. AB 위에 반원 AFB가 그려졌고 DC 대 CE가 BA로부터의 정사각형 대 AF로부터의 정사각형이게 되었고[X-6 따름] FB가 이어졌다고 하자.

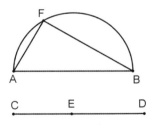

이제 우리는 앞에서 한 것과 비슷하게 BA, AF가 제곱으로만 공약인 유리 직선들이라고 밝힐 수 있다. 또 DC 대 CE가 BA로부터의 (정사각형) 대 AF로부터의 (정사각형)이므로, 뒤집어서, CD 대 DE는 AB로부터의 (정사각형) 대 BF로부터의 (정사각형)이다[V-19의 따름, III-31, I-47]. 그런데 CD는 DE에 대해, 정사각수가 정사각수에 대해 갖는 그런 비율을 갖지 않는다. 그래서 AB로부터의 (정사각형)도 BF로부터의 (정사각형)에 대해, 정사각수가 정사각수에 대해 갖는 그런 비율을 갖지 않는다. 그래서 AB가 BF와 선형으로는 비공약이다[X–9]. 또 AB는 AF보다 그 자신과 비공약인 FB로부터의 (정사각형)만큼 제곱근으로 크다.

그래서 AB, AF가 제곱으로만 공약인 두 유리 직선이다. (단), 큰 직선 AB가 작은 직선 AF보다 그 자신과 선형으로 비공약인 직선 FB로부터의 (정사각형)만큼 제곱근으로 큰 (두 직선이다). 밝혀야 했던 바로 그것이다.

명제 31

유리 구역을 둘러싸면서 제곱으로만 공약인 두 메디알 직선을 찾아내기. (단), 큰 직선이 작은 직선보다 그 자신과 선형으로 공약인 직선으로부터의 (정사각형)만큼 제곱근으로 큰 (두 직선이어야 한다).

큰 직선 A가 작은 직선 B보다, 그 자신과 선형으로 공약인 직선으로부터의 (정사각형)만큼 제곱근으로 크도록, 제곱으로만 공약인 두 유리 직선 A, B가 제시된다고 하자[X–29]. 또 A, B로 (둘러싸인 직각 평행사변형)과 C로부터의 (정사각형)이 같다고 하자.

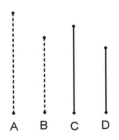

그런데 A, B로 (둘러싸인 직각 평행사변형)은 메디알이다[X-21]. 그래서 C로 부터의 (정사각형)도 메디알 (구역)이다. 그래서 C도 메디알 (직선)이다[X-21]. B로부터의 (정사각형)과 C, D로 (둘러싸인 직각 평행사변형)이 같다고 하자. 그런데 B로부터의 (정사각형)이 유리 구역이다. 그래서 C, D로 (둘러싸인 직각 평행사변형)도 유리 구역이다. 또 A 대 B가 A, B로 (둘러싸인 직각 평행사변형) 대 B로부터의 (정사각형)이고[X-21/22 보조 정리], 한편 A, B로 (둘러싸인 직각 평행사변형)과는 C로부터의 (정사각형)이 같고, C, D로 (둘러싸인 직각 평행사변형)과는 B로부터의 (정사각형)이 같으므로, A 대 B는 C로부터의 (정사각형) 대 C, D로 (둘러싸인 직각 평행사변형)이다. 그런데 C로부터의 (정사각형) 대 C, D로 (둘러싸인 직각 평행사변형)은 C 대 D이다[X-21/22 보조 정리]. 그래서 A 대 B는 C 대 D이다. 그런데 A가 B와 제곱으로만 공약이다. 그래서 C도 D와 제곱으로만 공약이다[X-11]. C는 메디알이기도 하다. 그래서 D도 메디알이다[X-23]. A 대 B가 C 대 D인데 A가 B보다, 그 자신과 (선형) 공약인 직선으로부터의 (정사각형)만큼 제곱근으로 크므로, C도 D보다, 그 자신과 (선형) 공약인 직선으로부터의 (정사각형)만큼 제곱근으로 크다[X-14].

그래서 유리 구역을 둘러싸는 제곱으로만 공약인 두 메디알 C, D를 찾아 냈다. (단), C가 D보다 그 자신과 선형으로 공약인 직선으로부터의 (정사각형)만큼 제곱근으로 큰 (두 직선이다).

A가 B보다 그 자신과 (선형) 비공약인 직선으로부터의 (정사각형)만큼 제곱근으로 클 때는 (C가 D보다 그 자신과 선형으로) 비공약인 직선으로부터의 (정사각형)만큼 (제곱근으로 크)다는 것도 이제 증명될 수 있다[X-30].

명제 32

메디알 구역을 둘러싸면서 제곱으로만 공약인 두 메디알 직선을 찾아내기. (단), 큰 직선이 작은 직선보다 그 자신과 (선형) 공약인 직선으로부터의 (정사각형)만큼 제곱근으로 큰 (두 직선이어야 한다).

A가 C보다 그 자신과 (선형) 공약인 직선으로부터의 (정사각형)만큼 제곱근으로 크도록 제곱으로만 공약인 세 유리 직선 A, B, C가 제시된다고 하자 [X-29]. 또 A, B로 (둘러싸인 직각 평행사변형)과 D로부터의 (정사각형)이 같다고 하자.

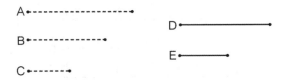

그래서 D로부터의 (정사각형)이 메디알이다. 그래서 D도 메디알이다[X-21]. B, C로 (둘러싸인 직각 평행사변형)과 D, E로 (둘러싸인 직각 평행사변형)이 같다고 하자. A, B로 (둘러싸인 직각 평행사변형) 대 B, C로 (둘러싸인 직각 평행사변형)은 A 대 C인데[X-21/22 보조 정리], 한편 A, B로 (둘러싸인 직각 평행사변형)과는 D로부터의 (정사각형)이 같고 B, C로 (둘러싸인 직각 평행사변형)과는 D, E로 (둘러싸인 직각 평행사변형)이 같으므로, A 대 C는 D로부터의 (정사각형) 대 D, E로 (둘러싸인 직각 평행사변형)이다. 그런데 D로부터의 (정사각형) 대 D, E로 (둘러싸인 직각 평행사변형)은 D 대 E이다[X-21/22 보조 정리]. 그래서 A 대 C가 D 대 E이다. 그런데 A가 C와 제곱으로[만] 공약이다. 그래서 D도 E와 제곱으로만 공약이다[X-11]. 그런데 D가 메디알이다. 그래서 E도 메디알이다[X-23]. A 대 C가 D 대 E인데, A가 C보다 그 자신과 (선형) 공약인 직선으로부터의 (정사각형)만큼 제곱근으로 크므로, D도 E보다 그 자신과 (선형) 공약인 직선으로부터의 (정사각형)만큼 제곱근으로 크다[X-14].

이제 나는 주장한다. D, E로 (둘러싸인 직각 평행사변형)은 메디알 구역이기도 하다.

B, C로 (둘러싸인 직각 평행사변형)이 D, E로 (둘러싸인 직각 평행사변형)과 같은데 [B, C가 제곱으로만 공약인 유리 직선들이라서] B, C로 (둘러싸인 직각 평행사변형)이 메디알이므로[X-21], D, E로 (둘러싸인 직각 평행사변형)도 메디알이다.

그래서 메디알 구역을 둘러싸면서 제곱으로만 공약인 두 메디알 직선 D, E를 찾아냈다. (단), 큰 직선이 작은 직선보다 그 자신과 (선형) 공약인 직선으로부터의 (정사각형)만큼 제곱근으로 큰 (두 직선이다).

A가 C보다 그 자신과 (선형) 비공약인 직선으로부터의 (정사각형)만큼 제곱근으로 클 때는, (D가 E보다 그 자신과 선형) 비공약인 직선으로부터의 (정사각형)만큼 (제곱근으로 크)다는 것도 다시 이제 증명될 수 있다[X-30].

보조 정리. A를 직각으로 갖는 직각 삼각형 ABC가 있다고 하고, 수직선 AD가 그어졌다고 하자. 나는 주장한다. CBD로 (둘러싸인 직각 평행사변형)은 BA로부터의 (정사각형)과 같고, BCD로 (둘러싸인 직각 평행사변형)은 CA로부터의 (정사각형)과 같고, BD, DC로 (둘러싸인 직각 평행사변형)은 AD로부터의 (정사각형)과 같고, 게다가 BC와 AD로 (둘러싸인 직각 평행사변형)은 BA, AC로 (둘러싸인 직각 평행사변형)과 같다.

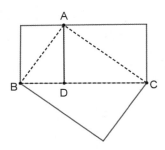

먼저 (나는 주장한다). CBD로 (둘러싸인 직각 평행사변형)은 BA로부터의 (정사각형)과 같다(는 것을). 직각 삼각형 안에서 직각으로부터 밑변으로 수직선 AD가 그어졌으므로 삼각형 ABD, ADC는 전체 ABC와 닮고 서로도 닮는다[VI-8]. 삼각형 ABC가 삼각형 ABD와 닮으니 CB 대 BA는 BA 대 BD이다[VI-4]. 그래서 CBD로 (둘러싸인 직각 평행사변형)이 AB로부터의 (정사각형)과 같다[VI-17].

이제 똑같은 이유로 BCD로 (둘러싸인 직각 평행사변형)은 AC로부터의 (정사각형)과 같다.

직각 삼각형 안에서 직각으로부터 밑변으로 수직선이 그어졌다면 그어진 직선은 밑변의 잘린 선분들에 대하여 비례 중항이므로[VI-8 따름] BD 대 DA는 AD 대 DC다. 그래서 BD, DC로 (둘러싸인 직각 평행사변형)은 DA로부터의 (정사각형)과 같다[VI-17].

나는 주장한다. BC, AD로 (둘러싸인 직각 평행사변형)도 BA, AC로 (둘러싸인 직각 평행사변형)과 같다.

우리가 말해 왔듯이 ABC가 ABD와 닮았으므로 BC 대 CA는 BA 대 AD이다[VI-4]. [네 직선이 비례하면 양끝 (직선들 사이에 둘러싸인 직각 평행사변형)은 중간 (직선들 사이에 둘러싸인 직각 평행사변형)과 같다.] 그래서

BC, AD로 (둘러싸인 직각 평행사변형)은 BA, AC로 (둘러싸인 직각 평행사변형)과 같다[VI-16]. 밝혀야 했던 바로 그것이다.

명제 33

제곱으로 비공약인 두 직선을 찾아내기. (단,) 그 두 직선으로부터의 정사각형들에서 결합한 구역은 유리 구역으로, 그 두 직선으로 (둘러싸인 직각 평행사변형)은 메디알 구역으로 만드는 (두 직선이어야 한다).

큰 직선 AB가 작은 직선 BC보다 그 자신과 (선형) 비공약인 직선으로부터의 (정사각형)만큼 제곱근으로 크도록 제곱으로만 공약인 두 유리 직선 AB, BC가 제시된다고 하고[X-30], BC가 D에서 이등분되었다고 하고, 정사각형 형태만큼 부족하면서 BD, DC 중 아무것으로부터의 (정사각형)과 같은 평행사변형이 직선 AB에 나란히 대어졌다고 하고[VI-28], (그것이) AEB로 (둘러싸인 직각 평행사변형)이라고 하고, AB 위에 반원 AFB가 그려졌다고 하고, AB와 직각으로 EF가 그어졌다고 하고, AF, FB가 이어졌다고 하자.

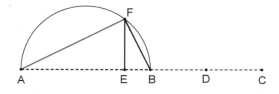

[두] 직선 AB, BC는 같지 않고, AB가 BC보다 그 자신과 (선형) 비공약인 직선으로부터의 (정사각형)만큼 제곱근으로 큰데, 정사각형 형태만큼 부족하면서 BC로부터의 (정사각형)의 사분의 일과, 즉 그 직선의 절반으로부터

476

의 (정사각형)과 같은 평행사변형이 AB에 나란히 대어졌고 또 (그 직선들이) AEB로 (둘러싸인 직각 평행사변형)을 만들므로 AE는 EB와 (선형) 비공약이다[X-18]. 또 AE 대 EB는 BA, AE로 (둘러싸인 직각 평행사변형) 대 AB, BE로 (둘러싸인 직각 평행사변형)인데 BA, AE로 (둘러싸인 직각 평행사변형)은 AF로부터의 (정사각형)과 같고, AB, BE로 (둘러싸인 직각 평행사변형)은 BF로부터의 (정사각형)과 같다[X-32/33 보조 정리]. 그래서 AF로부터의 (정사각형)은 FB로부터의 (정사각형)과 비공약이다[X-11]. 그래서 AF, FB는 제곱으로 비공약이다. 또 AB는 유리 직선이므로 AB로부터의 (정사각형)도 유리 구역이다. 결국 AF, FB로부터의 (정사각형)들에서 결합한 구역도 유리 구역이다[I-47]. 다시 AE, EB로 (둘러싸인 직각 평행사변형)은 EF로부터의 (정사각형)과 같은데 AE, EB로 (둘러싸인 직각 평행사변형)이 BD로부터의 (정사각형)과 같다고 전제했으므로 FE가 BD와 같다. 그래서 BC가 FE의 두 배이다. 결국 AB, BC로 (둘러싸인 직각 평행사변형)은 AB, EF로 (둘러싸인 직각 평행사변형)과 공약이다[X-6]. 그런데 AB, BC로 (둘러싸인 직각 평행사변형)이 메디알이다[X-21]. 그래서 AB, EF로 (둘러싸인 직각 평행사변형)도 메디알이다[X-23 따름]. 그런데 AB, EF로 (둘러싸인 직각 평행사변형)은 AF, FB로 (둘러싸인 직각 평행사변형)과 같다[X-32/33 보조정리]. 그래서 AF, FB로 (둘러싸인 직각 평행사변형)도 메디알이다. 그런데 그 두 직선으로부터의 정사각형들에서 결합한 구역이 유리 구역이라는 것은 밝혀졌다.

그래서 제곱으로 비공약인 두 직선 AF, FB를 찾아냈다. (단), 그 두 직선으로부터의 정사각형들에서 결합한 구역은 유리 구역으로, 그 두 직선으로 (둘러싸인 직각 평행사변형)은 메디알 구역으로 만드는 (두 직선이다). 밝혀야 했던 바로 그것이다.

명제 34

제곱으로 비공약인 두 직선을 찾아내기. (단), 그 두 직선으로부터의 정사각형들에서 결합한 구역은 메디알 구역으로, 그 두 직선으로 (둘러싸인 직각 평행사변형)은 유리 구역으로 만드는 (두 직선이어야 한다).

그 (두 직선 AB, BD)로 (둘러싸인 직각 평행사변형)이 유리 구역을 둘러싸면서 AB가 BC보다 그 자신과 (선형) 비공약인 직선으로부터의 (정사각형)만큼 제곱근으로 크도록 제곱으로만 공약인 두 메디알 직선 AB, BC가 제시된다고 하고[X-31], AB 위에 반원 ADB가 그려졌다 하고, BC가 E에서 이등분되었다고 하고, 정사각형 형태만큼 부족하면서 BE로부터의 (정사각형)과 같은 평행사변형이 AFB로 (둘러싸인 직각 평행사변형)으로 AB에 나란히 대어졌다고 하자[VI-28]. 그래서 AF는 FB와 선형으로는 비공약이다[X-18]. 또 F로부터 AB와 직각으로 FD가 그어졌다 하고 AD, DB가 이어졌다고 하자.

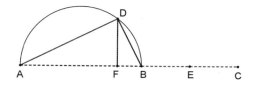

AF가 FB와 (선형) 비공약이므로 BA, AF로 (둘러싸인 직각 평행사변형)도 AB, BF로 (둘러싸인 직각 평행사변형)과 비공약이다[X-11]. 그런데 BA, AF로 (둘러싸인 직각 평행사변형)은 AD로부터의 (정사각형)과 같고, AB, BF로 (둘러싸인 직각 평행사변형)은 DB로부터의 (정사각형)과 같다[X-32/33 보조정리]. 그래서 AD로부터의 (정사각형)도 DB로부터의 (정사각형)과 비공약이

다. 또 AB로부터의 (정사각형)이 메디알이므로 AD, DB로부터의 (정사각형)들에서 결합한 구역도 메디알이다[III-31, I-47]. 또 BC는 DF의 두 배이므로 AB, BC로 (둘러싸인 직각 평행사변형)도 AB, FD로 (둘러싸인 직각 평행사변형)의 두 배이다. 그런데 AB, BC로 (둘러싸인 직각 평행사변형)은 유리 구역이다. 그래서 AB, FD로 (둘러싸인 직각 평행사변형)도 유리 구역이다[X-6, X-def-4]. 그런데 AB, FD로 (둘러싸인 직각 평행사변형)이 AD, DB로 (둘러싸인 직각 평행사변형)과 같다[X-32/33 보조 정리]. 결국 AD, DB로 (둘러싸인 직각 평행사변형)도 유리 구역이다.

그래서 제곱으로 비공약인 두 직선 AD, DB를 찾아냈다. (단), 그 두 직선으로부터의 정사각형들에서 결합한 구역은 메디알 구역으로, 그 두 직선으로 (둘러싸인 직각 평행사변형)은 유리 구역으로 만드는 (두 직선이다). 밝혀야 했던 바로 그것이다.

명제 35

제곱으로 비공약인 두 직선을 찾아내기. (단), 그 두 직선으로부터의 정사각형들에서 결합한 구역도 메디알 구역으로, 그 두 직선으로 (둘러싸인 직각 평행사변형)도 메디알 구역으로 (만들고), 게다가 (그 두 직선 사이에 둘러싸인 직각 평행사변형이) 그 두 직선으로부터의 (정사각형들)에서 결합한 정사각형과는 비공약 (구역)으로 만드는 (두 직선이어야 한다).

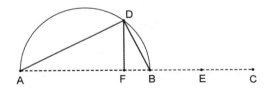

그 (두 직선 AB, BC로 (둘러싸인 직각 평행사변형)이 메디알 구역을 둘러싸면서 AB가 BC보다 그 자신과 (선형) 비공약인 직선으로부터의 (정사각형)만큼 제곱근으로 크도록 제곱으로만 공약인 두 메디알 직선 AB, BC가 제시된다고 하고[X-32], AB 위에 반원 ADB가 그려졌다고 하고, 남은 것들도 위의 것들과 비슷하게 되었다고 하자.

AF가 FB와 선형으로 비공약이므로[X-18] AD도 DB와 제곱으로 비공약이다[X-11]. 또 AB로부터의 (정사각형)이 메디알이므로 AD, DB로부터의 (정사각형)들에서 결합한 구역도 메디알이다[III-31, I-47]. 또 AF, FB로 (둘러싸인 직각 평행사변형)은 BE, DF 각각으로부터의 (정사각형)과 같으므로 BE가 DF와 같다. 그래서 BC는 FD의 두 배이다. 결국 AB, BC로 (둘러싸인 직각 평행사변형)이 AB, FD로 (둘러싸인 직각 평행사변형)의 두 배이다. 그런데 AB, BC로 (둘러싸인 직각 평행사변형)은 메디알 구역이다. 그래서 AB, FD로 (둘러싸인 직각 평행사변형)도 메디알 구역이다. 또 AB, DB로 (둘러싸인 직각 평행사변형)과 같기도 하다[X-32/33 보조 정리]. 그래서 AD, DB로 (둘러싸인 직각 평행사변형)도 메디알 구역이다. 또 AB가 BC와 선형으로 비공약인데 CB는 BE와 (선형) 공약이므로 AB도 BE와 선형으로 비공약이다[X-13]. 결국 AB로부터의 (정사각형)도 AB, BE로 (둘러싸인 직각 평행사변형)과 비공약이다[X-11]. 한편, AB로부터의 (정사각형)과는 AD, DB로부터의 (정사각형)들(의 합)이 같고[I-47], AB, BE로 (둘러싸인 직각 평행사변형)과는 AB, FD로 (둘러싸인 직각 평행사변형), 즉 AD, DB로 (둘러싸인 직각 평행사변형)과 같다[X-32/33 보조 정리]. 그래서 AD, DB로부터의 (정사각형)들에서 결합한 구역은 AD, DB로 (둘러싸인 직각 평행사변형)과 비공약이다.

그래서 제곱으로 비공약인 두 직선 AD, DB를 찾아냈다. (단), 그 두 직선으로부터의 정사각형들에서 결합한 구역도 메디알 구역으로, 그 두 직선으로 (둘러싸인 직각 평행사변형)도 메디알 구역으로(만들고), 게다가 (그 두 직선 사이에 둘러싸인 직각 평행사변형이) 그 두 직선으로부터의 (정사각형들)에서 결합한 정사각형과는 비공약 (구역)으로 만드는 (두 직선이다). 밝혀야 했던 바로 그것이다.

명제 36

제곱으로만 공약인 두 유리 직선이 결합하면 그 전체 직선은 무리 직선이다. 그것을 **비노미알**[175] **직선**이라 부르자.[176]

제곱으로만 공약인 두 유리 직선 AB, BC가 결합했다고 하자. 나는 주장한다. AC는 무리 직선이다.

175 원문은 ἐκ δύο ὀνομάτων. 직역하면 두 이름에서 (비롯한), 두 이름으로 (된), 즉 말할 수 있는 두 개(의 직선)으로 된 또는 두 유리 직선의 결합인 (무리 직선)이다. 라틴어 번역은 ex duobus nominibus이었는데 줄여서 흔히 binomial로 쓴다. 특수 용어라고 보고 번역어도 음을 그대로 가져왔다.

176 (1) 명제 36부터 명제 41까지는 두 직선의 합으로 이루어진 비노미알 계열(또는 산술 평균 계열)의 무리 직선 여섯 가지를 정의한다. 명제 73부터 명제 78까지는 두 직선의 차로 이루어진 아포토메 계열(또는 조화 평균 계열)이 나온다. 지금부터 명제 110까지는 그 두 계열이 완벽하게 대칭을 이룬다. (2) 케플러는 『세계의 조화(*Harmonices Mundi*)』에서 기하 도형의 조화, 천체 물리 현상의 조화를 논하고 마지막에 케플러 제3법칙을 제시한다. 총 5권인 이 저서에서 기초 이론인 제1권은 다면체의 성격을 체계적으로 탐구하는데 여기서 메디알과 비노미알 계열, 아포토메 계열의 무리 직선 이론이 중요한 역할을 한다.

제곱으로만 공약이니까 AB가 BC와 선형으로는 비공약인데 AB 대 BC는 ABC로 (둘러싸인 직각 평행사변형) 대 BC로부터의 (정사각형)이므로 AB, BC 로 (둘러싸인 직각 평행사변형)이 BC로부터의 (정사각형)과 비공약이다[X−11]. 한편, AB, BC로 (둘러싸인 직각 평행사변형)과는 AB, BC로 (둘러싸인 직각 평행사변형)의 두 배가 공약이요[X−6], BC로부터의 (정사각형)은 AB, BC로부터의 (정사각형)들(의 합)과 공약이다. AB, BC가 제곱으로만 공약인 유리 직선들이니까 말이다[X−15]. 그래서 AB, BC로 (둘러싸인 직각 평행사변형)의 두 배는 AB, BC로부터의 (정사각형)들(의 합)과 비공약이다[X−13]. 또 결합 되어, AB, BC로 (둘러싸인 직각 평행사변형)의 두 배는 AB, BC로부터의 (정사각형)들과 함께, 즉 AC로부터의 (정사각형)은[II−4] AB, BC로부터의 (정사 각형)들에서 결합한 구역과 비공약이다[X−16]. 그런데 AB, BC로부터의 (정 사각형)들에서 결합한 구역은 유리 구역이다. 그래서 AC로부터의 (정사각 형)은 무리 구역이다. 결국 AC도 무리 직선이다[X−def−1−4]. 그것을 비노 미알 직선이라고 부르자. 밝혀야 했던 바로 그것이다.

명제 37

제곱으로만 공약인 두 메디알 직선이, 유리 구역을 둘러싸면서 결합하면 그 전체 직선 은 무리 직선이다. 그것을 **첫 번째 비메디알**[177] **직선**이라 부르자.

∴

177 그리스 원문 ἐκ δύο μέσων πρώτη. 문자 그대로의 뜻은 '두 메디알에서 비롯한 무리 (직선) 중 첫 번째'이다. 명제 74에 나오는 '첫 번째 메디알 아포토메'와 대칭이므로 사실은 '첫 번 째 메디알 비노미알'로 했더라면 일관성이 있고 이해도 잘 될 것 같다. 그러나 영역본과 노 어 번역 등에서는 흔히 이 용어를 쓰므로 그것을 따른다.

제곱으로만 공약인 두 메디알 직선 AB, BC가 유리 구역을 둘러싸면서 결합했다고 하자[X-27]. 나는 주장한다. AC는 무리 직선이다.

A ●----------------------B-----------C

AB가 BC와 선형으로는 비공약이므로 AB, BC로부터의 (정사각형)들(의 합)은 AB, BC로 (둘러싸인 직각 평행사변형)의 두 배와 비공약이다[II-4, X-36]. 또 결합되어, AB, BC로부터의 (정사각형)들은 AB, BC로 (둘러싸인 직각 평행사변형)의 두 배와 함께, 이것은 바로 AC로부터의 (정사각형)인데[II-4] AB, BC로 (둘러싸인 직각 평행사변형)과 비공약이다[X-16]. 그런데 AB, BC로 (둘러싸인 직각 평행사변형)은 유리 구역이다. AB, BC가 유리 구역을 둘러싼다고 전제했으니까 말이다. 그래서 AC로부터의 (정사각형)은 무리 구역이다. 그래서 AC도 무리 직선이다[X-def-1-4]. 그것을 첫 번째 비메디알이라고 부르자. 밝혀야 했던 바로 그것이다.

명제 38

제곱으로만 공약인 두 메디알 직선이, 메디알 구역을 둘러싸면서 결합하면 그 전체 직선은 무리 직선이다. 그것을 두 번째 비메디알이라고 부르자.

제곱으로만 공약인 두 메디알 직선 AB, BC가 메디알 구역을 둘러싸면서 결합하였다고 하자[X-28]. 나는 주장한다. AC는 무리 직선이다.

유리 직선 DE가 제시된다고 하고 AC로부터의 (정사각형)과 같게 DG를 너비로 만드는 DF가 DE에 나란히 대어졌다고 하자[I-44]. AC로부터의 (정사

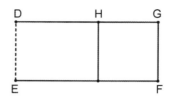

각형)이 AB, BC로부터의 (정사각형)들과 AB, BC로 (둘러싸인 직각 평행사변형)의 두 배 모두와 같으므로[II-4], 이제 AB, BC로부터의 (정사각형)들(의 합)과 같은 EH가 DE에 나란히 대어졌다고 하자.

그래서 남은 HF는 AB, BC로 (둘러싸인 직각 평행사변형)의 두 배와 같다. 또 AB, BC 각각은 메디알이므로 AB, BC로부터의 (정사각형)들(의 합)도 메디알이다. 그런데 AB, BC로 (둘러싸인 직각 평행사변형)의 두 배도 메디알이라고 전제했다. 또 AB, BC로부터의 (정사각형)들(의 합)과는 EH가 같고, AB, BC로 (둘러싸인 직각 평행사변형)의 두 배는 FH와 같다. 그래서 EH, HF 각각은 메디알이다. 유리 직선 DE에 나란히 대어지기도 했다. 그래서 DH, HG 각각은 유리 직선이고 DE와 선형으로 비공약이다[X-22]. AB가 BC와 선형으로 비공약이고 AB 대 BC가 AB로부터의 (정사각형) 대 AB, BC로 (둘러싸인 직각 평행사변형)이므로[X-21/22 보조 정리] AB로부터의 (정사각형)은 AB, BC로 (둘러싸인 직각 평행사변형)과 비공약이다[X-11]. 한편 AB로부터의 (정사각형)과는 AB, BC로부터의 정사각형들에서 결합한 구역이 공약이고[X-15], AB, BC로 (둘러싸인 직각 평행사변형)과는 AB, BC로 (둘러싸인 직각 평행사변형)의 두 배가 공약이다[X-6]. 그래서 AB, BC로부터의 (정사각형)들에서 결합한 구역은 AB, BC로 (둘러싸인 직각 평행사변형)의 두 배와 비공약이다[X-13]. 한편, AB, BC로부터의 (정사각형)들(의 합)과는 EH가 같고, AB, BC로 (둘러싸인 직각 평행사변형)의 두 배와는 HF가 같다. 그래서 EH가 HF와 비공약이다. 결국 DH가 HG와 선형으로 비공약이다[VI-1, X-11]. 그래서 DH, HG는 제곱으로만 공약인 유리 직선들이다. 결국 DG는 무리 직선이다[X-36]. 그런데 DE는 유리 직선이다. 그런데 무리 직선과 유리 직선 사이에 둘러싸인 직각 평행사변형은 무리 구역이다[X-20]. 그래서 DF 구역은 무리 구역이고, [그 구역의] 제곱근 직선도 무리 직선이다[X-def-1-4]. 그런데 AC가 DF의 제곱근 직선이다. 그래서 AC는 무리 직선이다. 그것을 두 번째 비메디알 직선이라 부르자. 밝혀야 했던 바로 그것이다.

명제 39

제곱으로 비공약인 두 직선이, 그 두 직선으로부터의 정사각형들에서 결합한 구역은 유리 구역으로, 그 두 직선으로 (둘러싸인 직각 평행사변형)은 메디알 구역으로 만들면서 결합하면 그 전체 직선은 무리 직선이다. 그것을 **메이저**[178]라고 부르자.

∵

178 (1) 그리스어 원문 μείζων. 문자 그대로의 뜻은 '큰'이다. (2) 명제 39를 약간 변형해서 현대의 기호로 표시하면 다음과 같다. a, b가 제곱으로 비공약인 두 직선이고 $a^2 + b^2$이 유리 구역이고 $2ab$가 메디알 구역일 때 $a + b$는 '메이저'라고 부르는 무리 직선이다. 그런데 $a + b$는 $\sqrt{(a^2 + b^2) + (2ab)}$이므로 다음 명제 40과 일관성을 고려하면 '유리 구역과 메디알 구역의 제곱근'이다. 다만 그럴 경우 명제 40의 무리 직선은 '메디알 구역과 유리 구역의 제곱근'이라고 불려야 하고 그러면 두 명칭이 헷갈린다는 단점이 있다. (3) 비노미알 계열의 네 번째 유형의 무리 직선인 '메이저' 직선과 대칭인 아포토메 계열의 무리 직선은 '마이너' 이고 그 용어의 원래 뜻은 '작은'이다(제10권 명제 76참조). 메디알은 '중간'이라는 뜻이었다. (4) 제13권의 명제 11에서 원에 내접하는 정오각형에 대하여 원의 지름이 유리 직선이면 정오각형의 변은 마이너 직선이라는 사실이 밝혀진다. 유클리드는 언급하지 않았지만

제곱으로 비공약인 두 직선 AB, BC가 앞서 (명제 32에서) 알려진 (조건들을 만족)하면서 결합했다고 하자. 나는 주장한다. AC는 무리 직선이다.

A   B   C

AB, BC로 (둘러싸인 직각 평행사변형)이 메디알이므로 AB, BC로 (둘러싸인 직각 평행사변형)의 두 배도 메디알이다[X-6, X-23 따름]. 그런데 AB, BC로부터의 (정사각형)들에서 결합한 구역은 유리 구역이다. 그래서 AB, BC로 (둘러싸인 직각 평행사변형)의 두 배는 AB, BC로부터의 (정사각형)들에서 결합한 구역과 비공약이다[X-def-1-4]. 결국 AB, BC로부터의 (정사각형)들이 AB, BC로 (둘러싸인 직각 평행사변형)의 두 배와 함께(하면), 그것은 바로 AC로부터의 (정사각형)인데[II-4], AB, BC로부터의 (정사각형)들에서 결합한 구역과 비공약이다[X-16]. [그런데 AB, BC로부터의 (정사각형)들에서 결합한 구역은 유리 구역이다.] 그래서 AC로부터의 (정사각형)은 무리 구역이다. 결국 AC는 무리 직선이다[X-def-1-4]. 그것을 메이저라고 부르자. 밝혀야 했던 바로 그것이다.

:.

우리는 그 정오각형의 대각선은 메이저 직선이라는 사실을 밝힐 수 있다. 즉, 마이너와 메이저 무리 직선은 유클리드의 맥락에서 중요한 도형인 정오각형과 연결되었고 따라서 기하학적인 의미가 각별하다.

명제 40

제곱으로 비공약인 두 직선이, 그 두 직선으로부터의 정사각형들에서 결합한 구역은 메디알 구역으로, 그 두 직선으로 (둘러싸인 직각 평행사변형)은 유리 구역으로 만들면서 결합되면, 그 전체 직선은 무리 직선이다. 그것은 **유리 구역과 메디알 구역의 제곱근 직선**[179]이라고 하자.

제곱으로 비공약인 두 직선 AB, BC가 앞서 (명제 34에서) 알려진 (조건들을 만족)하면서 결합했다고 하자. 나는 주장한다. AC는 무리 직선이다.

AB, BC로부터의 (정사각형)들에서 결합한 구역이 메디알 구역인데 AB, BC로 (둘러싸인 직각 평행사변형)의 두 배는 유리 구역이므로 AB, BC로부터의 (정사각형)들에서 결합한 구역은 AB, BC로 (둘러싸인 직각 평행사변형)의 두 배와 비공약이다. 결국 AC로부터의 (정사각형)도 AB, BC로 (둘러싸인 직각 평행사변형)의 두 배와 비공약이다[X-16]. 그런데 AB, BC로부터의 (정사각형)들에서 결합한 구역은 유리 구역이다. 그래서 AC로부터의 (정사각형)은 무리 구역이다. 그래서 AC는 무리 직선이다[X-def-4]. 그것을 '유리 구역과 메디알 구역의 제곱근 직선'으로 부르자. 밝혀야 했던 바로 그것이다.

∴

179 원문은 ῥητὸν καὶ μέσον δυναμένη. 이 정의와 다음 명제에서 등장하는 '두 메디알 (구역)의 제곱근 (직선)'은 음을 빌리지 않고 뜻을 가져와 번역했다. 명제 40을 약간 변형해서 현대의 기호로 표시하면 다음과 같다. a^2+b^2이 메디알 구역이고 $2ab$가 유리 구역일 때 그것이 이루는 정사각형의 변인 $\sqrt{(a^2+b^2)+(2ab)}$은 무리 직선이고 따라서 무리 직선을 '유리 구역과 메디알 구역의 제곱근 직선'이라 부른다.

명제 41

제곱으로도 비공약인 두 직선이, 그 두 직선으로부터의 정사각형들에서 합쳐진 구역도
메디알 구역으로, 그 두 직선으로 (둘러싸인 직각 평행사변형)도 메디알 구역으로 (만들
고), 게다가 (그 두 직선 사이에 둘러싸인 직각 평행사변형이) 그 두 직선으로부터의 정사
각형들에서 합쳐진 구역과는 비공약으로 만들면서 결합하면 그 전체 직선은 무리 직선
이다. 그것을 **두 메디알 구역의 제곱근 직선**이라고 하자.

제곱으로 비공약인 두 직선 AB, BC가 앞서 (명제 35에서) 알려진 것들을 (조
건들을 만족)하면서 결합했다고 하자. 나는 주장한다. AC는 무리 직선이다.
유리 직선 DE가 제시된다고 하고, AB, BC로부터의 (정사각형)들(의 합)과
같은 DF가, (그리고) AB, BC로 (둘러싸인 직각 평행사변형)의 두 배와 같은
GH가 DE에 나란히 대어졌다고 하자.

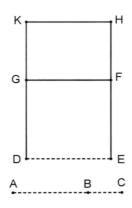

그래서 전체 DH는 AC로부터의 정사각형과 같다 [II-4]. AB, BC로부터의
(정사각형)들에서 결합한 구역은 메디알이고 DF와 같기도 하므로 DF도 메
디알이다. 유리 직선 DE에 나란히 대어지기도 했다. 그래서 DG는 유리 직

선이고 DE와 선형으로는 비공약이다[X-22]. 이제 똑같은 이유로 GK도 유리 직선이고 GF와, 즉 DE와 선형으로는 비공약이다. AB, BC로부터의 (정사각형)들(의 합)이 AB, BC로 (둘러싸인 직각 평행사변형)의 두 배와 비공약이므로 DF가 GH와 비공약이다. 결국 DG도 GK와 (선형으로) 비공약이다[VI-1, X-11]. 그 직선들은 유리 직선이기도 하다. 그래서 DG, GK는 제곱으로만 공약인 유리 직선이다. 그래서 DK는 비노미알 직선이라고 불리는 무리 직선이다[X-36]. 그런데 DE가 유리 직선이다. 그래서 DH는 무리 구역이고 그 (구역)의 제곱근 직선도 무리 직선이다. 그런데 AC가 HD의 제곱근 직선이다. 그래서 AC는 무리 직선이다. 그것을 '두 메디알 구역의 제곱근 직선'으로 부르자. 밝혀야 했던 바로 그것이다.

보조 정리. 다음의 소박한 보조 정리를 미리 내놓으며, 언급한 무리 직선들이 앞서 알려진 유형들을 만들며 합쳐지는, 그런 (두 직선으로) 분리되는 방식은 하나뿐이라는 것을 밝히고자 한다.

직선 AB가 제시되고 그 전체 직선이 (두 점) C와 D 각각에서 같지 않은 부분들로 잘렸다고 하고 AC가 DB보다 크다고 가정하자. 나는 주장한다. AC, CB로부터의 (정사각형)들(의 합)은 AD, DB로부터의 (정사각형)들(의 합)보다 크다.

A   D E   C   B

AB가 E에서 이등분되었다고 하자. AC가 DB보다 크므로 DC가 공히 빠졌다고 하자.

그래서 남은 AD가 남은 CB보다 크다. 그런데 AE는 EB와 같다. 그래서 DE가 EC보다 작다. 그래서 점 C, D는 이등분 (점)에서 같게 떨어져 있지 않다. AC, CB로 (둘러싸인 직각 평행사변형)은 EC로부터의 (정사각형)과 함께, EB로부터의 (정사각형)과 같고[II-5], 더군다나 AD, DB로 (둘러싸인 직각 평행사변형)은 DE로부터의 (정사각형)과 함께, EB로부터의 (정사각형)과 같으므로[II-5] EC로부터의 (정사각형)과 함께한 AC, CB로 (둘러싸인 직각 평행사변형)은 DE로부터의 (정사각형)과 함께한 AD, DB로 (둘러싸인 직각 평행사변형)과 같다. 그중 DE로부터의 (정사각형)은 EC로부터의 (정사각형)보다 작다. 그래서 남은 AC, CB로 (둘러싸인 직각 평행사변형)이 AD, DB로 (둘러싸인 직각 평행사변형)보다 작다. 결국 AC, CB로 (둘러싸인 직각 평행사변형)의 두 배가 AD, DB로 (둘러싸인 직각 평행사변형)의 두 배보다 작은 것이다. 그래서 AC, CB로부터의 (정사각형)들에서 결합한 남은 (구역)은 AD, DB로부터의 (정사각형)들에서 결합한 남은 (구역)보다 크다. 밝혀야 했던 바로 그것이다.

명제 42

비노미알 직선은 딱 한 점에서 (그것을 이루는 두) 항으로 분리된다.

비노미알 AB가 있다고 하자. C에서 유리 직선들로 분리된다고 하자. 그래서 AC, CB는 제곱으로만 공약인 유리 직선들이다[X-36]. 나는 주장한다. 다른 점에서는 AB가 제곱으로만 공약인 두 유리 직선들로 분리되지 않는다.

A   D   C   B

혹시 가능하다면, AD, DB가 제곱으로만 공약인 유리 직선들이도록 (다른) D에서도 분리되었다고 하자.

이제 명백하다. AC가 DB와 동일한 그 직선일 수 없다. 만약 그럴 수 있다면 그렇다고 하자. 이제 AD도 CB와 동일한 그 직선일 것이다. 또 AC 대 CB는 BD 대 DA이고, AB가 C에서 분리(된 것)처럼 동일하게 D에서도 분리된 직선일 것이다. 그렇지 않다고 전제했는데도 말이다. 그래서 AB가 DB와 동일한 그 직선일 수 없다. 그런 이유로 점 C, D가 이등분 (점)에서 같게 떨어져 있지도 않다. 그래서 AC, CB로부터의 (정사각형)들(의 합)이 AD, DB로부터의 (정사각형)들(의 합)과 구별되는 만큼 AD, DB로 (둘러싸인 직각 평행사변형)의 두 배도 AC, CB로 (둘러싸인 직각 평행사변형)의 두 배와 구별된다. AC, CB로 (둘러싸인 직각 평행사변형)의 두 배와 함께한 AC, CB로부터의 (정사각형)들(의 합)과, AD, DB로 (둘러싸인 직각 평행사변형)의 두 배와 함께한 AD, DB로부터의 (정사각형)들(의 합)은 AB로부터의 (정사각형)과 같기 때문이다[II-4]. 한편, AC, CB로부터의 (정사각형)들(의 합)은 AD, DB로부터의 (정사각형)들(의 합)보다 유리 구역만큼 구별된다. 어느 (구역)이든 유리 구역들이니까 말이다. 그래서 메디알 구역들이면서 AD, DB로 (둘러싸인 직각 평행사변형)의 두 배는 AC, CB로 (둘러싸인 직각 평행사변형)의 두 배보다 유리 구역만큼 구별된다[X-21]. 이것은 있을 수 없다. 메디알이 메디알보다 유리 구역만큼 초과할 수 없으니까 말이다[X-26].

그래서 비노미알 직선이 이 점 저 점에서 분리될 수는 없다. 그래서 딱 한 점에서 분리된다. 밝혀야 했던 바로 그것이다.

명제 43

첫 번째 비메디알 직선은 딱 한 점에서 (그것을 이루는 두 항으로) 분리된다.

첫 번째 비메디알 AB가 있다고 하자. AC, CB가 유리 구역을 둘러싸면서 제곱으로만 공약인 메디알 직선들이도록 C에서 분리된다고 하자[X-37]. 나는 주장한다. AB가 다른 점에서는 (그것을 이루는 두 항으로) 분리되지 않는다.

혹시 가능하다면, AD, DB가 유리 구역을 둘러싸면서 제곱으로만 공약인 메디알 직선들이도록 D에서도 분리되었다고 하자.

AD, DB로 (둘러싸인 직각 평행사변형)의 두 배가 AC, CB로 (둘러싸인 직각 평행사변형)의 두 배와 구별되는 만큼 AC, CB로부터의 (정사각형)들(의 합)이 AD, DB로부터의 (정사각형)들(의 합)과 구별되는데[X-41/42 보조 정리] AD, DB로 (둘러싸인 직각 평행사변형)의 두 배는 AC, CB로 (둘러싸인 직각 평행사변형)의 두 배보다 유리 구역만큼 구별된다. 어느 (구역)이든 유리 구역들이니까 말이다. 그래서 메디알 구역들이면서 AC, CB로부터의 (정사각형)들(의 합)이 AD, DB로부터의 (정사각형)들(의 합)보다 유리 구역만큼 구별된다. 이것은 있을 수 없다[X-26]. 그래서 첫 번째 비메디알 직선이 이 점 저 점에서 그 항들로 분리될 수는 없다. 그래서 딱 한 점에서만 (분리된다). 밝혀야 했던 바로 그것이다.

명제 44

두 번째 비메디알 직선은 딱 한 점에서 분리된다.

두 번째 비메디알 AB가 있다고 하자. AC, CB가 메디알 구역을 둘러싸면서 제곱으로만 공약인 메디알 직선들이도록 C에서 분리된다고 하자[X-38]. 이제 명백하다. (AC, BC가) 선형으로는 공약이 아니니까 C가 이등분 (점)에 있을 수 없다. 나는 주장한다. AB가 다른 점에서는 분리되지 않는다.

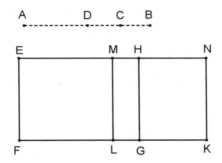

혹시 가능하다면, AC가 DB와 동일하지 않도록, 한편 가정하기를 AC가 더 크도록 D에서 분리되었다고 하자.

이제 명백하다. 위에서 이미 우리가 밝힌 것처럼 AD, DB로부터의 (정사각형)들(의 합)이 AC, CB로부터의 (정사각형)들(의 합)보다 작다[X-41/42 보조정리]. 또 AD, DB는 메디알 구역을 둘러싸면서 제곱으로만 공약인 메디알 직선들이다. 유리 직선 EF가 제시된다고 하고 AB로부터의 (정사각형)과 같게는 직각 평행사변형 EK가 EF에 나란히 대어졌고, AC, CB로부터의 (정사각형)들(의 합)과 같게는 EG가 빠졌다고 하자. 그래서 남은 HK가 AC, CB로 (둘러싸인 직각 평행사변형)의 두 배와 같다[II-4]. 이제 다시, AC, CB로부터의 (정사각형)들(의 합)보다 작다고 증명된 AD, DB로부터의 (정사각형)들

(의 합)과 같은 EL이 빠졌다고 하자. 그래서 남은 MK가 AD, DB로 (둘러싸인 직각 평행사변형)의 두 배와 같다. 또 AC, CB로부터의 (정사각형)들(의 합)이 메디알이므로 EG도 메디알이다. (EG는) 유리 직선 EF에 나란히 대어지기도 한다. 그래서 EH는 유리 직선이고 EF와 선형으로는 비공약이다[X-22]. 이제 똑같은 이유로 HN도 유리 직선이고 EF와 선형으로는 비공약이다. AC, CB가 제곱으로만 공약인 메디알 직선들이므로 AC는 CB와 선형으로 비공약이다. 그런데 AC 대 CB는 AC로부터의 (정사각형) 대 AC, CB로 (둘러싸인 직각 평행사변형)이다[X-21/22 보조 정리]. 그래서 AC로부터의 (정사각형)이 AC, CB로 (둘러싸인 직각 평행사변형)과 비공약이다[X-11]. 한편, AC로부터의 (정사각형)은 AC, CB로부터의 (정사각형)들과는 공약이다. AC, CB가 제곱으로는 공약이니까 말이다[X-15]. 그런데 AC, CB로 (둘러싸인 직각 평행사변형)과 AC, CB로 (둘러싸인 직각 평행사변형)의 두 배는 공약이다[X-6]. 그래서 AC, CB로부터의 (정사각형)들(의 합)은 AC, CB로 (둘러싸인 직각 평행사변형)의 두 배와 비공약이다[X-13]. 한편, AC, CB로부터의 (정사각형)들(의 합)과는 EG가 같고, AC, CB로 (둘러싸인 직각 평행사변형)의 두 배와는 HK가 같다. 그래서 EG는 HK와 비공약이다. 결국 EH도 HN도 선형으로 비공약이다[VI-6, X-11]. 유리 직선들이기도 하다. 그래서 EH, HN은 제곱으로만 공약인 유리 직선들이다. 그런데 제곱으로만 공약인 두 유리 직선들이 결합하면 그 전체는 비노미알 직선이라고 불리는 무리 직선이다[X-36]. 그래서 EN은 H에서 분리되는 비노미알 직선이다. 똑같은 근거로 이제 EM, MN도 제곱으로만 공약인 유리 직선들이라고 밝힐 수 있다. 또 EN이 이 점 저 점에서, (즉) H에서도 M에서도 분리되는 비노미알일 것이고 (그것은 말이 안 되며) [X-42], AC, CB로부터의 (정사각형)들(의 합)은 AD, DB로부터의 (정사각형)들(의 합)보다 크니까 EH가 MN과 동일할 수는

없다. 한편, AD, DB로부터의 (정사각형)들(의 합)은 AD, DB로 (둘러싸인 직각 평행사변형)의 두 배보다 크다. 그래서 AC, CB로부터의 (정사각형)들(의 합), 즉 EG는 AD, DB로 (둘러싸인 직각 평행사변형)의 두 배, 즉 MK보다 더크다. 결국 EH도 MN보다 크다[VI-1]. 그래서 EH가 MN과 동일한 직선일수 없다. 밝혀야 했던 바로 그것이다.

명제 45

메이저는 그 한 점에서만 분리된다.

메이저 AB가 있다고 하자. AC, CB로부터의 정사각형들에서 결합한 구역은 유리 구역으로 AC, CB로 (둘러싸인 직각 평행사변형)은 메디알 구역으로 만들면서 AC, CB가 제곱으로 비공약이도록 C에서 분리된다고 하자[X-39]. 나는 주장한다. AB가 다른 점에서는 분리되지 않는다.

혹시 가능하다면, AD, DB로부터의 정사각형들에서 결합한 구역은 유리 구역으로, AD, DB로 (둘러싸인 직각 평행사변형)의 두 배는 메디알 구역으로 만들면서 AD, DB가 제곱으로 비공약이도록 D에서도 분리되었다고 하자.

A   D   C B

AC, CB로부터의 (정사각형)들(의 합)이 AD, DB로부터의 (정사각형)들(의 합)과 구별되는 만큼 AD, DB로 (둘러싸인 직각 평행사변형)의 두 배도 AC, CB로 (둘러싸인 직각 평행사변형)의 두 배와 구별되는데, 한편 어느 구역이든 유리 구역들이니까 AC, CB로부터의 (정사각형)들(의 합)이 AD, DB로부터의 (정사각형)들(의 합)보다 유리 구역만큼 초과하므로 AD, DB로 (둘러싸인 직각 평행사변형)의 두 배도 AC, CB로 (둘러싸인 직각 평행사변형)의 두 배보다 유리 구역만큼 초과한다. 메디알들이면서 말이다. 이것은 불가능하다 [X-26]. 그래서 메이저 직선이 이 점 저 점에서 그 항들로 분리될 수는 없다. 그래서 그 한 점에서만 분리된다. 밝혀야 했던 바로 그것이다.

명제 46

'유리 구역과 메디알 구역의 제곱근 직선'은 딱 한 점에서 분리된다.
'유리 구역과 메디알 구역의 제곱근 직선' AB가 있다고 하자. AC, CB로부터의 정사각형들에서 결합한 구역은 메디알 구역으로, AC, CB로 (둘러싸인 직각 평행사변형)의 두 배는 유리 구역으로 만들면서 AC, CB가 제곱으로 비공약이도록 C에서 분리된다고 하자[X-40]. 나는 주장한다. AB가 다른 점에서는 분리되지 않는다.

A   D   C   B

혹시 가능하다면, AD, DB로부터의 정사각형들에서 결합한 구역은 메디알 구역으로, AD, DB로 (둘러싸인 직각 평행사변형)의 두 배는 유리 구역으로 만들면서 AD, DB가 제곱으로 비공약이도록 D에서도 분리되었다고 하자.
AC, CB로 (둘러싸인 직각 평행사변형)의 두 배가 AD, DB로 (둘러싸인 직각 평행사변형)의 두 배와 구별되는 만큼 AD, DB로부터의 (정사각형)들(의 합)

도 AC, CB로부터의 (정사각형)들(의 합)과 구별되는데, AC, CB로 (둘러싸인 직각 평행사변형)의 두 배가 AD, DB로 (둘러싸인 직각 평행사변형)의 두 배보다 유리 구역만큼 초과하므로 메디알들이면서 AD, DB로부터의 (정사각형)들(의 합)도 유리 구역만큼 초과한다. 이것은 불가능하다[X-26]. 그래서 '유리 구역과 메디알 구역의 제곱근 직선'이 이 점 저 점에서 그 항들로 분리될 수는 없다. 그래서 딱 한 점에서 분리된다. 밝혀야 했던 바로 그것이다.

명제 47

'메디알 구역과 메디알 구역의 제곱근 직선'은 딱 한 점에서 분리된다.

[메디알 구역과 메디알 구역의 제곱근] 직선 AB가 있다고 하자. AC, CB로부터의 정사각형들에서 결합한 구역도 메디알 구역으로, AC, CB로 (둘러싸인 직각 평행사변형)도 메디알 구역으로 만들면서 AC, CB가 제곱으로 비공약이도록 C에서 분리된다고 하자[X-41]. 나는 주장한다. 앞서 (명제 41에서) 알려진 (조건들을 만족)하면서, AB가 다른 점에서는 분리되지 않는다.

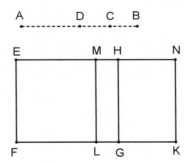

혹시 가능하다면, 다시 명백히 AC가 DB와 동일하지 않도록, 한편 가정하기를 AC가 더 크도록 D에서 분리되었다고 하고, 유리 직선 EF가 제시된다고 하고, AC, CB로부터의 (정사각형)들(의 합)과 같게는 EG가 EF에 나란히 대어졌고, AC, CB로 (둘러싸인 직각 평행사변형)의 두 배와 같게는 HK가 (EF에 나란히 대어졌다고 하자).

그래서 전체 EK가 AB로부터의 정사각형과 같다[II-4]. 이제 다시, AD, DB로부터의 (정사각형)들(의 합)과 같게 EL이 EF에 나란히 대어졌다고 하자. 그래서 남은 AD, DB로 (둘러싸인 직각 평행사변형)의 두 배는 남은 MK와 같다. 또 AC, CB로부터의 (정사각형)들(의 합)에서 결합한 구역이 메디알이라고 전제했으므로 EG도 메디알이다. (EG)는 유리 직선 EF에 나란히 대어지기도 한다. 그래서 HE는 유리 직선이고 EF와 선형으로는 비공약 직선이다[X-22]. 이제 똑같은 이유로 HN도 유리 직선이고 EF와 선형으로 비공약 직선이다. 또 AC, CB로부터 (그려 넣은 정사각형)들(의 합)에서 결합한 구역이 AC, CB로 (둘러싸인 직각 평행사변형)의 두 배와 비공약이므로 EG도 GN과 비공약이다. 결국 EH도 HN과 비공약이다[VI-1, X-11]. 유리 직선들이기도 하다. 그래서 EH, HN은 제곱으로만 공약인 유리 직선들이다. 그래서 EN은 H에서 분리된 비노미알 직선이다[X-36]. M에서 분리된다는 것도 이제 우리는 비슷하게 밝힐 수 있다. 또 EH가 MN과 동일한 직선일 수 없다. 그래서 비노미알 직선이 이 점 저 점에서 분리되었다. 이것은 있을 수 없다[X-42]. 그래서 '메디알 구역의 제곱근 직선'이 이 점 저 점에서 분리될 수는 없다. 그래서 한 [점]에서만 분리된다. (밝혀야 했던 바로 그것이다.)

정의 2[180]

1. 어떤 유리 직선이 전제되고, 어떤 비노미알 직선이 두 유리 직선으로 분리되는데 그중 큰 유리 직선이 작은 유리 직선보다 어떤 직선으로부터의 정사각형만큼 제곱근으로 클 때, 그 정사각형의 제곱근이 큰 유리 직선과 선형으로 공약이라면, 그리고 큰 유리 직선이 제시된 유리 직선과 선형으로 공약이라면, (그렇게 분리되는 비노미알은) **첫 번째 비노미알 직선**이라 부르자.

∴

180 (1) 정의 2는 명제 36에서 정의한 비노미알을 다시 여섯 가지로 세부 분류한다. 명제 54부터 59까지, 그리고 명제 60부터 65를 거치면서 비노미알 '계열'인 여섯 가지 무리 직선의 대분류가 이 세부 분류와 구조적으로 겹친다는 것이 밝혀진다. 그 성질을 이용하여 제13권에서는 어떤 기하적 직선이 어느 분류에 속하는지 밝힌다. 제13권 명제 6, 11과 그것의 응용인 명제 16, 17 참조. (2) 아포토메 무리 직선을 여섯 가지로 세부 분류하는 정의 3은 정의 2와 대칭이다. 따라서 명제 91부터 96까지는 명제 54부터 59까지의 대칭이고 명제 97부터 102까지는 명제 60부터 65까지의 대칭이다. (3) 정의 2-1을 현대 기호로 나타낸다면 다음과 같다. 전제된 유리 직선은 h이고 다른 두 직선 a, b가 있는데 a가 직선 b보다 크고 $a+b$가 비노미알 직선이라고 하자(즉, a, b가 유리 직선이되 그 두 직선은 제곱으로만 공약이다). 그리고 $c = \sqrt{a^2 - b^2}$ (또는 $a^2 = b^2 + c^2$)이라고 하자. 그럴 때, a와 c는 선형으로 공약, a와 h는 선형으로 공약, 그리고 유클리드는 언급하지 않았지만 b와 h가 선형으로 비공약이면 첫 번째 비노미알 직선이다. 정의 2-6을 나타내면 다음과 같다. 같은 조건에서 a와 c는 선형으로 비공약, a와 h도 선형으로 비공약, b와 h도 선형으로 비공약이면 여섯 번째 비노미알 직선이다. (4) 원문을 직역하면 '전제된 유리 직선에 대하여, 그리고 큰 유리 직선이 작은 유리 직선보다 자기 자신과 선형으로 공약인 직선으로부터의 (정사각형)만큼 제곱근으로 큰, 그런 유리 직선들로 (이미) 분리된 비노미알에 대하여, 큰 유리 직선이 제시된 유리 직선과 선형으로 공약이라면, (비노미알 전체는) 첫 번째 비노미알 직선이라 부르자'이다. 정의 2-4도 마찬가지다.

2. 반면, 작은 유리 직선이 제시된 유리 직선과 선형으로 공약이라면 (그렇게 분리되는 비노미알은) **두 번째 비노미알 직선**이라 부르자.

3. 반면, 유리 직선들 중 어떤 것도 제시된 유리 직선과 선형으로 공약이 아니라면 (그렇게 분리되는 비노미알은) **세 번째 비노미알 직선**이라 부르자.

4. 이제 다시, 큰 유리 직선이 작은 유리 직선보다 어떤 직선으로부터의 정사각형만큼 제곱근 직선으로 클 때, 그 정사각형의 제곱근이 큰 유리 직선과 선형으로 비공약이라면, 그리고 큰 유리 직선이 제시된 유리 직선과 선형으로 공약이라면, (그렇게 분리되는 비노미알은) **네 번째 비노미알 직선**이라 부르자.

5. 반면, 작은 (유리 직선이 제시된 유리 직선과 선형으로 공약)이라면 (그렇게 분리되는 비노미알은) **다섯 번째** (비노미알 직선이라 부르자).

6. 반면, (유리 직선들 중) 어떤 것도 (제시된 유리 직선과 선형으로 공약이) 아니라면 (그렇게 분리되는 비노미알은) **여섯 번째** (비노미알 직선이라 부르자).

명제 48

첫 번째 비노미알 직선을 찾아내기.[181]

두 수 AC, CB가 제시되는데, 그 직선들에서 결합한 직선 AB가, BC에 대해서는 정사각수가 정사각수에 대해 갖는 그런 비율을 갖도록, CA에 대해서는 정사각수가 정사각수에 대해 갖는 그런 비율을 갖지 않도록 했다고하자[X-28/29 보조 정리]. 어떤 유리 직선 D도 제시된다고 하고 D와 EF가선형으로 공약이라 하자.

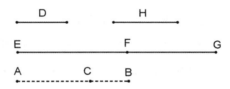

그래서 EF도 유리 직선이다[X-def-1-3]. 또 수 BA 대 AC가 EF로부터의(정사각형) 대 FG로부터의 (정사각형)이게 되었다고 하자[X-6 따름]. 그런데AB가 AC에 대해, 수가 수에 대해 (갖는) 그런 비율을 가진다. 그래서 EF로부터의 (정사각형)도 FG로부터의 (정사각형)에 대해, 수가 수에 대해 (갖는) 그런 비율을 가진다. 결국 EF로부터의 (정사각형)은 FG로부터의 (정사각형)과 공약이다[X-6]. 그리고 EF는 유리 직선이다. 그래서 FG도 유리 직선이다. 또 BA가 AC에 대해, 정사각수가 정사각수에 대해 갖는 그런 비율

181 명제 48부터 명제 53까지 정의 2-1부터 2-6까지 정의한 비노미알 직선의 세부 분류 중 어느 것도 공집합이 아니라는 사실을 밝힌다. 그리고 그것의 대칭인 아포토메 직선의 세부분류는 명제 85부터 명제 90까지이다.

을 갖지 않으므로 EF로부터의 (정사각형)이 FG로부터의 (정사각형)에 대해, 정사각수가 정사각수에 대해 갖는 그런 비율을 갖지 않는다. 그래서 EF는 FG와 선형으로는 비공약이다[X-9]. 그래서 EF, FG는 제곱으로만 공약인 유리 직선들이다. 그래서 EG는 비노미알 직선이다[X-36].

나는 주장한다. 첫 번째 (비노미알)이기도 하다.

수 BA 대 AC가 EF로부터의 (정사각형) 대 FG로부터의 (정사각형)인데 BA가 AC보다 크므로 EF로부터의 (정사각형)이 FG로부터의 (정사각형)보다 크다[V-14]. EF로부터의 (정사각형)과 FG, H로부터의 (정사각형)들(의 합)이 같다고 해보자. BA 대 AC가 EF로부터의 (정사각형) 대 FG로부터의 (정사각형)이므로, 뒤집어서, AB 대 BC는 EF로부터의 (정사각형) 대 H로부터의 (정사각형)이다[V-19 따름]. 그런데 AB가 BC에 대해, 정사각수가 정사각수에 대해 (갖는) 그런 비율을 가진다. 그래서 EF로부터의 (정사각형)도 H로부터의 (정사각형)에 대해, 정사각수가 정사각수에 대해 (갖는) 그런 비율을 가진다. 그래서 EF가 H와 선형으로 공약이다[X-9]. 그래서 EF는 FG보다 그 자신과 (선형) 공약인 직선으로부터의 (정사각형)만큼 제곱근으로 크다. 또 EF, FG는 유리 직선들이고, (큰) EF가 D와 선형으로 공약이다.

그래서 EG는 첫 번째 비노미알 직선이다[X-def-2-1]. 밝혀야 했던 바로 그것이다.

명제 49

두 번째 비노미알 직선을 찾아내기.

두 수 AC, CB가 제시되는데, 그 직선들에서 결합한 직선 AB가, BC에 대해서는 정사각수가 정사각수에 대해 갖는 그런 비율을 갖도록, AC 대해서는 정사각수가 정사각수에 대해 갖는 그런 비율을 갖지 않도록 했다고 하자[X-28/29 보조 정리]. 유리 직선 D도 제시된다고 하고 D와 EF가 선형으로 공약이라 하자.

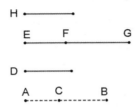

그래서 EF는 유리 직선이다[X-def-1-3]. 이제 수 CA 대 AB가 EF로부터의 (정사각형) 대 FG로부터의 (정사각형)이게 되었다고도 하자[X-6 따름]. 그래서 EF로부터의 (정사각형)은 FG로부터의 (정사각형)과 공약이다[X-6]. 그래서 FG도 유리 직선이다. 또 수 CA가 AB에 대해 정사각수가 정사각수에 대해 갖는 그런 비율을 갖지 않으므로, EF로부터의 (정사각형)이 FG로부터의 (정사각형)에 대해 정사각수가 정사각수에 대해 갖는 그런 비율을 갖지 않는다. 그래서 EF는 FG와 선형으로는 비공약이다[X-9]. 그래서 EF, FG는 제곱으로만 공약인 유리 직선들이다. 그래서 EG는 비노미알 직선이다[X-36]. 이제 두 번째 (비노미알)이라는 것도 밝혀야 한다.

거꾸로, 수 BA 대 AC가 GF로부터의 (정사각형) 대 FE로부터의 (정사각형)인데[V-7 따름], BA가 AC보다 크므로 GF로부터의 (정사각형)이 FE로부터의 (정사각형)보다 크다[V-14]. GF로부터의 (정사각형)과 EF, H로부터의 (정사각형)들(의 합)이 같다고 하자. 그래서 뒤집어서, AB 대 BC는 FG로부터의 (정사각형) 대 H로부터의 (정사각형)이다[V-19 따름]. 한편, AB가 BC에 대해 정사각수가 정사각수에 대해 (갖는) 그런 비율을 가진다. 그래서 FG로부터의 (정사각형)도 H로부터의 (정사각형)에 대해, 정사각수가 정사각수에 대해 (갖는) 그런 비율을 가진다. 그래서 FG가 H와 선형으로 공약이다 [X-9]. 결국 FG는 FE보다 그 자신과 (선형) 공약인 직선으로부터의 (정사각형)만큼 제곱근으로 크다. 또 FG, FE는 제곱으로만 공약인 유리 직선들이고, 작은 항 EF는 제시된 유리 직선 D와 선형으로 공약이다.

그래서 EG는 두 번째 비노미알 직선이다[X-def-2-2]. 밝혀야 했던 바로 그것이다.

명제 50

세 번째 비노미알 직선을 찾아내기.

두 수 AC, CB가 제시되는데, 그 직선들에서 결합한 직선 AB가, BC에 대해서는 정사각수가 정사각수에 대해 갖는 그런 비율을 갖도록, AC 대해서는 정사각수가 정사각수에 대해 갖는 그런 비율을 갖지 않도록 했다고 하자. 정사각수는 아닌 어떤 다른 수 D도 제시되는데 BA, AC 각각에 대해 정사각수가 정사각수에 대해 갖는 그런 비율을 갖지 않는다고 하자. 어떤 유리 직선 E도 제시되고, D 대 AB가 E로부터의 (정사각형) 대 FG로부터의 (정사각형)이도록 되었다고 하자[X-6 따름].

그래서 E로부터의 (정사각형)은 FG로부터의 (정사각형)과 공약이다[X-6]. E 는 유리 직선이기도 하다. 그래서 FG도 유리 직선이다. 또 D가 AB에 대해 정사각수가 정사각수에 대해 갖는 그런 비율을 갖지 않으므로, E로부터의 (정사각형)이 FG로부터의 (정사각형)에 대해 정사각수가 정사각수에 대해 갖는 그런 비율을 갖지 않는다. 그래서 E가 FG와 선형으로는 비공약이다 [X-9]. 이제 다시 수 BA 대 AC가 FG로부터의 (정사각형) 대 GH로부터의 (정사각형)이도록 되었다고 하자[X-6 따름]. 그래서 FG로부터의 (정사각형) 은 GH로부터의 (정사각형)과 공약이다[X-6]. 그런데 FG가 유리 직선이다. 그래서 GH도 유리 직선이다. 또 BA는 AC에 대해 정사각수가 정사각수에 대해 갖는 그런 비율을 갖지 않으므로, FG로부터의 (정사각형)도 HG로부 터의 (정사각형)에 대해 정사각수가 정사각수에 대해 갖는 그런 비율을 갖 지 않는다. 그래서 FG가 GH와 선형으로는 비공약이다[X-9]. 그래서 FG, GH는 제곱으로만 공약인 유리 직선들이다. 그래서 FH는 비노미알 직선이 다[X-36].

이제 나는 주장한다. 세 번째 (비노미알)이기도 하다.

D 대 AB가 E로부터의 (정사각형) 대 FG로부터의 (정사각형)인데 BA 대 AC 가 FG로부터의 (정사각형) 대 GH로부터의 (정사각형)이므로, 같음에서 비 롯해서, D 대 AC는 E로부터의 (정사각형) 대 GH로부터의 (정사각형)이다 [V-22]. 그런데 D는 AC에 대해 정사각수가 정사각수에 대해 갖는 그런 비 율을 갖지 않는다. 그래서 E로부터의 (정사각형)은 GH로부터의 (정사각형) 에 대해 정사각수가 정사각수에 대해 갖는 그런 비율을 갖지 않는다. 그래 서 E는 GH와 선형으로 비공약이다[X-9]. 또 BA 대 AC가 FG로부터의 (정 사각형) 대 GH로부터의 (정사각형)이므로, FG로부터의 (정사각형)이 GH로 부터의 (정사각형)보다 크다[V-14]. FG로부터의 (정사각형)과 GH, K로부터

의 (정사각형)들(의 합)이 같다고 해보자. 그래서 뒤집어서, AB 대 BC는 FG로부터의 (정사각형) 대 K로부터의 (정사각형)이다[V-19 따름]. 그런데 AB가 BC에 대해 정사각수가 정사각수에 대해 (갖는) 그런 비율을 가진다. 그래서 FG로부터의 (정사각형)도 K로부터의 (정사각형)에 대해 정사각수가 정사각수에 대해 갖는 그런 비율을 가진다. 그래서 FG가 K와 선형으로 공약이다[X-9]. 그래서 FG는 GH보다 그 자신과 (선형) 공약인 직선으로부터의 (정사각형)만큼 제곱근으로 크다. 또 FG, GH는 제곱으로만 공약인 유리 직선들이고 그 직선들 중 어느 것도 E와 선형으로는 공약이 아니다.

그래서 FH는 세 번째 비노미알 직선이다[X-def-2-3]. 밝혀야 했던 바로 그것이다.

명제 51

네 번째 비노미알 직선을 찾아내기.

두 수 AC, CB가 제시되는데, AB가 BC에 대해, 그리고 AC 대해 정사각수가 정사각수에 대해 갖는 그런 비율을 갖지 않는다고 하자[X-28/29 보조정리]. 유리 직선 D도 제시되고 D와 EF가 선형으로 공약이라고 하자.

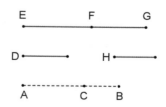

그래서 EF도 유리 직선이다. 또 수 BA 대 AC가 EF로부터의 (정사각형) 대 FG로부터의 (정사각형)이게 되었다고 하자[X-6 따름]. 그래서 EF로부터의 (정사각형)은 FG로부터의 (정사각형)과 공약이다[X-6]. 그래서 FG도 유리 직선이다. 또 BA가 AC에 대해 정사각수가 정사각수에 대해 갖는 그런 비율을 갖지 않으므로, EF로부터의 (정사각형)이 FG로부터의 (정사각형)에 대해 정사각수가 정사각수에 대해 갖는 그런 비율을 갖지 않는다. 그래서 EF가 FG와 선형으로는 비공약이다[X-9]. 그래서 EF, FG는 제곱으로만 공약인 유리 직선들이다. 결국 EG는 비노미알 직선이다[X-36].

이제 나는 주장한다. 네 번째 (비노미알)이기도 하다.

BA 대 AC가 EF로부터의 (정사각형) 대 FG로부터의 (정사각형)인데 [BA가 AC보다 크므로] EF로부터의 (정사각형)이 FG로부터의 (정사각형)보다 크다 [V-14]. EF로부터의 (정사각형)과 FG, H로부터의 (정사각형)들(의 합)이 같다고 해보자. 그래서 뒤집어서, AB 대 BC는 EF로부터의 (정사각형) 대 H로부터의 (정사각형)이다[V-19 따름]. 그런데 AB가 BC에 대해 정사각수가 정사각수에 대해 (갖는) 그런 비율을 갖지 않는다. 그래서 EF로부터의 (정사각형)도 H로부터의 (정사각형)에 대해 정사각수가 정사각수에 대해 갖는 그런 비율을 갖지 않는다. 그래서 EF가 H와 선형으로 비공약이다[X-9]. 그래서 EF는 GF보다 그 자신과 (선형) 비공약인 직선으로부터의 (정사각형)만큼 제곱근으로 크다. 또 EF, FG는 제곱으로만 공약인 유리 직선들이고 EF는 D와 선형으로 공약이다.

그래서 EG는 네 번째 비노미알 직선이다[X-def-2-4]. 밝혀야 했던 바로 그것이다.

명제 52

다섯 번째 비노미알 직선을 찾아내기.

두 수 AC, CB가 제시되는데, AB가 그 (수)들 각각에 대해 정사각수가 정
사각수에 대해 갖는 그런 비율을 갖지 않는다고 하자[X-28/29 보조 정리].
어떤 유리 직선 D가 제시되고, D와 EF가 [선형으로] 공약이라 하자.

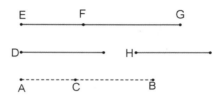

그래서 EF는 유리 직선이다. 또 CA 대 AB가 EF로부터의 (정사각형) 대 FG
로부터의 (정사각형)이게 되었다고 하자[X-6 따름]. 그런데 CA는 AB에 대
해 정사각수가 정사각수에 대해 갖는 그런 비율을 갖지 않는다. 그래서 EF
로부터의 (정사각형)이 FG로부터의 (정사각형)에 대해 정사각수가 정사각수
에 대해 갖는 그런 비율을 갖지 않는다. 그래서 EF, FG는 제곱으로만 공약
인 유리 직선들이다[X-9]. 그래서 EG는 비노미알 직선이다[X-36].

이제 나는 주장한다. 다섯 번째 (비노미알)이기도 하다.

CA 대 AB가 EF로부터의 (정사각형) 대 FG로부터의 (정사각형)이므로, 거꾸
로, BA 대 AC는 FG로부터의 (정사각형) 대 FE로부터의 (정사각형)이다[V-7
따름]. 그래서 GF로부터의 (정사각형)이 FE로부터의 (정사각형)보다 크다
[V-14]. GF로부터의 (정사각형)이 EF, H로부터의 (정사각형)들(의 합)과 같
다고 해보자. 뒤집어서, 수 AB 대 BC는 GF로부터의 (정사각형) 대 H로부
터의 (정사각형)이다[V-19 따름]. 그런데 AB가 BC에 대해 정사각수가 정사

각수에 대해 (갖는) 그런 비율을 갖지 않는다. 그래서 FG로부터의 (정사각형)도 H로부터의 (정사각형)에 대해 정사각수가 정사각수에 대해 갖는 그런 비율을 갖지 않는다. 그래서 FG가 H와 선형으로 비공약이다[X-9]. 결국 FG는 FE보다 그 자신과 (선형) 비공약인 직선으로부터의 (정사각형)만큼 제곱근으로 크다. 또 GF, FE는 제곱으로만 공약인 유리 직선들이고 작은 항 EF는 제시된 유리 직선 D와 선형으로 공약이다.

그래서 EG는 다섯 번째 비노미알 직선이다[X-def-2-5]. 밝혀야 했던 바로 그것이다.

명제 53

여섯 번째 비노미알 직선을 찾아내기.

두 수 AC, CB가 제시되는데, AB가 그 (수)들 각각에 대해 정사각수가 정사각수에 대해 갖는 그런 비율을 갖지 않는다고 하자[X-28/29 보조 정리]. BA, AC 각각에 대해 정사각수가 정사각수에 대해 (갖는) 그런 비율을 갖지 않는 정사각수가 아닌 다른 수 D도 있다고 하자[X-28/29 보조 정리]. 어떤 유리 직선 E도 제시되고 D 대 AB가 E로부터의 (정사각형) 대 FG로부터의 (정사각형)이게 되었다고 하자[X-6 따름].

그래서 E로부터의 (정사각형)은 FG로부터의 (정사각형)과 공약이다[X-6]. E
는 유리 직선이기도 하다. 그래서 FG도 유리 직선이다. 또 D가 AB에 대해
정사각수가 정사각수에 대해 갖는 그런 비율을 갖지 않으므로, E로부터
의 (정사각형)이 FG로부터의 (정사각형)에 대해 정사각수가 정사각수에 대
해 갖는 그런 비율을 갖지 않는다. 그래서 E가 FG와 선형으로는 비공약이
다[X-9]. 이제 다시 BA 대 AC가 FG로부터의 (정사각형) 대 GH로부터의 (정
사각형)이게 되었다고 하자[X-6 따름]. 그래서 FG로부터의 (정사각형)은 HG
로부터의 (정사각형)과 공약이다[X-6]. 그래서 HG로부터의 (정사각형)도 유
리 구역이다. 그래서 HG가 유리 직선이다. 또 BA가 AC에 대해 정사각수
가 정사각수에 대해 갖는 그런 비율을 갖지 않으므로, FG로부터의 (정사각
형)도 GH로부터의 (정사각형)에 대해 정사각수가 정사각수에 대해 갖는 그
런 비율을 갖지 않는다. 그래서 FG가 GH와 선형으로는 비공약이다[X-9].
그래서 FG, GH는 제곱으로만 공약인 유리 직선들이다. 그래서 FH는 비
노미알 직선이다[X-36].

이제 여섯 번째 (비노미알)이기도 하다는 것도 보여야 한다.

D 대 AB가 E로부터의 (정사각형) 대 FG로부터의 (정사각형)인데 BA 대 AC
가 FG로부터의 (정사각형) 대 GH로부터의 (정사각형)이기도 하므로, 같음
에서 비롯해서, D 대 AC는 E로부터의 (정사각형) 대 GH로부터의 (정사각
형)이다[V-22]. 그런데 D는 AC에 대해 정사각수가 정사각수에 대해 갖는
그런 비율을 갖지 않는다. 그래서 E로부터의 (정사각형)도 FG로부터의 (정
사각형)에 대해 정사각수가 정사각수에 대해 갖는 그런 비율을 갖지 않는
다. 그래서 E는 GH와 선형으로 비공약이다[X-9]. 그런데 (E가) FG와 (선
형) 비공약이라는 것도 밝혔다. 그래서 FG, GH 각각은 E와 선형으로 비공
약이다. 또 BA 대 AC가 FG로부터의 (정사각형) 대 GH로부터의 (정사각형)

이므로 FG로부터의 (정사각형)이 GH로부터의 (정사각형)보다 크다[V−14]. FG로부터의 (정사각형)과 GH, K로부터의 (정사각형)들(의 합)이 같다고 해 보자. 그래서 뒤집어서, AB 대 BC는 FG로부터의 (정사각형) 대 K로부터의 (정사각형)이다[V−19 따름]. 그런데 AB가 BC에 대해 정사각수가 정사각수에 대해 (갖는) 그런 비율을 갖지 않는다. 결국 FG로부터의 (정사각형)도 K로부터의 (정사각형)에 대해 정사각수가 정사각수에 대해 갖는 그런 비율을 갖지 않는다. 그래서 FG가 K와 선형으로 비공약이다[X−9]. 그래서 FG는 GH보다 그 자신과 (선형) 비공약인 직선으로부터의 (정사각형)만큼 제곱근 으로 크다. 또 FG, GH는 제곱으로만 공약인 유리 직선들이고 그 직선들 중 어떤 것도 제시된 유리 직선 E와 선형으로는 공약이 아니다.

그래서 FH는 여섯 번째 비노미알 직선이다[X−def−2−6]. 밝혀야 했던 바로 그것이다.

보조 정리. 두 정사각형 AB, BC가 있다고 하고 DB가 BE와 직선으로 있도록 놓인다고 하자. 그래서 FB도 BG와 직선으로 있다. 또 평행사변 형 AC를 마저 채웠다고 하자. 나는 주장한다. AC는 정사각형이고, AB, BC의 비례 중항은 DG이고, 더 나아가 AC, BC의 비례 중항은 DC이다.

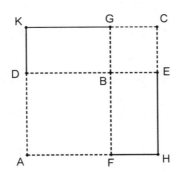

DB는 BF와, BE는 BG와 같으므로 전체 DE가 전체 FG와 같다. 한편, DE는 AH, KC 각각과, FG는 AK, HC 각각과 같다[I-34]. 그래서 AH, KC 각각이 AK, HC 각각과 같다. 그래서 평행사변형 AC는 등변이다. 그런데 직각이기도 하다. 그래서 AC는 정사각형이다.

FB 대 BG가 DB 대 BE인데, 한편 FB 대 BG는 AB 대 DG요, DB 대 BE는 DG 대 BC이므로[VI-1] AB 대 DG가 DG 대 BC이다[V-11]. 그래서 AB, BC의 비례 중항이 DG이다.

이제 나는 주장한다. AC, BC의 비례 중항은 DC이다.

AD 대 DK가 KG 대 GC이다. 서로서로 같으니까 말이다. 또 결합되어, AK 대 KD는 KC 대 CG이다[V-18]. 한편, AK 대 KD는 AC 대 CD요, KC 대 CG는 DC 대 CB이므로[VI-1] AC 대 DC가 DC 대 BC이기도 하다[V-11]. 그래서 AC, CB의 비례 중항이 DC이다. 앞서 밝히라고 했던 것이다.[182]

명제 54

(직각 평행사변형) 구역이 유리 직선과 첫 번째 비노미알 직선 사이에 둘러싸이면, 구역의 제곱근 직선은 비노미알 직선이라고 불리는 무리 직선이다.[183]

⁂

[182] (1) 유클리드가 지금까지 써오던 종결부와 다르다. (2) 자연수론인 제8권의 명제 11에서 정사각수 $A \times A$와 정사각수 $B \times B$ 사이에 하나의 비례 중항이 있다는 사실을 보일 때 비례 중항이 $A \times B$라는 평면수라고 밝혔다. 따라서 그 수론적 명제의 기하적인 대칭 명제가 이 보조 정리라고 볼 수 있다. 그리고 닮음 이론인 제6권의 명제 23의 특수 경우이기도 하다.

[183] 이 명제는 현대 학교 수학의 '이중 근호 벗기기'와 관련이 있다. 이 명제의 특수한 사례를 들면 다음과 같기 때문이다. 즉 유리 직선이 2이고 첫 번째 비노미알이 $3 + \sqrt{5}$라고 하자

구역 AC가 유리 직선 AB와 첫 번째 비노미알 AD 사이에 둘러싸인다고 하자. 나는 주장한다. AC 구역의 제곱근 직선은 비노미알 직선이라고 불리는 무리 직선이다.

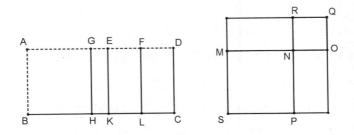

AD가 첫 번째 비노미알 직선이므로 E에서 그 항들로 분리되었다고 하고, 큰 항이 AE라고 하자.

이제 분명하다. AE, ED는 제곱으로만 공약인 유리 직선들이고 AE가 ED보다, 그 자신과 (선형) 공약 직선으로부터의 (정사각형)만큼 제곱근으로 크고, AE는 제시된 유리 직선 AB와 선형으로 공약이다[X-def-2-1]. 이제 ED가 점 F에서 이등분되었다고 하자. AE가 ED보다 그 자신과 선형 공약 직선으로부터의 (정사각형)만큼 제곱근으로 크므로, 정사각형 형태만큼 부족하면서, 작은 직선으로부터의 (정사각형)의 사분의 일과, 즉 EF로부터의 (정사각형)과 같은 (평행사변형)이 큰 직선 AE에 나란히 대어진다면, 그 직선을 (선형) 공약 직선들로 분리한다[X-17]. EF로부터의 (정사각형)과 같게 AG, GE로 (둘러싸인 직각 평행사변형)이 AE에 나란히 대어졌다고 하자. 그

∴

(3 + √5 는 분명히 정의 2-1을 모두 충족한다). 그럴 때 그 두 직선으로 둘러싸인 직사각형의 넓이는 2 × (3 + √5), 즉 6 + 2√5이다. 이제 제2권 명제 14의 방법으로 그것과 넓이가 같은 정사각형을 그려 넣으면 그 한 변은 √5 + 1이고 이것은 비노미알이다.

래서 AG는 EG와 선형으로 공약이다. 또 G, E, F로부터 AB, CD 아무것과 평행한 직선 GH, EK, FL이 그어졌다고 하자. 또 평행사변형 AH와 같게는 정사각형 SN을, GK와 같게는 NQ를 구성했고[II-14], MN이 NO와 직선이도록 놓인다고 하자. 그래서 RN도 NP와 직선으로 있다. 또 평행사변형 SQ가 마저 채워졌다고 하자. 그래서 SQ는 정사각형이다[X-53/54 보조 정리]. 또 AG, GE로 (둘러싸인 직각 평행사변형)이 EF로부터의 (정사각형)과 같으므로 AG 대 EF는 FE 대 EG이다[VI-17]. 그래서 AH 대 EL이 EL 대 KG이다[VI-1]. 그래서 AH, GK의 비례 중항이 EL이다. 한편, AH는 SN과, GK는 NQ와 같다. 그래서 SN, NQ의 비례 중항이 EL이다. 그런데 그 직선 SN, NQ의 비례 중항은 MR이기도 하다[X-53/54 보조 정리]. 그래서 EL과 MR이 같다. 결국 PO와도 같다[I-43]. 그런데 AH, GK 들(의 합)은 SN, NQ 들(의 합) 같다. 그래서 전체 AC가 전체 SQ, 즉 MO로부터의 정사각형과 같다. 그래서 직선 MO가 (평행사변형) AC의 제곱근 직선이다.

나는 주장한다. 직선 MO는 비노미알 직선이다.

AG가 GE와 (선형) 공약이므로 AE도 AG, GE 각각과 (선형) 공약이다[X-15]. 그런데 AE도 AB와 (선형) 공약이라고 전제했다. 그래서 AG, GE도 AB와 (선형) 공약이다[X-12]. AB는 유리 직선이기도 하다. 그래서 AG, GE 각각도 유리 직선이다. 그래서 AH, GK 각각도 유리 구역이고 AH는 GK와 공약이다[X-19]. 한편, AH는 SN과, GK는 NQ와 같다. 그래서 SN, NQ, 즉 MN, NO로부터의 (정사각형)들(의 합)도 유리 구역이고 공약이다. 또 AE가 ED와 선형으로 비공약이고, 한편 AE는 AG와 (선형) 공약이요, DE는 EF와 (선형) 공약이므로 AG도 EF와 (선형) 비공약이다[X-13]. 결국 AH도 EL과 비공약이다[VI-1, X-11]. 한편, AH는 SN과, EL은 MR과 같다. 그래서 SN도 MR과 비공약이다. 한편, SN 대 MR은 PN 대 NR이다[VI-1]. 그래서

PN은 NR과 (선형) 비공약이다[X-11]. 그런데 PN은 MN과, NR은 NO와 같다. 그래서 MN이 NO와 (선형) 비공약이다. 또 MN으로부터의 (정사각형)은 NO로부터의 (정사각형)과 공약이고 각각은 유리 구역이다. 그래서 MN, NO가 제곱으로만 공약인 유리 직선들이다.

그래서 MO는 비노미알 직선이고[X-36] AC의 제곱근 직선이다. 밝혀야 했던 바로 그것이다.

명제 55

(직각 평행사변형) 구역이 유리 직선과 두 번째 비노미알 직선 사이에 둘러싸이면, 구역의 제곱근 직선은 첫 번째 비메디알이라고 불리는 무리 직선이다.

구역 ABCD가 유리 직선 AB와 두 번째 비노미알 AD 사이에 둘러싸인다고 하자. 나는 주장한다. AC 구역의 제곱근 직선은 첫 번째 비메디알이라고 불리는 무리 직선이다.

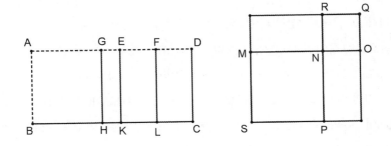

AD가 두 번째 비노미알 직선이므로 E에서 큰 항이 AE이도록 그 항들로 분리되었다고 하자.

그래서 AE, ED는 제곱으로만 공약인 유리 직선들이고 AE가 ED보다, 그 자신과 선형 공약 직선으로부터의 (정사각형)만큼 제곱근으로 크고, 작은 항 ED가 AB와 선형으로 공약이다[X-def-2-2]. ED가 F에서 이등분되었다고 하고, 정사각형 형태만큼 부족하면서, EF로부터의 (정사각형)과 같게 AGE로 (둘러싸인 직각 평행사변형)이 AE에 나란히 대어졌다고 하자. 그래서 AG는 GE와 선형으로 공약이다[X-17]. 또 G, E, F를 지나 AB, CD와 평행한 직선 GH, EK, FL이 그어졌다고 하고, 평행사변형 AH와 같게는 정사각형 SN을, GK와 같게는 NQ를 구성했다고 하자. 또 MN이 NO와 직선이도록 놓인다고 하자. 그래서 RN도 NP와 직선으로 있다. 또한 정사각형 SQ가 마저 채워졌다고 하자. 이제 앞서 드러난 대로 분명하다. MR은 SN, NQ의 비례 중항이고 EL과 같기도 하다[X-53/54 보조 정리]. 또 MO가 AC 구역의 제곱근 직선이다.

이제 직선 MO는 첫 번째 비메디알임을 밝혀야 한다.

AE가 ED와 선형으로 비공약인데 ED는 AB와 (선형) 공약이므로 AE가 AB와 (선형) 비공약이다[X-13]. AG가 EG와 (선형) 공약이므로 AE도 AG, GE 각각과 (선형) 공약이다[X-15]. 한편, AE가 AB와 선형으로 비공약이다. 그래서 AG, GE도 AB와 (선형) 비공약이다[X-13]. 그래서 BA, AG, GE는 제곱으로만 공약인 유리 직선들이다. 결국 AH, GK 각각이 메디알 구역이다[X-21]. 결국 SN, NQ 각각도 메디알 구역이다. 그래서 MN, NO도 메디알 직선이다. AG가 GE와 선형으로 공약이므로 AH도 GK와 공약이다. 즉, SN이 NQ와, 즉 MN으로부터의 (정사각형)이 NO로부터의 (정사각형)과 (공약이다). [결국 MN, NO는 제곱으로 공약이다.] [VI-1, X-11] 또 AE가 ED와 선형으로 비공약이고, 한편 AE는 AG와 (선형) 공약이요, ED는 (선형) EF와 공약이므로 AG는 EF와 (선형) 비공약이다[X-13]. 결국 AH도 EL과 비공약이다. 즉, SN이 MR과, 즉 PN이 NR과, 즉 MN이 NO와 선형으로 비공약이다[VI-1, X-11]. 그런데 MN, NO가 제곱으로 공약인 메디알이라는 것이 밝혀졌다. 그래서 MN, NO는 제곱으로만 공약인 메디알 직선들이다.

이제 나는 주장한다. 유리 구역을 둘러싸기도 한다.

DE가 AB, EF 각각과 공약이라고 전제했으므로 EF도 EK와 공약이다[X-12]. 또 그 직선들 각각은 유리 직선이다. 그래서 EL, 즉 MR이 유리 구역이다 [X-19]. 그런데 MR은 MNO로 (둘러싸인 직각 평행사변형)이다. 그런데 유리 구역을 둘러싸면서 제곱으로만 공약인 두 메디알 직선이 결합된다면 전체 직선은 무리 직선인데 첫 번째 비메디알이라고 불린다[X-37].

그래서 비메디알 MO는 첫 번째 (비메디알)이다. 밝혀야 했던 바로 그것이다.

명제 56

(직각 평행사변형) 구역이 유리 직선과 세 번째 비노미알 직선 사이에 둘러싸이면 구역의 제곱근 직선은 두 번째 비메디알이라고 불리는 무리 직선이다.

구역 ABCD가 유리 직선 AB와 세 번째 비노미알 AD 사이에 둘러싸인다고 하자. (AD는) E에서 항들로 분리되는데 그중 AE가 큰 항이라고 하자. 나는 주장한다. AC 구역의 제곱근 직선은 두 번째 비메디알이라고 불리는 무리 직선이다.

앞서 (보인) 것과 동일하게 작도했다고 하자.

AD가 세 번째 비노미알 직선이므로 AE, ED가 제곱으로만 공약인 유리 직선들이고 AE가 ED보다, 그 자신과 (선형) 공약인 직선으로부터의 (정사각형)

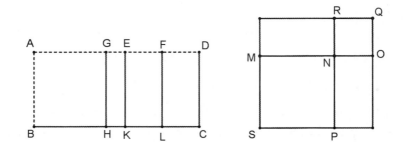

만큼 제곱근으로 크고, AE, ED 어느 것도 AB와 선형으로는 공약이 아니다[X-def-2-3]. 이제 MO가 구역 AC의 제곱근 직선이고 MN, NO가 제곱으로만 공약인 메디알 직선임을, 앞서 드러난 것과 비슷하게 우리는 밝힐 수 있다. 결국 MO는 비메디알이다.

이제 두 번째 (비메디알)이기도 하다는 것을 밝혀야 한다.

DE가 AB와, 즉 EK와 선형으로 비공약인데 DE는 EF와 공약이므로 EF가 EK와 선형으로 비공약이다[X-13]. 유리 직선들이기도 하다. 그래서 FE, EK는 제곱으로만 공약인 유리 직선들이다. 그래서 EL, 즉 MR이 메디알 구역이다[X-21]. 또 MNO 사이에 둘러싸인다. 그래서 MNO로 (둘러싸인 직각평행사변형)은 메디알 구역이다.

그래서 비메디알 MO는 두 번째 (비메디알)이다. 밝혀야 했던 바로 그것이다.

명제 57

(직각 평행사변형) 구역이 유리 직선과 네 번째 비노미알 직선 사이에 둘러싸이면, 구역의 제곱근 직선은 메이저라고 불리는 무리 직선이다.

구역 AC가 유리 직선 AB와 네 번째 비노미알 AD 사이에 둘러싸인다고 하자. (AD는) E에서 항들로 분리되는데 그중 AE가 큰 항이라고 하자. 나는 주장한다. AC 구역의 제곱근 직선은 메이저라고 불리는 무리 직선이다.

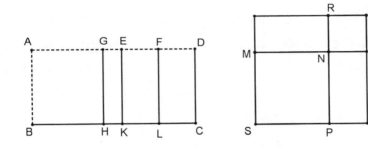

AD가 네 번째 비노미알 직선이므로 AE, ED가 제곱으로만 공약인 유리 직선들이고, AE가 ED보다 그 자신과 (선형) 비공약인 직선으로부터의 (정사각형)만큼 제곱근으로 크고, AE가 AB와 선형으로 공약이다[X-def-2-4]. DE가 F에서 이등분되었다고 하고, EF로부터의 (정사각형)과 같게 AG, GE로 (둘러싸인) 평행사변형이 AE에 나란히 대어졌다고 하자.

그래서 AG가 GE와 선형으로 비공약이다[X-18]. AB와 평행한 직선 GH, EK, FL이 그어졌다고 하고, 남은 것들도 이전에 한 것과 동일하게 되었다고 하자. 이제 분명하다. AC 구역의 제곱근 직선은 MO이다.

이제 MO가 메이저라고 불리는 무리 직선임을 밝혀야 한다.

AG가 EG와 선형으로 비공약이므로 AH도 GK와, 즉 SN이 NQ와 비공약이다[VI-1, X-11]. 그래서 MN, NO가 제곱으로 비공약이다. 또 AE는 AB와 선형으로 공약이므로 AK는 유리 구역이다[X-19]. MN, NO로부터의 (정사각형)들(의 합)과 같기도 하다. 그래서 MN, NO로부터의 (정사각형)들에서 결합한 구역도 유리 구역이다. 또 DE가 AB와, 즉 EK와 선형으로 비공약이고, 한편 DE는 EF와 공약이므로 EF가 EK와 선형으로는 비공약이다[X-13]. 그래서 EK, EF는 제곱으로만 공약인 유리 직선들이다. 그래서 LE, 즉 MR은 메디알이다[X-21]. 그리고 MN, NO 사이에 둘러싸인다. 그래서 MN, NO로 (둘러싸인 직각 평행사변형)은 메디알이다. 또 MN, NO로부터의 (정사각형)들에서 [결합한] (구역)은 유리 구역이고 MN, NO가 제곱으로 비공약이다. 그런데 제곱으로 비공약인 두 직선이 그 두 직선으로부터의 정사각형들에서 결합한 구역은 유리 구역으로, 그 두 직선으로 (둘러싸인 직각 평행사변형)은 메디알 구역으로 만들면서 결합하면 그 전체 직선은 무리 직선인데 메이저라고 불린다[X-39].

그래서 MO는 메이저라고 불리는 무리 직선이고 AC 구역의 제곱근 직선이다. 밝혀야 했던 바로 그것이다.

명제 58

(직각 평행사변형) 구역이 유리 직선과 다섯 번째 비노미알 직선 사이에 둘러싸이면, 구역의 제곱근 직선은 '유리 구역과 메디알 구역의 제곱근 직선'이라고 불리는 무리 직선이다. 구역 AC가 유리 직선 AB와 다섯 번째 비노미알 AD 사이에 둘러싸인다고 하자. (AD는) E에서 항들로 분리되는데 그중 AE가 큰 항이라고 하자. 나는 주장한다. AC 구역의 제곱근 직선은 '유리 구역과 메디알 구역의 제곱근

직선'이라고 불리는 무리 직선이다.

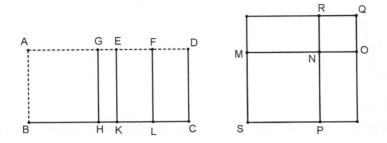

앞서 보인 것과 동일하게 작도했다고 하자.

이제 분명하다. 구역 AC의 제곱근 직선이 MO이다. 이제 MO가 '유리 구역과 메디알 구역의 제곱근 직선'임을 밝혀야 한다.

AG가 GE와 비공약이므로[X-18] AH도 HE와, 즉 MN으로부터의 (정사각형)이 NO로부터의 (정사각형)과 비공약이다[VI-1, X-11]. 그래서 MN, NO가 제곱으로 비공약이다. 또 AD가 다섯 번째 비노미알 직선이고 그 직선의 작은 선분이 ED이므로 ED가 AB와 선형으로 공약이다[X-def-2-5]. 한편, AE는 ED와 (선형) 비공약이다. 그래서 AB는 AE와 선형으로 비공약이다. [BA, AE는 제곱으로만 공약인 유리 직선들이다.] [X-13] 그래서 AK, 즉 MN, NO로부터의 (정사각형)들에서 결합한 구역이 메디알이다[X-21]. 또 DE가 AB와, 즉 EK와 선형으로 공약이고, 한편 DE는 EF와 (선형) 공약이므로 EF가 EK와 (선형) 공약이다[X-12]. EK는 유리 직선이기도 하다. 그래서 EL, 즉 MR, 즉 MNO로 (둘러싸인 직각 평행사변형)도 유리 구역이다[X-19]. 그래서 MN, NO는, 그 두 직선으로부터의 정사각형들에서 결합한 구역은 메디알 구역으로, 그 두 직선으로 (둘러싸인 직각 평행사변형)은 유리 구역으로 만들면서 제곱으로 비공약인 직선들이다.

그래서 MO는 '유리 구역과 메디알 구역의 제곱근 직선'이고, AC 구역의 제곱근 직선이다[X-40]. 밝혀야 했던 바로 그것이다.

명제 59

(직각 평행사변형) 구역이 유리 직선과 여섯 번째 비노미알 직선 사이에 둘러싸이면, 구역의 제곱근 직선은 '두 메디알 구역의 제곱근 직선'이라고 불리는 무리 직선이다.

구역 ABCD가 유리 직선 AB와 여섯 번째 비노미알 AD 사이에 둘러싸인다고 하자. (AD는) E에서 항들로 분리되는데 그중 AE가 큰 항이라고 하자. 나는 주장한다. AC 구역의 제곱근 직선은 '두 메디알 구역의 제곱근 직선'이라고 불리는 무리 직선이다.

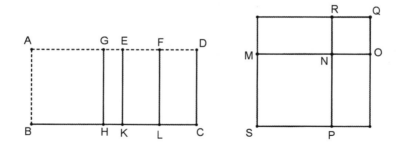

앞서 드러난 것과 동일하게 작도했다고 하자.

이제 분명하다. 구역 AC의 제곱근 직선이 MO이고 MN이 NO와 제곱으로 비공약이다. 또 EA가 AB와 선형으로 비공약이므로[X-def-2-6] EA, AB는 제곱으로만 공약인 유리 직선들이다. 그래서 AK, 즉 MN, NO로부터의 (정사각형)들에서 결합한 구역이 메디알이다[X-21]. 다시, ED가 AB와 선형으로 비공약이므로[X-def-2-6] FE도 EK와 (선형) 비공약이다[X-13]. 그래서 FE, EK는 제곱으로만 공약인 유리 직선들이다. 그래서 EL, 즉 MR, 즉 MNO로 (둘러싸인 직각 평행사변형)이 메디알이다[X-21]. 또 AE가 EF와 (선형) 비공약이므로 AK도 EL과 비공약이다[VI-1, X-11]. 한편, AK는 MN, NO로부터의 (정사각형)들에서 결합한 구역이요, EL은 MNO로 (둘러싸인 직각 평행사변형)이다. 그래서 MNO로부터의 (정사각형)들에서 결합한 구역은[184] MNO로 (둘러싸인 직각 평행사변형)과 비공약이다. 또 그 (구역)들 각각은 메디알이고, MN, NO는 제곱으로 비공약이다.

그래서 MO는 '두 메디알 구역의 제곱근 직선'이고[X-41], AC 구역의 제곱근 직선이다. 밝혀야 했던 바로 그것이다.

보조 정리.[185] 직선이 같지 않은 (부분)들로 잘리면, 같지 않은 (부분)들로부터의 정사각형들(의 합)은 그 (두 선분)들 사이에 둘러싸인 직각 (평행사변형)의 두 배보다 크다.

직선 AB가 있고 C에서 같지 않은 (부분)들로 잘렸다고 하고 CA가 더 크다고 하자. 나는 주장한다. AC, CB로부터의 정사각형들(의 합)은 AC, CB로 (둘러싸인 직각 평행사변형)의 두 배보다 크다.

```
A              D   C       B
•┄┄┄┄┄┄┄┄┄┄┄┄┄┄┄╂┄┄╂┄┄┄┄┄┄┄•
```

∴∴

---

184 바로 앞의 MNO도 그렇고 여기도 한 번도 나오지 않은 기호 표현이다. 그동안 썼던 관습을 따르면 'MN, NO로부터의 정사각형들에서 결합한 구역'이다.

185 제10권 명제 44에서 이미 이 보조 정리를 썼다. 그래서 헤이베르는 원본이 아닐 가능성이 높다고 주석을 남겼다. 사실 제2권 명제 7로 간단히 보일 수 있다.

AB가 D에서 이등분되었다고 하자. 직선이 D에서는 같은 (부분)들로, C에서는 같지 않은 (부분)들로 잘렸으므로 AC, CB로 (둘러싸인 직각 평행사변형)은 CD로부터의 정사각형과 함께 AD로부터의 정사각형과 같다[II-5]. 결국 AC, CB로 (둘러싸인 직각 평행사변형)이 AD로부터의 정사각형보다 작다. 그래서 AC, CB로 (둘러싸인 직각 평행사변형)의 두 배가 AD로부터의 정사각형의 두 배보다 작다. 한편, AC, CB로부터의 정사각형들(의 합)은 AD, DC로부터의 정사각형들(의 합)의 두 배이다[II-9]. 그래서 AC, CB로부터의 정사각형들(의 합)이 AC, CB로 (둘러싸인 직각 평행사변형)의 두 배보다 크다. 밝혀야 했던 바로 그것이다.

명제 60

비노미알 직선으로부터의 (정사각형)은 유리 직선에 나란히 대어지면서 너비를 첫 번째 비노미알 직선으로 만든다.

비노미알 AB가 있다고 하자. AC가 큰 항이 되도록 C에서 항들로 분리된다고 하자. 그리고 유리 직선 DE가 제시되고 DG를 너비로 만들면서 AB로부터의 (정사각형)과 같은 DEFG가 DE에 나란히 대어졌다고 하자.

나는 주장한다. DG는 첫 번째 비노미알 직선이다.

AC로부터의 (정사각형)과 같게는 DH가, BC로부터의 (정사각형)과 같게는 KL이 DE에 나란히 대어졌다고 하자. 그래서 AC, CB로 (둘러싸인) 남은 (직각 평행사변형)의 두 배가 MF와 같다[II-4]. MG가 N에서 이등분되었다고 하고, [ML, GF 각각과] 평행한 직선 NO가 그어졌다고 하자.

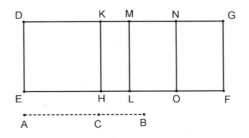

그래서 MO, NF 각각은 ACB로 (둘러싸인 직각 평행사변형) 한 번과[186] 같다. 또한 AB가 C에서 항들로 분리되는 비노미알 직선이므로, AC, CB는 제곱으로만 공약인 유리 직선들이다[X-36]. 그래서 AC, CB로부터의 정사각형들은 서로 공약인 유리 구역들이다. 결국 AC, CB로부터의 (정사각형)들에서 결합한 구역도 [AC, CB로부터의 (정사각형)들과 공약이다. 그래서 AC, CB로부터의 (정사각형)들에서 결합한 구역은 유리 구역이다[X-15].] DL과 같기도 하다. 그래서 DL이 유리 구역이다. 또 유리 직선 DE에 나란히 대어진다. 그래서 DM은 유리 직선이고 DE와 선형으로 공약이다[X-20]. 다시, AC, CB가 제곱으로만 공약인 유리 직선들이므로 AC, CB로 (둘러싸인 직각 평행사변형)의 두 배, 즉 MF는 메디알이다[X-21]. 또 유리 직선 ML에 나란히 대어진다. 그래서 MG는 유리 직선이고 ML과, 즉 DE와 선형으로 비공약이다[X-22]. 그런데 MD도 유리 직선이고 DE와 선형으로 공약이다. 그래서 DM이 MG와 선형으로는 비공약이다[X-13]. 유리 직선들이기도 하다. 그래서 DM, MG는 제곱으로만 공약인 유리 직선들이다. 그래서 DG가 비노미알 직선이다[X-36].

•••

186 명제 26의 주석 참조. 유클리드의 '두 번'을 우리는 '두 배'로 번역했다. 그러나 여기서는 직역대로 '한 번'이라고 번역한다. 제9권의 명제 15와 여기만 나오는 낱말이다.

이제 첫 번째 (비노미알)이라는 것도 밝혀야 한다.

AC, CB로부터의 (정사각형)들의 비례 중항이 ACB로 (둘러싸인 직각 평행사변형)이므로[X-53/54 보조 정리] DH, KL의 비례 중항은 MO이다. 그래서 DH 대 MO는 MO 대 KL, 즉 DK 대 MN은 MN 대 MK이다[VI-1]. 그래서 DK, KM으로 (둘러싸인 직각 평행사변형)이 MN으로부터의 (정사각형)과 같다[VI-17]. 또 AC로부터의 (정사각형)이 CB로부터의 (정사각형)과 공약이므로 DH도 KL과 공약이다. 결국 DK도 KM과 공약이다[VI-1, X-11]. 또 AC, CB로부터의 (정사각형)들(의 합)이 AC, CB로 (둘러싸인 직각 평행사변형)의 두 배보다 크므로[X-59/60 보조 정리] DL도 MF보다 크다. 결국 DM도 MG보다 크다[VI-1, V-14]. 또 DK, KM으로 (둘러싸인 직각 평행사변형)이 MN으로부터의 (정사각형)과, 즉 MG로부터의 (정사각형)의 사분의 일과 같고 DK는 KM과 (선형) 공약이다. 두 직선이 같지 않은데, 정사각형 형태만큼 부족하면서, 작은 직선으로부터의 (정사각형) 사분의 일과 같은 (평행사변형)이 큰 직선에 나란히 대어지고 그 직선이 (선형) 공약 직선들로 분리한다면, 큰 직선은 작은 직선보다 그 자신과 (선형) 공약인 직선으로부터의 (정사각형)만큼 제곱근으로 크다[X-17]. 그래서 DM이 MG보다, 그 자신과 (선형) 공약인 직선으로부터의 (정사각형)만큼 제곱근으로 크다. DM, MG는 유리 직선들이고 큰 항 DM이 제시된 유리 직선 DE와 선형으로 공약이기도 하다.

그래서 DG가 첫 번째 비노미알 직선이다[X-def-2-1]. 밝혀야 했던 바로 그것이다.

명제 61

첫 번째 비메디알 직선으로부터의 (정사각형)은 유리 직선에 나란히 대어지면서 너비를 두 번째 비노미알 직선으로 만든다.

첫 번째 비메디알 AB가 있다고 하자. AC가 큰 (항이 되도록) C에서 메디알들로 분리된다고 하자. 그리고 유리 직선 DE가 제시되고 AB로부터의 (정사각형)과 같게 DG를 너비로 만드는 평행사변형 DF가 DE에 나란히 대어졌다고 하자. 나는 주장한다. DG는 두 번째 비노미알 직선이다.

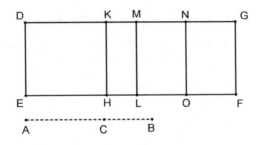

앞에서 (보인) 것과 동일하게 작도했다고 하자.

AB가 C에서 분리되는 첫 번째 비메디알이므로 AC, CB는 유리 구역을 둘러싸면서 제곱으로만 공약인 메디알들이다[X-37]. 결국 AC, CB로부터의 (정사각형)들(의 합)도 메디알이다[X-21]. 그래서 DL도 메디알이다[X-15, X-23 따름]. 또 유리 직선 DE에 나란히 대어진다. 그래서 MD는 유리 직선이고 DE와 선형으로 비공약이다[X-22]. 다시, AC, CB로 (둘러싸인 직각 평행사변형)의 두 배가 유리 구역이므로 MF도 유리 구역이다. 또 유리 직선 ML에 나란히 대어진다. 그래서 MG도 유리 직선이고 ML과, 즉 DE와 선형으로 공약이다[X-20]. 그래서 DM이 MG와 선형으로는 비공약이다[X-13].

유리 직선들이기도 하다. 그래서 DM, MG는 제곱으로만 공약인 유리 직선들이다. 그래서 DG가 비노미알 직선이다[X-36].

이제 두 번째 (비노미알)이라는 것도 밝혀야 한다.

AC, CB로부터의 (정사각형)들(의 합)이 AC, CB로 (둘러싸인 직각 평행사변형)의 두 배보다 크므로 DL도 MF보다 크다. 결국 DM도 MG보다 크다[VI-1]. AC로부터의 (정사각형)은 CB로부터의 (정사각형)과 공약이므로 DH도 KL과 공약이다. 결국 DK도 KM과 공약이다[VI-1, X-11]. 또 DKM으로 (둘러싸인 직각 평행사변형)이 MN으로부터의 (정사각형)과 같다. 그래서 DM이 MG보다, 그 자신과 (선형) 공약인 직선으로부터의 (정사각형)만큼 제곱근으로 크다[X-17]. (작은 항) MG가 (제시된) DE와 선형으로 공약이기도 하다.

그래서 DG가 두 번째 비노미알 직선이다[X-def-2-2]. 밝혀야 했던 바로 그것이다.

명제 62

두 번째 비메디알 직선으로부터의 (정사각형)은 유리 직선에 나란히 대어지면서 너비를 세 번째 비노미알 직선으로 만든다.

두 번째 비메디알 AB가 있다고 하자. AC가 큰 선분이 되도록 C에서 메디알들로 분리된다고 하자. 그리고 어떤 유리 직선 DE가 제시되고, AB로부터의 (정사각형)과 같게 DG를 너비로 만드는 평행사변형 DF가 DE에 나란히 대어졌다고 하자. 나는 주장한다. DG는 세 번째 비노미알 직선이다.

앞에서 (보인) 것과 동일하게 작도했다고 하자.

AB가 C에서 분리되는 두 번째 비메디알이므로 AC, CB는 메디알 구역을

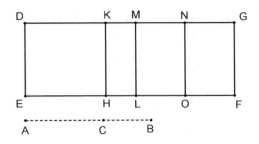

둘러싸면서 제곱으로만 공약인 메디알들이다[X-38]. 결국 AC, CB로부터 의 (정사각형)들에서 결합한 구역도 메디알이다[X-15, X-23 따름]. 또한 DL 과 같다. 그래서 DL도 메디알이다. 또한 유리 직선 DE에 나란히 대어진다. 그래서 MD는 유리 직선이고 DE와 선형으로 비공약이다[X-22]. 이제 똑같 은 이유로 MG도 유리 직선이고 ML과, 즉 DE와 선형으로 비공약이다. 그 래서 DM, MG 각각이 유리 직선이고 DE와 선형으로 비공약이다. 또 AC 가 CB와 선형으로 비공약인데 AC 대 CB가 AC로부터의 (정사각형) 대 ACB 로 (둘러싸인 직각 평행사변형)이므로[X-21/22 보조 정리] AC로부터의 (정사각 형)도 ACB로 (둘러싸인 직각 평행사변형)과 비공약이다[X-11]. 결국 AC, CB 로부터의 (정사각형)들에서 결합한 구역이 ACB로 (둘러싸인 직각 평행사변형) 의 두 배와, 즉 DL이 MF와 비공약이다[X-12, X-13]. 결국 DM도 MG와 (선 형) 비공약이다[VI-1, X-11]. 유리 직선들이기도 하다. 그래서 DG는 비노 미알 직선이다[X-36].

이제 세 번째 (비노미알)이라는 것도 밝혀야 한다.

이제 우리는 앞서 했던 것과 비슷하게 DM이 MG보다 크고 DK가 KM과 (선형) 공약이라고 결론지을 수 있다. 또 DKM으로 (둘러싸인 직각 평행사변 형)이 MN으로부터의 (정사각형)과 같다. 그래서 DM이 MG보다, 그 자신과

(선형) 공약인 직선으로부터의 (정사각형)만큼 제곱근으로 크다[X-17]. 또 DM, MG 어떤 것도 DE와 선형으로는 공약이 아니다.

그래서 DG가 세 번째 비노미알 직선이다[X-def-2-3]. 밝혀야 했던 바로 그것이다.

명제 63

메이저 직선으로부터의 (정사각형)은 유리 직선에 나란히 대어지면서 너비를 네 번째 비노미알 직선으로 만든다.

메이저 AB가 있다고 하자. AC가 큰 항이 되도록 C에서 분리된다고 하자. 그리고 유리 직선 DE가 제시되고, AB로부터의 (정사각형)과 같게 DG를 너비로 만드는 평행사변형 DF가 DE에 나란히 대어졌다고 하자. 나는 주장한다. DG는 네 번째 비노미알 직선이다.

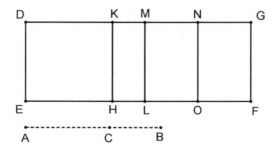

앞에서 (보인) 것과 동일하게 작도했다고 하자.

AB가 C에서 분리되는 메이저이므로 AC, CB는 그 두 직선으로부터의 정사각형들에서 결합한 구역은 유리 구역으로, 그 두 직선으로 (둘러싸인 직각 평행사변형)은 메디알 구역으로 만들면서 제곱으로 비공약인 메디알들이다[X-39]. 그래서 AC, CB로부터의 (정사각형)들에서 결합한 구역이 유리 구역이므로 DL은 유리 구역이다. 그래서 DM도 유리 직선이고 DE와 선형으로 비공약이다[X-20]. 다시, AC, CB로 (둘러싸인 직각 평행사변형)의 두 배, 즉 MF가 메디알이고 유리 직선 ML에 나란히 (대어졌으므로) MG도 유리 직선이고 DE와 선형으로 비공약이다[X-22]. 그래서 DM도 MG와 선형으로 비공약이다[X-13]. 그래서 DM, MG는 제곱으로만 공약인 유리 직선들이다. 그래서 DG는 비노미알 직선이다[X-36].

[이제] 네 번째 (비노미알)이라는 것도 밝혀야 한다.

DM이 MG보다 크다는 것과 DKM으로 (둘러싸인 직각 평행사변형)이 MN으로부터의 (정사각형)과 같다는 것을 이제 우리는 앞서 했던 것과 비슷하게 밝힐 수 있다. AC로부터의 (정사각형)이 CB로부터의 (정사각형)과 비공약이므로 DH도 KL과 비공약이다. 결국 DK도 KM과 비공약이다[VI-1, X-11]. 같지 않은 두 직선이 있는데 정사각형 형태만큼 부족하면서 작은 직선으로부터의 (정사각형)의 사분의 일과 같은 (평행사변형)이 큰 직선에 나란히 대어진다면, 또 (그 평행사변형이) 그 직선을 [선형] 비공약들로 분리한다면, 큰 직선이 작은 직선보다 자기 자신과 (선형) 비공약인 직선으로부터의 (정사각형)만큼 제곱근으로 크다[X-18]. 그래서 DM이 MG보다, 그 자신과 (선형) 비공약인 직선으로부터의 (정사각형)만큼 제곱근으로 크다. 또한 DM, MG는 제곱으로만 공약인 유리 직선들이다. 또한 (큰) DM이 제시된 유리 직선 DE와 공약이다.

그래서 DG가 네 번째 비노미알 직선이다[X-def-2-4]. 밝혀야 했던 바로 그것이다.

명제 64

'유리 구역과 메디알 구역의 제곱근 직선'으로부터의 (정사각형)은 유리 직선에 나란히 대어지면서 너비를 다섯 번째 비노미알 직선으로 만든다.

'유리 구역과 메디알 구역의 제곱근 직선' AB가 있다고 하자. AC가 큰 항이 되도록 C에서 직선들로 분리된다고 하자. 그리고 유리 직선 DE가 제시되고, AB로부터의 (정사각형)과 같게 DG를 너비로 만드는 (직각 평행사변형) DF가 DE에 나란히 대어졌다고 하자. 나는 주장한다. DG는 다섯 번째 비노미알 직선이다.

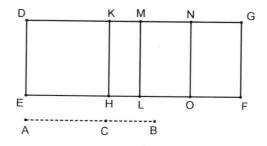

앞의 것과 동일하게 작도했다고 하자.

AB가 C에서 분리되는 '유리 구역과 메디알 구역의 제곱근 직선'이므로 AC, CB는 그 두 직선으로부터의 정사각형들에서 결합한 구역은 메디알 구역으로, 그 두 직선으로 (둘러싸인 직각 평행사변형)은 유리 구역으로 만들면서 제곱으로 비공약인 메디알들이다[X-40]. AC, CB로부터의 (정사각형)들에서 결합한 구역이 메디알이므로 DL이 메디알이다. 결국 DM은 유리 직선이고 DE와 선형으로 비공약이다[X-22]. 다시, ACB로 (둘러싸인 직각 평행사변형)의 두 배, 즉 MF가 유리 구역이므로 MG는 유리 직선이고 DE와 (선형) 공약이다[X-20]. 그래서 DM이 MG와 (선형) 비공약이다[X-13]. 그래서 DM, MG가 제곱으로만 공약인 유리 직선들이다. 그래서 DG는 비노미알 직선이다[X-36].

[이제] 나는 주장한다. 다섯 번째 (비노미알)이다.

DKM으로 (둘러싸인 직각 평행사변형)이 MN으로부터의 (정사각형)과 같고 DK가 KM과 선형으로 비공약이라는 것이 비슷하게 밝혀질 수 있다. 그래서 DM이 MG보다, 그 자신과 선형으로 비공약인 직선으로부터의 (정사각형)만큼 제곱근으로 크다[X-18]. 또 DM, MG가 제곱으로만 공약인 [유리 직선]들이고 작은 MG가 DE와 선형으로 공약이다.

그래서 DG가 다섯 번째 비노미알 직선이다[X-def-2-5]. 밝혀야 했던 바로 그것이다.

명제 65

'두 메디알 구역의 제곱근 직선'으로부터의 (정사각형)은 유리 직선에 나란히 대어지면서 너비를 여섯 번째 비노미알 직선으로 만든다.

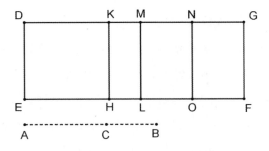

'두 메디알 구역의 제곱근 직선' AB가 있다고 하자. C에서 분리된다고 하자. 그리고 유리 직선 DE가 제시된다고 하고, AB로부터의 (정사각형)과 같게 DG를 너비로 만드는 (직각 평행사변형) DF가 DE에 나란히 대어졌다고 하자.

나는 주장한다. DG는 여섯 번째 비노미알 직선이다.

앞에서 (보인) 것과 동일하게 작도했다고 하자.

AB가 C에서 분리되는 '두 메디알 구역의 제곱근 직선'이므로 AC, CB는 그 두 직선으로부터의 정사각형들에서 결합한 구역도 메디알 구역으로, 그 두 직선으로 (둘러싸인 직각 평행사변형)도 메디알 구역으로 (만들고), 게다가 그 두 직선으로부터의 정사각형들에서 합쳐진 구역은 그 두 직선으로 (둘러싸인 직각 평행사변형)과 비공약 (구역)으로 만들면서 제곱으로 비공약인 메디알들이다[X-41]. 결국 이미 드러난 것들에 따라 DL, MF 각각이 메디알이다. 또 유리 직선 DE에 나란히 대어졌다. 그래서 DM, MG 각각은 유리 직선이고 DE와 선형으로 비공약이다[X-22]. 또 AC, CB로부터의 (정사각형)들에서 결합한 구역이 AC, CB로 (둘러싸인 직각 평행사변형)의 두 배와 비공약이므로 DL이 MF와 비공약이다. 그래서 DM도 MG와 (선형) 비공약이다[VI-1, X-11]. 그래서 DM, MG는 제곱으로만 공약인 유리 직선들이다. 그래서 DG가 비노미알 직선이다[X-36].

이제 나는 주장한다. 여섯 번째 (비노미알)이다.

DKM으로 (둘러싸인 직각 평행사변형)이 MN으로부터의 (정사각형)과 같고 DK가 KM과 선형으로 비공약임을 이제 다시 우리는 비슷하게 밝힐 수 있다. 또 똑같은 이유로 DM이 MG보다, 그 자신과 선형으로 비공약인 직선으로부터의 (정사각형)만큼 제곱근으로 크다[X-18]. 또한 DM, MG 어떤 것도 제시된 유리 직선 DE와 선형으로는 공약이 아니다.

그래서 DG가 여섯 번째 비노미알 직선이다[X-def-2-6]. 밝혀야 했던 바로 그것이다.

명제 66

비노미알 직선과 선형으로 공약인 직선은 (그 직선) 자체도 비노미알 직선이고 위계상으로도 동일하다.

AB가 비노미알 직선이라고 하고, AB와 선형으로 공약인 CD가 있다고 하자. 나는 주장한다. CD는 비노미알 직선이고 AB와 위계상 동일하다.

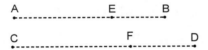

AB가 비노미알 직선이므로 E에서 그 항들로 분리된다고 하고 항 AE가 더 크다고 하자.

그래서 AE, EB는 유리 직선들이고 제곱으로만 공약이다[X-36]. AB 대 CD가 AE 대 CF이게 되었다고 하자[VI-12]. 그래서 남은 EB 대 남은 FD도 AB 대 CD이다[V-19]. 그런데 AB가 CD와 선형으로 공약이다. 그래서 AE는 CF와, EB는 FD와 (선형) 공약이다[X-11]. AE, EB는 유리 직선들이기도 하다. 그래서 CF, FD도 유리 직선들이다. 또 AE 대 CF가 EB 대 FD이므로 [V-11], 교대로, AE 대 EB는 CF 대 FD이다[V-16]. 그런데 AE, EB가 제곱으로만 공약이다. 그래서 CF, FD도 제곱으로만 공약이다[X-11]. 유리 직선들이기도 하다. 그래서 CD가 비노미알 직선이다[X-36].

이제 나는 주장한다. AB와 위계상 동일하다.

AE가 EB보다 그 자신과 (선형) 공약인 직선으로부터의 (정사각형)만큼 또는 (선형) 비공약인 직선으로부터의 (정사각형)만큼 제곱근으로 크다.

AE가 BE보다 그 자신과 (선형) 공약인 직선으로부터의 (정사각형)만큼 제곱근으로 큰 경우라면 CF도 FD보다 그 자신과 (선형) 공약인 직선으로부터의 (정사각형)만큼 제곱근으로 크다[X-14]. 만약 AE가 제시된 유리 직선과 (선형) 공약이라면 CF도 그 직선과 공약이고[X-12], 그에 따라 AB, CD 각각은 첫 번째 비노미알 직선이다[X-def-2-1]. 즉, 위계상 동일하다. 만약 EB가 제시된 유리 직선과 (선형) 공약이라면 FD도 그 직선과 (선형) 공약이고 [X-12], 다시 그에 따라 (CD)는 AB와 위계상 동일하다. 그 직선들 각각이 두 번째 비노미알 직선이니까 말이다[X-def-2-2]. AE, EB 어느 것도 제시된 유리 직선과 (선형) 공약이 아니라면 CF, FD 어느 것도 그 직선과 (선형) 공약이 아니고[X-13], 각각은 세 번째 (비노미알 직선)이다[X-def-2-3].

만약 AE가 EB보다 그 자신과 (선형) 비공약인 직선으로부터의 (정사각형)만큼 제곱근으로 큰 경우라면 CF도 FD보다 자신과 비공약인 직선으로부터의 (정사각형)만큼 제곱근으로 크다[X-14]. 만약 AE가 제시된 유리 직선과 (선형) 공약이라면 CF도 그 직선과 (선형) 공약이고[X-12], 각각은 네 번째 (비노미알 직선)이다[X-def-2-4]. 만약 EB가 (그렇다면) FD도 (그렇고), 각각은 다섯 번째 (비노미알)이다[X-def-2-5]. 만약 AE, EB 어느 것도 아니라면 CF, FD 어느 것도 제시된 유리 직선과 공약이 아니고, 각각은 여섯 번째 (비노미알 직선)이다[X-def-2-6].

결국 비노미알과 선형으로 공약인 직선은 비노미알 직선이고 위계상으로도 동일하다. 밝혀야 했던 바로 그것이다.

명제 67

비메디알 직선과 선형으로 공약인 직선은 (그 직선) 자체도 비메디알이고 또한 위계상 으로도 동일하다.

AB가 비메디알이라고 하고 AB와 선형으로 공약인 CD가 있다고 하자. 나 는 주장한다. CD는 비메디알이고 AB와 위계상 동일하다.

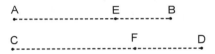

AB가 비메디알이므로 E에서 메디알들로 분리된다고 하자.

그래서 AE, EB는 메디알들이고 제곱으로만 공약이다[X-37, X-38]. AB 대 CD가 AE 대 CF이게 되었다고 하자[VI-12]. 그래서 남은 EB 대 남은 FD도 AB 대 CD이다[V-19]. 그런데 AB가 CD와 선형으로 공약이다. 그래서 AE, EB 각각도 CF, FD 각각과 공약이다[X-11]. 그런데 AE, EB는 메디알들이 기도 하다. 그래서 CF, FD도 메디알들이다[X-23]. 또 AE 대 EB는 CF 대 FD인데 AE, EB가 제곱으로만 공약이므로 CF, FD도 제곱으로만 공약이다 [X-11]. 그런데 메디알들이라고도 밝혀졌다. 그래서 CD가 비메디알이다. 이제 나는 주장한다. AB와 위계상 동일하다.

AE 대 EB가 CF 대 FD이므로 AE로부터의 (정사각형) 대 AEB로 (둘러싸인 직각 평행사변형)이 CF로부터의 (정사각형) 대 CFD로 (둘러싸인 직각 평행사 변형)이다[X-21/22 보조 정리]. 교대로, AE로부터의 (정사각형) 대 CF로부터 의 (정사각형)이 AEB로 (둘러싸인 직각 평행사변형) 대 CFD로 (둘러싸인 직각 평행사변형)이다[V-16]. 그런데 AE로부터의 (정사각형)이 CF로부터의 (정사각형)과 공약이다. 그래서 AEB로 (둘러싸인 직각 평행사변형)도 CFD로 (둘러싸인 직각 평행사변형)과 공약이다[X-11]. 만약에 AEB로 (둘러싸인 직각 평행사변형)이 유리 구역이라면 CFD로 (둘러싸인 직각 평행사변형)도 유리 구역이고 [그에 따라 첫 번째 비메디알이다][X-37]. 만약에 메디알이면 메디알이고 [X-23 따름], 각각은 두번째 (비메디알)이다[X-38].

또한 그에 따라 CD가 AB와 위계상 동일할 것이다. 밝혀야 했던 바로 그것이다.

명제 68

메이저 직선과 공약인 직선은 (그 직선) 자체도 메이저이다.

AB가 메이저라 하고, AB와 선형으로 공약인 CD가 있다고 하자. 나는 주장한다. CD는 메이저이다.

AB가 E에서 분리된다고 하자.

그래서 AE, EB는 그 두 직선으로부터의 정사각형들에서 결합한 구역은 유리 구역으로 그 두 직선으로 (둘러싸인 직각 평행사변형)은 메디알 구역으로 만들면서 제곱으로 비공약이다[X-39]. 또한 앞에서 (보인) 것과 동일한 것들이 되었다고 하자. AB 대 CD가 AE 대 CF이고도 EB 대 FD이므로 AE 대 CF는 EB 대 FD이다[V-11]. 그런데 AB가 CD와 (선형) 공약이다.

538

그래서 AE, EB 각각도 CF, FD 각각과 공약이다[X-11]. 또 AE 대 CF가 EB 대 FD이고, 교대로, AE 대 EB가 CF 대 FD이므로[V-16], 결합되어, AB 대 BE는 CD 대 DF이다[V-18]. 그래서 AB로부터의 (정사각형) 대 BE 로부터의 (정사각형)이 CD로부터의 (정사각형) 대 DF로부터의 (정사각형)이 다[VI-20]. AB로부터의 (정사각형) 대 AE로부터의 (정사각형)이 CD로부터 의 (정사각형) 대 CF로부터의 (정사각형)이라는 것도 이제 우리는 비슷하게 밝힐 수 있다. 그래서 AB로부터의 (정사각형) 대 AE, EB로부터의 (정사각형) 들(의 합)이 CD로부터의 (정사각형) 대 CF, FD로부터의 (정사각형)들(의 합) 이다. 그래서 교대로, AB로부터의 (정사각형) 대 CD로부터의 (정사각형)이 AE, EB로부터의 (정사각형)들(의 합) 대 CF, FD로부터의 (정사각형)들(의 합) 이다[V-16]. 그런데 AB로부터의 (정사각형)이 CD로부터의 (정사각형)과 공 약이다. 그래서 AE, EB로부터의 (정사각형)들(의 합)도 CF, FD로부터의 (정 사각형)들(의 합)과 공약이다[X-11]. AE, EB로부터의 (정사각형)들도 함께 유리 구역이고 CF, FD로부터의 (정사각형)들도 함께 유리 구역이다. 마찬 가지로, AE, EB로 (둘러싸인 직각 평행사변형)의 두 배는 CF, FD로 (둘러싸인 직각 평행사변형)의 두 배와 공약이다. AE, EB로 (둘러싸인 직각 평행사변형) 의 두 배는 메디알이다. 그래서 CF, FD로 (둘러싸인 직각 평행사변형)의 두 배도 메디알이다[X-23 따름]. 그래서 CF, FD는 그 두 직선으로부터의 정사 각형들에서 결합한 구역은 유리 구역으로, 그 두 직선으로 (둘러싸인 직각 평행사변형)은 메디알 구역으로 만들면서, 동시에 제곱으로 비공약이다[X-13]. 그래서 전체 CD는 메이저라고 불리는 무리 직선이다[X-39].

그래서 메이저와 (선형) 공약인 직선은 메이저이다. 밝혀야 했던 바로 그것 이다.

명제 69

'유리 구역과 메디알 구역의 제곱근 직선'과 공약인 직선은 (그 직선) 자체도 '유리 구역과 메디알 구역의 제곱근 직선'이다.

AB가 '유리 구역과 메디알 구역의 제곱근 직선'이라고 하고, AB와 선형으로 공약인 CD가 있다고 하자. CD도 '유리 구역과 메디알 구역의 제곱근 직선'임을 밝혀야 한다.

```
A                       E          B
•-----------------------•----------•

C                            F          D
•----------------------------•----------•
```

AB가 E에서 그 직선들로 분리된다고 하자.

그래서 AE, EB는 그 두 직선으로부터의 정사각형들에서 결합한 구역은 메디알 구역으로, 그 두 직선으로 (둘러싸인 직각 평행사변형)은 유리 구역으로 만들면서 제곱으로 비공약이다[X-40]. 또한 앞에서 (보인) 것과 동일하게 작도했다고 하자. 이제 CF, FD가 제곱으로 비공약이고 AE, EB로부터의 (정사각형)들에서 결합한 구역은 CF, FD로부터의 (정사각형)들에서 결합한 구역과, AE, EB로 (둘러싸인 직각 평행사변형)은 CF, FD로 (둘러싸인 직각 평행사변형)과 공약임을 이제 우리는 비슷하게 밝힐 수 있다. 결국 CF, FD로부터의 정사각형들에서 결합한 구역은 메디알, CF, FD로 (둘러싸인 직각 평행사변형)의 두 배는 유리 구역이다.

그래서 CD는 '유리 구역과 메디알 구역의 제곱근 직선'이다. 밝혀야 했던 바로 그것이다.

명제 70

'두 메디알 구역의 제곱근 직선'과 공약인 직선은 '두 메디알 구역의 제곱근 직선'이다.

AB가 '두 메디알 구역의 제곱근 직선'이라고 하고, AB와 선형으로 공약인 CD가 있다고 하자. CD도 '두 메디알 구역의 제곱근 직선'임을 밝혀야 한다.

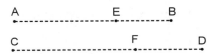

AB가 '두 메디알 구역의 제곱근 직선'이므로 E에서 그 직선들로 분리된다고 하자.

그래서 AE, EB는 그 직선들로부터의 [정사각형들]에서 결합한 구역도 메디알 구역으로, 그 두 직선으로 (둘러싸인 직각 평행사변형)도 메디알 구역으로 (만들고, 게다가 AE, EB로부터의 정사각형들(의 합)은 AE, EB로 (둘러싸인 직각 평행사변형)과 비공약 (구역)으로 만들면서 제곱으로 비공약이다 [X-41]. 또한 앞에서 (보인) 것과 동일하게 작도했다고 하자. 이제 CF, FD가 제곱으로 비공약이고 AE, EB로부터의 (정사각형)들에서 결합한 구역은 CF, FD로부터의 (정사각형)들에서 결합한 구역과, AE, EB로 (둘러싸인 직각 평행사변형)은 CF, FD로 (둘러싸인 직각 평행사변형)과 공약임을 이제 우리는 비슷하게 밝힐 수 있다. 결국 CF, FD로부터의 정사각형들에서 결합한 구역도 메디알 구역이고, CF, FD로 (둘러싸인 직각 평행사변형)도 메디알 구역이고, 게다가 CF, FD로부터의 정사각형들에서 결합한 구역이 CF, FD로 (둘러싸인 직각 평행사변형)과 비공약이다.

그래서 CD는 '두 메디알 구역의 제곱근 직선'이다. 밝혀야 했던 바로 그것이다.

명제 71

유리 구역과 메디알 구역이 결합하면 네 개의 무리 직선(즉), 비노미알 혹은 첫 번째 비메디알 혹은 메이저, 혹은 '유리 구역과 메디알 구역의 제곱근 직선' 중 하나가 발생한다. AB는 유리 구역, CD는 메디알 구역이라고 하자. 나는 주장한다. AD 구역의 제곱근 직선은 비노미알이거나, 첫 번째 비메디알이거나, 메이저이거나, '유리 구역과 메디알 구역의 제곱근 직선'이다.

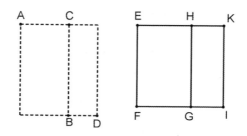

AB가 CD보다 크거나 작다. 먼저 크다고 하자. 유리 직선 EF가 제시된다고 하자. AB와 같게는 EH를 너비로 만드는 EG가 EF에 나란히 대어졌고, DC와 같게는 HK를 너비로 만드는 HI가 EF에 나란히 대어졌다고 하자.

AB가 유리 구역이고 EG와 같으므로 EG도 유리 구역이다. 또 EH를 너비로 만들면서 [유리 직선] EF에 나란히 대어졌다. 그래서 EH도 유리 직선이고 EF와 선형으로 공약이다[X-20]. 다시, CD가 메디알 구역이고 HI와 같으므로 HI도 메디알 구역이다. 또 HK를 너비로 만들면서 유리 직선 EF에 나란히 대어졌다. 그래서 HK는 유리 직선이고 EF와 선형으로 비공약이다[X-22]. CD는 메디알 구역, AB는 유리 구역이므로 AB와 CD는 비공약이다. 결국 EG도 HI와 비공약이다. 그런데 EG 대 HI는 EH 대 HK이다[VI-1]. 그래서 EH도 HK와 선형으로 비공약이다[X-11]. 또한 모두가 유리 직선들이다. 그래서 EH, HK는 제곱으로만 공약인 유리 직선들이다. 그래서 EK가 비노미알 직선이고 H에서 분리된다[X-36]. 또 AB가 CD보다 큰데 AB는 EG와, CD는 HI와 같으므로 EG도 HI보다 크다. 그래서 EH도 HK보다 크다[V-14]. 그래서 EH가 HK보다 그 자신과 선형으로 공약인 직선으로부터의 (정사각형)만큼 또는 (선형) 비공약인 직선으로부터의 (정사각형)만큼 제곱근으로 크다.

먼저, 그 자신과 선형으로 공약인 직선으로부터의 (정사각형)만큼 제곱근으로 크다고 하자. 큰 직선 HE가 제시된 유리 직선 EF와 공약이기도 하다. 그래서 EK는 첫 번째 비노미알 직선이다[X-def-2-1]. 그런데 EF는 유리 직선이다. 구역이 유리 직선과 첫 번째 비노미알 직선 사이에 둘러싸인다면 그 구역의 제곱근 직선은 비노미알이다[X-54]. 그래서 EI의 제곱근 직선은 비노미알이다. 결국 AD의 제곱근 직선도 비노미알이다.

이제 한편, EH가 HK보다 그 자신과 (선형) 비공약인 직선으로부터의 (정사각형)만큼 제곱근으로 크다고 하자. 큰 직선 EH가 제시된 유리 직선 EF와 선형으로 공약이다. 그래서 EK는 네 번째 비노미알 직선이다[X-def-2-4]. 그런데 EF가 유리 직선이다. 구역이 유리 직선과 네 번째 비노미알 직선 사이에 둘러싸인다면 그 구역의 제곱근 직선은 메이저라 불리는 무리 직선이다[X-57]. 그래서 EI의 제곱근 직선은 메이저이다. 결국 AD의 제곱근 직선도 메이저이다.

이제 한편, AB가 CD보다 작다고 하자. 그래서 EG도 HI보다 작다. 결국 EH도 HK보다 작다[VI-1, V-14]. HK가 EH보다 그 자신과 (선형) 공약인 직선으로부터의 (정사각형)만큼 또는 (선형) 비공약인 직선으로부터의 (정사각형)만큼 제곱근으로 크다.

먼저 그 자신과 선형으로 공약인 직선으로부터의 (정사각형)만큼 제곱근으로 크다고 하자. 작은 직선 EH가 제시된 유리 직선 EF와 선형으로 공약이기도 하다. 그래서 EK는 두 번째 비노미알 직선이다[X-def-2-2]. 그런데 EF가 유리 직선이다. 구역이 유리 직선과 두 번째 비노미알 사이에 둘러싸인다면 그 구역의 제곱근 직선은 첫 번째 비메디알이다[X-55]. 그래서 EI의 제곱근 직선은 첫 번째 비메디알이다. 결국 AD의 제곱근 직선도 첫 번째 비메디알이다.

이제 한편, HK가 HE보다 그 자신과 (선형) 비공약인 직선으로부터의 (정사각형)만큼 제곱근으로 크다고 하자. 작은 직선 EH가 제시된 유리 직선 EF와 (선형) 공약이기도 하다. 그래서 EK는 다섯 번째 비노미알 직선이다[X-def-2-5]. 그런데 EF가 유리 직선이다. 구역이 유리 직선과 다섯 번째 비노미알 직선 사이에 둘러싸인다면 그 구역의 제곱근 직선은 '유리 구역과 메디알 구역의 제곱근 직선'이다[X-58]. 그래서 EI의 제곱근 직선은 '유리 구역과 메디알 구역의 제곱근 직선'이다. 결국 AD의 제곱근 직선이 '유리 구역과 메디알 구역의 제곱근 직선'이다.

그래서 유리 구역과 메디알 구역이 결합하면 네 개의 무리 직선, (즉) 혹은 비노미알 혹은 첫 번째 비메디알 혹은 메이저 혹은 '유리 구역과 메디알 구역의 제곱근 직선' 중 하나가 발생한다. 밝혀야 했던 바로 그것이다.

명제 72

서로 비공약인 두 메디알 구역이 결합하면 남은 두 개의 무리 직선, (즉) 혹은 두 번째 비메디알 혹은 '두 메디알 구역의 제곱근 직선' 중 하나가 발생한다.

서로 비공약인 메디알 구역 AB, CD가 결합한다고 하자. 나는 주장한다.

AD 구역의 제곱근 직선은 두 번째 비메디알이거나 '두 메디알 구역의 제곱근 직선'이다.

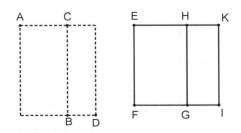

AB가 CE보다 크거나 작다. 어느 경우나 (상관없는데), 먼저 AB가 CD보다 크다고 하자. 그리고 유리 직선 EF가 제시된다고 하자. AB와 같게는 EH를 너비로 만드는 EG가, CD와 같게는 HK를 너비로 만드는 HI가 EF에 나란히 대어졌다고 하자.

AB, CD 각각이 메디알 구역이므로 EG, HI 각각도 메디알 구역이다. 또 EH, HK를 너비로 만들면서 유리 직선 FE에 나란히 대어졌다. 그래서 EH, HK 각각은 유리 직선이고 EF와 선형으로 비공약이다[X-22]. AB가 CD와 비공약이고 AB는 EG와, CD는 HI와 같으므로 EG도 HI와 비공약이다. 그런데 EG 대 HI는 EH 대 HK이다[VI-1]. 그래서 EH도 HK와 선형으로는 비공약이다[X-11]. 그래서 EH, HK가 제곱으로만 공약인 유리 직선들이다. 그래서 EK가 비노미알 직선이다[X-36]. 그런데 EH가 HK보다 그 자신과 (선형) 공약인 직선으로부터의 (정사각형)만큼 또는 (선형) 비공약인 직선으로부터의 (정사각형)만큼 제곱근으로 크다.

먼저 그 자신과 선형으로 공약인 직선으로부터의 (정사각형)만큼 제곱근으로 크다고 하자. EH, HK 어떤 것도 제시된 유리 직선 EF와 선형으로 공약이 아니다. 그래서 EK는 세 번째 비노미알 직선이다[X-def-2-3]. 그런데

EF가 유리 직선이다. 구역이 유리 직선과 세 번째 비노미알 사이에 둘러싸인다면 그 구역의 제곱근 직선은 두 번째 비메디알이다[X-56]. 그래서 EI, 즉 AD의 제곱근 직선은 두 번째 비메디알이다.

이제 한편, EH가 HK보다 그 자신과 선형으로 비공약인 직선으로부터의 (정사각형)만큼 제곱근으로 크다고 하자. EH, HK 각각은 EF와 선형으로 비공약이다. 그래서 EK는 여섯 번째 비노미알 직선이다[X-def-2-6]. 그런데 구역이 유리 직선과 여섯 번째 비노미알 사이에 둘러싸인다면 그 구역의 제곱근 직선은 '두 메디알 구역의 제곱근 직선'이다[X-59]. 결국 AD의 제곱근 직선은 '두 메디알 구역의 제곱근 직선'이다.

[AB가 CD보다 작다고 해도, AD의 제곱근 직선은 두 번째 비메디알이거나 '두 메디알 구역의 제곱근 직선'이라는 것도 이제 우리는 비슷하게 밝힐 수 있다.]

그래서 서로 비공약인 두 메디알 구역이 결합하면 남은 두 개의 무리 직선 (즉), 혹은 두 번째 비메디알 혹은 '두 메디알 구역의 제곱근 직선' 중 하나가 발생한다. (밝혀야 했던 바로 그것이다.)

(**따름.**[187]) 비노미알과 그 이후의 무리 직선들은 메디알 직선과도 (동일하지 않고) 서로도 동일하지 않다.

∴

[187] 제10권의 명제를 요약하면 다음과 같이 분류할 수 있다. 명제 1부터 명제 26까지는 크기의 공약성, 유리 직선, 무리 직선의 기초 성질이다. 이 기초 성질은 제10권 전체에 두루 쓰인다. 명제 27부터 명제 35까지는 기초 작도이다. 이 작도에 기반해서 비노미알 계열의 무리 직선과 아포토메 계열의 무리 직선을 구성한다. 명제 36부터 명제 72까지는 비노미알 계열의 무리 직선에 대한 성질이고 명제 73부터 명제 110까지는 아포토메 계열에 대한 성질이 이어진다. 이 '따름' 명제는 명제 72까지 등장한 여러 무리 직선의 분류를 되돌아보며 요약하고 정리한다. 즉, 메디알 집합과 비노미알 계열의 세부 집합들이 서로 겹치지 않는다는 사실을 강조한다. 원문에는 '따름'이라는 항목으로 따로 빼지 않고 명제 72의 증명 다음에 이어지는 문장이다. 명제 111의 (따름)과 짝을 이룬다.

메디알 직선으로부터의 (정사각형)은 유리 직선에 나란히 대어지면서 너비를 그 정사각형이 대도록 놓인 그 (유리 직선)과 선형으로 비공약인 유리 직선으로 만든다[X-22]. 반면, 비노미알 직선으로부터의 (정사각형)은 유리 직선에 나란히 대어지면서 너비를 첫 번째 비노미알 직선으로 만든다[X-60]. 반면 첫 번째 비메디알 직선으로부터의 (정사각형)은 유리 직선에 나란히 대어지면서 너비를 두 번째 비노미알 직선으로 만든다[X-61]. 반면, 두 번째 비메디알 직선으로부터의 (정사각형)은 유리 직선에 나란히 대어지면서 너비를 세 번째 비노미알 직선으로 만든다[X-62]. 반면, 메이저 직선으로부터의 (정사각형)은 유리 직선에 나란히 대어지면서 너비를 네 번째 비노미알 직선으로 만든다[X-63]. 반면, '유리 구역과 메디알 구역의 제곱근 직선'으로부터의 (정사각형)은 유리 직선에 나란히 대어지면서 너비를 다섯 번째 비노미알 직선으로 만든다[X-64]. 반면, '두 메디알 구역의 제곱근 직선'으로부터의 (정사각형)은 유리 직선에 나란히 대어지면서 너비를 여섯 번째 비노미알 직선으로 만든다[X-65]. 위에서 언급한 너비들은 첫 직선과도 구별되고 서로도 (구별된다). 첫 직선과는 (그 첫 직선)이 유리 직선이라서 (구별되고), 서로 와는 그 직선들이 위계가 동일하지 않아서 (구별된다). 결국 그 무리 직선들은 서로 구별된다.

명제 73

유리 직선에서, 그 전체와 제곱으로만 공약인 유리 직선이 빠지면, 남은 직선은 무리 직선이다. 그것을 **아포토메**[188]라고 부르자.

유리 직선 AB에서 그 전체 (AB)와 제곱으로만 공약인 유리 직선 BC가 빠졌다고 하자. 나는 주장한다. 남은 AC는 아포토메라고 불리는 무리 직선이다.

A   C   B

AB가 BC와 선형으로는 비공약이고 AB 대 BC는 AB로부터의 (정사각형) 대 AB, BC로 (둘러싸인 직각 평행사변형)이므로[X-21/22 보조 정리] AB로부터의 (정사각형)은 AB, BC로 (둘러싸인 직각 평행사변형)과 비공약이다[X-11]. 한편, AB로부터의 (정사각형)과는 AB, BC로부터의 정사각형들(의 합)이 공약이요[X-15], AB, BC로 (둘러싸인 직각 평행사변형)과는 AB, BC로 (둘러싸인 직각 평행사변형)의 두 배가 공약이다[X-6]. AB, BC로 (둘러싸인 직각 평행사변형)의 두 배는 CA로부터의 (정사각형)과 함께, AB, BC로부터의 (정사각형)들(의 합)과 같으므로[II-7] 남은 AC로부터의 (정사각형)과 AB, BC로부터의 (정사각형)들(의 합)이 비공약이다[X-13, X-16]. 그런데 AB, BC로부터의 (정사각형)들(의 합)은 유리 구역들이다. 그래서 AC는 무리 직선이다[X-def-1-4]. 그것을 아포토메라고 부르자. 밝혀야 했던 바로 그것이다.

∵

188 원문은 ἀποτομή. 잘려 나온 (직선)이라는 뜻이지만 비노미알을 번역할 때 그랬던 것처럼 음만 빌렸다. 지금부터 나오는 명제들은 명제 36부터 72까지의 체계가 그대로 반복된다. 비노미알 계열은 두 직선이 결합하여 구성된 것들이고 아포토메 계열은 두 직선의 차이로 구성된 것이다.

명제 74

메디알 직선에서, 그 전체 직선과 더불어 유리 구역을 둘러싸면서, 그 전체와 제곱으로만 공약인 메디알 직선이 빠지면, 남은 직선은 무리 직선이다. 그것을 **첫 번째 메디알 아포토메**라고 부르자.

메디알 직선 AB에서, 그 전체 (AB)와 더불어 유리 구역을 둘러싸면서 그 전체와 제곱으로만 공약인 메디알 직선 BC가 빠졌다고 하자[X-27]. 나는 주장한다. 남은 직선 AC는 무리 직선이다. 그것을 첫 번째 메디알 아포토메라고 부르자.

A   C   B

AB, BC가 메디알이므로 AB, BC로부터의 (정사각형)들(의 합)도 메디알이다. 그런데 AB, BC로 (둘러싸인 직각 평행사변형)의 두 배는 유리 구역이다. 그래서 AB, BC로부터의 (정사각형)들(의 합)은 AB, BC로 (둘러싸인 직각 평행사변형)의 두 배와 비공약이다. 그래서 남은 (정사각형과, 즉) AC로부터의 (정사각형)과 AB, BC 사이에 (둘러싸인 직각 평행사변형)의 두 배도[II-7] 비공약이다. 왜냐하면 전체가 그 크기들 중 하나와 비공약이면 원래 크기들도 (서로) 비공약일 테니까 말이다[X-16]. 그런데 AB, BC로 (둘러싸인 직각 평행사변형)의 두 배가 유리 구역이다. 그래서 AC로부터의 (정사각형)이 무리 구역이다. 그래서 AC가 무리 직선이다[X-def-1-4]. 그것을 첫 번째 메디알 아포토메라고 부르자.

명제 75

메디알 직선에서, 그 전체 직선과 더불어 메디알 구역을 둘러싸면서 그 전체와 제곱으로만 공약인 메디알 직선이 빠지면, 남은 직선은 무리 직선이다. 그것을 **두 번째 메디알 아포토메**라고 부르자.

메디알 직선 AB에서, 그 전체 AB와 더불어 AB, BC로 (둘러싸인 직각 평행 사변형)을 메디알 구역으로 둘러싸면서 그 전체 AB와 제곱으로만 공약인 메디알 직선 CB가 빠졌다고 하자[X-28]. 나는 주장한다. 남은 AC는 무리 직선이다. 그것을 두 번째 메디알 아포토메라고 부르자.

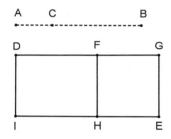

유리 직선 DI가 제시된다고 하자. 또 AB, BC로부터의 (정사각형)들(의 합) 과 같게는 DG를 너비로 만드는 DE가 DI에 나란히 대어졌고, AB, BC로 (둘러싸인 직각 평행사변형)의 두 배와 같게는 DF를 너비로 만드는 DH가 DI 에 나란히 대어졌다고 하자.

그래서 남은 FE가 AC로부터의 (정사각형)과 같다[II-7]. AB, BC로부터의 (정사각형)들(의 합)이 메디알들이고 (서로) 공약이므로 DE도 메디알이다[X-15, X-23 따름]. DG를 너비로 만들면서 유리 직선 DI에 나란히 대기도 한 다. 그래서 DG는 유리 직선이고 DI와 선형으로 비공약이다[X-22]. 다시,

AB, BC로 (둘러싸인 직각 평행사변형)이 메디알이므로 AB, BC로 (둘러싸인 직각 평행사변형)의 두 배도 메디알이다[X-23 따름]. DH와 같기도 하다. 그래서 DH도 메디알이다. 또 DF를 너비로 만들면서 유리 직선 DI에 나란히 대어지기도 했다. 그래서 DF는 유리 직선이고 DI와 선형으로 비공약이다[X-22]. 또 AB, BC가 제곱으로만 공약이므로 AB가 BC와 선형으로는 비공약이다. 그래서 AB로부터의 정사각형도 AB, BC로 (둘러싸인 직각 평행사변형)과 비공약이다[X-21/22 보조 정리, X-11]. 한편, AB로부터의 (정사각형)과는 AB, BC로부터의 정사각형들(의 합)이 공약이요[X-15], AB, BC로 (둘러싸인 직각 평행사변형)과는 AB, BC로 (둘러싸인 직각 평행사변형)의 두 배가 공약이다[X-6]. 그래서 AB, BC로 (둘러싸인 직각 평행사변형)의 두 배는 AB, BC로부터의 (정사각형)들(의 합)과 비공약이다[X-13]. 그런데 AB, BC로부터의 (정사각형)들(의 합)과는 DE가, AB, BC로 (둘러싸인 직각 평행사변형)의 두 배와는 DH가 같다. 그래서 DE가 DH와 비공약이다. 그런데 DE 대 DH가 GD 대 DF이다[VI-1]. 그래서 GD가 DF와 비공약이다[X-11]. 모두 유리 직선이기도 하다. 그래서 GD, DF는 제곱으로만 공약인 유리 직선들이다. 그래서 FG는 아포토메이다[X-73]. 그런데 DI가 유리 직선이다. 유리 직선과 무리 직선 사이에 둘러싸인 (직각 평행사변형)은 무리 구역이고[X-20] 그 (구역)의 제곱근 직선도 무리 직선이다. 그래서 AC는 FE (구역)의 제곱근 직선이다. 그래서 AC는 무리 직선이다[X-def-1-4]. 그것을 두 번째 메디알 아포토메라고 부르자. 밝혀야 했던 바로 그것이다.

명제 76

(전체) 직선에서 (어떤 직선이 빠지는데), 그 전체 직선과 (빠지는 그) 직선으로부터의 (정사각형)들은 (모두) 함께 유리 구역으로, 그 두 직선으로 (둘러싸인 직각 평행사변형)의 두 배는 메디알 구역으로 만들면서, 그 전체와 제곱으로 비공약인 직선이 빠지면 남은 직선은 무리 직선이다. 그것을 **마이너**라고 부르자.[189]

직선 AB에서, 앞서 (명제 33에서) 알려진 (조건들을 만족)하면서, 그 전체와 제곱으로 비공약인 직선 BC가 빠졌다고 하자. 나는 주장한다. 남은 AC는 무리 직선이다. 그것을 마이너라고 부르자.

$$A \quad\; C \qquad\qquad\qquad\qquad\qquad B$$

AB, BC로부터의 정사각형들에서 결합한 (구역)은 유리 구역이요, AB, BC로 (둘러싸인 직각 평행사변형)의 두 배는 메디알 구역이므로 AB, BC로부터의 (정사각형)들의(의 합)은 AB, BC로 (둘러싸인 직각 평행사변형)의 두 배와 비공약이다. 또 뒤집어서, 남은[II-7], AC로부터의 (정사각형)과 AB, BC로부

∵

189 (1) 명제 76을 현대의 기호로 표시하면 다음과 같다. a, b가 제곱으로 비공약인 두 직선이고 $a^2 + b^2$이 유리 구역이고 $2ab$가 메디알 구역일 때 $(a-b)^2$의 제곱근인 $a-b$는 무리 직선이고 마이너라고 불린다. 이때 $(a-b)^2$은 $(a^2+b^2) - (2ab)$이다. 그래서 메디알 구역 $2ab$가 결합되어 채워지는 전체 구역 $a^2 + b^2$이 유리 구역이다. 따라서 이 무리 직선을 '메디알 구역과 더불어 전체 구역을 유리 구역으로 만드는 직선'이라고 하고 명제 77은 '유리 구역과 더불어 전체 구역을 메디알 구역으로 만드는 직선'이라고 하는 게 논리적이다. 그런데 '작은'이라는 뜻의 마이너라고 부른다. 유클리드의 무리 직선 이론이 짧은 기간에 순수하게 논리적으로 구성된 것이 아니라 긴 세월을 두고 진화한 결과가 아닐까 짐작할 수 있는 대목이다. (2) 명제 39에서 메이저를 정의할 때는 '두 직선으로 둘러싸인 직각 평행사변형'이라고 표현했고 여기서는 '두 직선으로 둘러싸인 직각 평행사변형의 두 배'라고 표현했다.

터의 (정사각형)들(의 합)이 비공약이다[X-16]. 그런데 AB, BC로부터의 (정사각형)들(의 합)이 유리 구역들이다. 그래서 AC로부터의 (정사각형)이 무리 구역이다. 그래서 AC가 무리 직선이다[X-def-1-4]. 그것을 마이너라고 부르자. 밝혀야 했던 바로 그것이다.

명제 77

(전체) 직선에서 (어떤 직선이 빠지는데), 그 전체 직선과 (빠지는 그) 직선으로부터의 정사각형들에서 결합한 구역은 메디알 구역으로, 그 두 직선으로 (둘러싸인 직각 평행사변형)의 두 배는 유리 구역으로 만들면서 그 전체와 제곱으로 비공약인 직선이 빠지면 남은 직선은 무리 직선이다. 그것을 **유리 구역과 더불어 전체 구역을 메디알 구역으로 만드는 직선**이라고 부르자.

직선 AB에서, 앞서 (명제 34에서) 알려진 (조건들을 만족)하면서, AB와 제곱으로 비공약인 직선 BC가 빠졌다고 하자. 나는 주장한다. 남은 AC는 언급된 무리 직선이다.

$$\text{A} \quad\quad \text{C} \quad\quad\quad\quad\quad\quad\quad \text{B}$$

AB, BC로부터의 정사각형들에서 결합한 (구역)은 메디알 구역이요, AB, BC로 (둘러싸인 직각 평행사변형)의 두 배는 유리 구역이므로 AB, BC로부터의 (정사각형)들(의 합)은 AB, BC로 (둘러싸인 직각 평행사변형)의 두 배와 비공약이다. 그래서 남은[II-7], AC로부터의 (정사각형)은 AB, BC로 (둘러싸인 직각 평행사변형)의 두 배와 비공약이다[X-16]. AB, BC로 (둘러싸인 직각 평

행사변형)의 두 배가 유리 구역이기도 하다. 그래서 AC로부터의 (정사각형)
이 무리 구역이다. 그래서 AC가 무리 직선이다[X-def-1-4]. 그것을 '유리
구역과 더불어 전체 구역을 메디알로 만드는 직선'이라고 부르자. 밝혀야
했던 바로 그것이다.

명제 78

(전체) 직선에서 (어떤 직선이 빠지는데), 그 전체 직선과 (빠지는 그) 직선으로부터의 정
사각형들에서 결합한 구역도 메디알 구역으로, 그 두 직선으로 (둘러싸인 직각 평행사변
형)의 두 배도 메디알 구역으로 (만들고), 게다가 그 직선들로부터 그려 넣은 정사각형
들을 그 두 직선으로 (둘러싸인 직각 평행사변형)의 두 배와 비공약으로 만들면서, 그 전
체와 제곱으로 비공약인 직선이 빠지면, 남은 직선은 무리 직선이다. 그것은 **메디알 구**
역과 더불어 전체 구역을 메디알 구역으로 만드는 직선이라고 부르자.

직선 AB에서, 앞서 (명제 35에서) 알려진 (조건들을 만족)하면서, AB와 제곱
으로 비공약인 직선 BC가 빠졌다고 하자. 나는 주장한다. 남은 AC는 무리
직선이다. 그것은 '메디알 구역과 더불어 전체 (구역)을 메디알로 만드는 직
선'이라고 부르자.

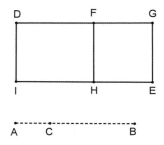

유리 직선 DI가 제시된다고 하자. 또 AB, BC로부터의 (정사각형)들(의 합)과 같게는 DG를 너비로 만드는 DE가 DI에 나란히 대어졌고, AB, BC로 (둘러싸인 직각 평행사변형)의 두 배와 같게는 [DF를 너비로 만드는] DH가 빠졌다 하자.

그래서 남은 FE가 AC로부터의 (정사각형)과 같다[II-7]. 결국 AC는 FE의 제곱근 직선이다. 또 AB, BC로부터의 정사각형들에서 결합한 (구역)이 메디알이고 DE와 같으므로 DE는 메디알이다. DG를 너비로 만들면서 유리 직선 DI에 나란히 대기도 한다. 그래서 DG는 유리 직선이고 DI와 선형으로 비공약이다[X-22]. 다시, AB, BC로 (둘러싸인 직각 평행사변형)의 두 배가 메디알이고 DH와 같으므로 DH는 메디알이다. 또한 DF를 너비로 만들면서 유리 직선 DI에 나란히 대기도 한다. 그래서 DF는 유리 직선이고 DI와 선형으로 비공약이다[X-22]. 또 AB, BC로부터의 (정사각형)들(의 합)이 AB, BC로 (둘러싸인 직각 평행사변형)의 두 배와 비공약이므로 DE도 DH와 비공약이다. 그런데 DE 대 DH가 DG 대 DF이다[VI-1]. 그래서 DG가 DF와 비공약이다[X-11]. 모두 유리 직선이기도 하다. 그래서 GD, DF는 제곱으로만 공약인 유리 직선들이다. 그래서 FG는 아포토메이다[X-73]. 그런데 FH가 유리 직선이다. 유리 직선과 아포토메 사이에 둘러싸인 [직각 평행사변형]은 무리 구역이고[X-20], 그 (구역)의 제곱근 직선도 무리 직선이다. AC가 FE의 제곱근 직선이다. 그래서 AC는 무리 직선이다. 그것은 '메디알 구역과 더불어 전체 (구역)을 메디알로 만드는 직선'이라고 부르자. 밝혀야 했던 바로 그것이다.

명제 79

전체 직선과 제곱으로만 공약인 유리 직선은 하나만 아포토메와 들어맞는다.

아포토메 AB가 있는데, 그 직선과 들어맞는 것이 BC라고 하자. 그래서 AC, CB는 유리 직선들이고 제곱으로만 공약이다. 나는 주장한다. 그 전체 직선과 제곱으로만 공약인 다른 유리 직선은 AB와 들어맞지 않는다.

혹시 가능하다면, BD가 들어맞는다고 하자.

그래서 AD, DB도 제곱으로만 공약인 유리 직선들이다[X-73]. 또 AD, DB 로부터의 (정사각형)들(의 합)이 AD, DB로 (둘러싸인 직각 평행사변형)의 두 배를 초과하는 만큼 AC, CB로부터의 (정사각형)들(의 합)이 AC, CB로 (둘러싸인 직각 평행사변형)의 두 배를 초과한다. 모두 동일한 만큼인 AB로부터의 (정사각형)만큼 초과하니까 말이다[II-7]. 그래서 교대로, AD, DB로부터의 (정사각형)들(의 합)이 AC, CB로부터의 (정사각형)들(의 합)을 초과하는 만큼 AD, DB로 (둘러싸인 직각 평행사변형)의 두 배가 AC, CB로 (둘러싸인 직각 평행사변형)의 두 배를 초과한다. 그런데 AD, DB로부터의 (정사각형)들(의 합)은 AC, CB로부터의 (정사각형)들(의 합)보다 유리 구역만큼 초과한다. 모두 유리 구역들이니까 말이다. 그래서 AD, DB로 (둘러싸인 직각 평행사변형)의 두 배도 AC, CB로 (둘러싸인 직각 평행사변형)의 두 배보다 유리 구역만큼 초과한다. 이것은 불가능하다. 모두 메디알 구역들인데[X-21] 메디알이 메디알보다 유리 구역만큼 초과할 수는 없으니까 말이다[X-26]. 그래서 그 전체 직선과 제곱으로만 공약인 다른 유리 직선은 AB와 들어맞지 않는다.

그래서 전체 직선과 제곱으로만 공약인 유리 직선은 하나만 아포토메와 들어맞는다. 밝혀야 했던 바로 그것이다.

명제 80

전체 직선과 더불어 유리 구역을 둘러싸면서 그 전체 직선과 제곱으로만 공약인 메디알 직선은 하나만 첫 번째 메디알 아포토메와 들어맞는다.

첫 번째 메디알 아포토메 AB가 있다고 하고, AB와 BC가 들어맞는다고 하자. 그래서 AC, CB는 그것들로 유리 구역을 둘러싸면서 제곱으로만 공약인 메디알 직선들이다[X-74]. 나는 주장한다. 전체 직선과 더불어 유리 구역을 둘러싸면서, 그 전체 직선과 제곱으로만 공약인 다른 유리 직선은 AB와 들어맞지 않는다.

A   B   C   D

혹시 가능하다면, DB도 들어맞는다고 하자.

그래서 AD, DB는 AD, DB 사이에 유리 구역을 둘러싸면서, 제곱으로만 공약인 메디알 직선들이다[X-74]. 또 AD, DB로부터의 (정사각형)들(의 합)이 AD, DB로 (둘러싸인 직각 평행사변형)의 두 배를 초과하는 만큼 AC, CB로부터의 (정사각형)들(의 합)이 AC, CB로 (둘러싸인 직각 평행사변형)의 두 배를 초과한다. [다시], 동일한 만큼인 AB로부터의 (정사각형)만큼 초과하니까 말이다[II-7]. 그래서 교대로, AD, DB로부터의 (정사각형)들(의 합)이 AC, CB로부터의 (정사각형)들(의 합)을 초과하는 만큼 AD, DB로 (둘러싸인

직각 평행사변형)의 두 배가 AC, CB로 (둘러싸인 직각 평행사변형)의 두 배를
초과한다. 그런데 AD, DB로 (둘러싸인 직각 평행사변형)의 두 배는 AC, CB
로 (둘러싸인 직각 평행사변형)보다 유리 구역만큼 초과한다. 모두 유리 구역
들이니까 말이다. 그래서 AD, DB로부터의 (정사각형)들(의 합)도 AC, CB로
부터의 (정사각형)들(의 합)을 유리 구역만큼 초과한다. 이것은 불가능하다.
모두 메디알 구역들인데[X-15, X-23 따름] 메디알이 메디알보다 유리 구역
만큼 초과할 수는 없으니까 말이다[X-26].

그래서 전체 직선과 더불어 유리 구역을 둘러싸면서 그 전체 직선과 제곱
으로만 공약인 메디알 직선은 하나만 첫 번째 메디알 아포토메와 들어맞
는다. 밝혀야 했던 바로 그것이다.

명제 81

**전체 직선과 더불어 메디알 구역을 둘러싸면서 전체 직선과 제곱으로만 공약인 메디알
직선은 하나만 두 번째 메디알 아포토메와 들어맞는다.**

두 번째 메디알 아포토메 AB가 있다고 하고, AB와 들어맞는 (것이) BC라
고 하자. 그래서 AC, CB는 그것들로 메디알 구역을 둘러싸면서 제곱으로
만 공약인 메디알 직선들이다[X-75]. 나는 주장한다. 전체 직선과 더불어
메디알 구역을 둘러싸면서 그 전체 직선과 제곱으로만 공약인 다른 유리
직선은 AB와 들어맞지 않는다.

혹시 가능하다면, BD가 들어맞는다고 하자.

그래서 AD, DB는 그것들로 메디알 구역을 둘러싸면서, 제곱으로만 공약
인 메디알 직선들이다[X-75]. 유리 직선 EF가 제시된다고 하고, AC, CB로

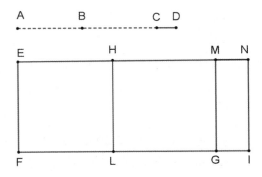

부터의 (정사각형)들(의 합)과 같게는 EM을 너비로 만드는 EG가 EF에 나란히 대어졌고, AC, CB로 (둘러싸인 직각 평행사변형)의 두 배와 같게는 HM을 너비로 만드는 HG가 빠졌다고 하자. 그래서 남은 EL이 AB로부터의 (정사각형)과 같다[II-7]. 결국 AB가 EL의 제곱근 직선이다. 이제 다시, AD, DB로부터의 (정사각형)들(의 합)과 같게는 EN을 너비로 만드는 EI가 EF에 나란히 대어졌다고 하자. 그런데 EL이 AB로부터의 정사각형과 같기도 하다. 그래서 남은 HI가 AD, DB로 (둘러싸인 직각 평행사변형)의 두 배와 같다[II-7]. AC, CB가 메디알 직선들이므로 AC, CB로부터의 (정사각형)들(의 합)도 메디알 구역들이다. EG와 같기도 하다. 그래서 EG도 메디알 구역이다[X-15, X-23 따름]. 또한 EM을 너비로 만들면서 유리 직선 EF에 나란히 대기도 한다. 그래서 EM은 유리 직선이고 EF와 선형으로 비공약이다[X-22].

다시, AC CB로 (둘러싸인 직각 평행사변형)이 메디알이므로 AC, CB로 (둘러싸인 직각 평행사변형)의 두 배도 메디알이다[X-23 따름]. HG와 같기도 하다. 그래서 HG도 메디알 구역이다. 또한 HM을 너비로 만들면서 유리 직선 EF에 나란히 대기도 한다. 그래서 HM은 유리 직선이고 EF와 선형으로 비공약이다[X-22]. 또한 AC, CB가 제곱으로만 공약이므로 AC는 CB와 선형으로는 비공약이다. 그런데 AC 대 CB가 AC로부터의 (정사각형) 대 AC, CB로 (둘러싸인 직각 평행사변형)이다[X-21 따름]. 그래서 AC로부터의 (정사각형)도 AC, CB로 (둘러싸인 직각 평행사변형)과 비공약이다[X-11]. 한편, AC로부터의 (정사각형)과는 AC, CB로부터의 (정사각형)들(의 합)이 공약이요, AC, CB로 (둘러싸인 직각 평행사변형)과는 AC, CB로 (둘러싸인 직각 평행사변형)의 두 배가 공약이다[X-6]. 그래서 AC, CB로부터의 (정사각형)들(의 합)이 AC, CB로 (둘러싸인 직각 평행사변형)의 두 배와 비공약이다[X-13]. 또 AC, CB로부터의 (정사각형)들(의 합)과는 EG가, AC, CB로 (둘러싸인 직각 평행사변형)의 두 배와는 GH가 같다. 그래서 EG가 HG와 비공약이다. 그런데 EG 대 HG가 EM 대 HM이다[VI-1]. 그래서 EM이 MH와 선형으로 비공약이다[X-11]. 모두 유리 직선이기도 하다. 그래서 EM, MH는 제곱으로만 공약인 유리 직선들이다. 그래서 EH가 아포토메인데[X-73] 그 직선과 들어맞는 (것이) HM이다. HN이 그 직선과 들어맞다는 것도 이제 우리는 비슷하게 밝힐 수 있다. 그래서 그 전체 직선과 제곱으로만 공약인 다른 직선과 다른 직선이 아포토메와 들어맞는다. 이것은 불가능하다[X-79].

그래서 그 전체와 더불어 메디알 구역을 둘러싸면서 전체 직선과 제곱으로만 공약인 메디알 직선은 하나만 두 번째 메디알 아포토메와 들어맞는다. 밝혀야 했던 바로 그것이다.

명제 82

전체 직선과 (거기서 빠지는) 직선으로부터의 정사각형들은 (모두 함께) 유리 구역으로, 그 두 직선으로 (둘러싸인 직각 평행사변형)의 두 배는 메디알 구역으로 만들면서, 전체

직선과 제곱으로 비공약인 직선은 하나만 마이너와 들어맞는다.

마이너 AB가 있다고 하고, AB와 들어맞는 것이 BC라고 하자. 그래서 AC, CB는, 그 두 직선으로부터의 (정사각형)들에서 결합한 구역은 유리 구역으로, 그 두 직선으로 (둘러싸인 직각 평행사변형)의 두 배는 메디알 구역으로 만들면서, 제곱으로 비공약인 메디알 직선들이다[X-76]. 나는 주장한다. 동일한 것들을 만드는 다른 직선은 AB와 들어맞지 않는다.

A   B   C D

혹시 가능하다면, BD도 들어맞는다고 하자.

그래서 AD, DB는 앞서 언급한 것을 하면서 제곱으로 비공약인 직선들이다[X-76]. 또 AD, DB로부터의 (정사각형)들(의 합)이 AC, CB로부터의 (정사각형)들(의 합)을 초과하는 만큼 AD, DB로 (둘러싸인 직각 평행사변형)의 두 배가 AC, CB로 (둘러싸인 직각 평행사변형)의 두 배를 초과하는데[II-7] AD, DB로부터의 (정사각형)들(의 합)은 AC, CB로부터의 (정사각형)들(의 합)을 유리 구역만큼 초과한다. 모두 유리 구역이니까 말이다. 그래서 AD, DB로 (둘러싸인 직각 평행사변형)의 두 배가 AC, CB로 (둘러싸인 직각 평행사변형)의 두 배를 유리 구역만큼 초과한다. 이것은 불가능하다. 모두 메디알 구역이니까 말이다[X-26].

그래서 전체 직선과 (거기서 빠지는) 직선으로부터의 정사각형들은 (모두) 함께 유리 구역으로, 그 두 직선으로 (둘러싸인 직각 평행사변형)의 두 배는 메디알 구역으로 만들면서, 전체 직선과 제곱으로 비공약인 직선은 하나만 마이너와 들어맞는다. 밝혀야 했던 바로 그것이다.

명제 83

전체 직선과 (거기서 빠지는) 직선으로부터의 정사각형들에서 결합한 구역은 메디알 구역으로, 그 두 직선으로 (둘러싸인 직각 평행사변형)의 두 배는 유리 구역으로 만들면서, 전체 직선과 제곱으로 비공약인 직선은 하나만 '유리 구역과 더불어 전체 구역을 메디알 구역으로 만드는 직선'과 들어맞는다.

'유리 구역과 더불어 전체 (구역)을 메디알로 만드는 직선' AB가 있다고 하고, AB와 BC가 들어맞는다고 하자. 그래서 AC, CB는 앞서 (명제 77에서) 알려진 (조건들을 만족)하면서, 제곱으로 비공약인 직선들이다[X-77]. 나는 주장한다. 동일한 (조건을 만족)하는 다른 직선은 AB와 들어맞지 않는다.

A   B   C   D

혹시 가능하다면, BD가 들어맞는다고 하자.

그래서 AD, DB는, 앞서 (명제 77에서) 알려진 (조건들을 만족)하면서, 제곱으로 비공약인 직선들이다. 또 AD, DB로부터의 (정사각형)들(의 합)이 AC, CB로부터의 (정사각형)들(의 합)을 초과하는 만큼 AD, DB로 (둘러싸인 직각 평행사변형)의 두 배가 AC, CB로 (둘러싸인 직각 평행사변형)의 두 배를 초과하는데[II-7] 앞에 한 것을 따라 AD, DB로 (둘러싸인 직각 평행사변형)의 두 배는 AC, CB로 (둘러싸인 직각 평행사변형)의 두 배를 유리 구역만큼 초과한다. 모두 유리 구역들이니까 말이다. 그래서 AD, DB로부터의 (정사각형)들(의 합)도 AC, CB로부터의 (정사각형)들(의 합)을 유리 구역만큼 초과한다. 이것은 불가능하다. 모두 메디알 구역들이니까 말이다[X-26].

그래서 그 전체 직선과 더불어 (명제 77에서) 언급한 (조건들을 만족)하면서 전체 직선과 제곱으로 비공약인 다른 직선은 AB와 들어맞을 수 없다 밝혀야 했던 바로 그것이다.

명제 84

전체 직선과 (거기서 빠지는) 직선으로부터의 정사각형들에서 결합한 구역도 메디알로, 그 두 직선으로 (둘러싸인 직각 평행사변형)의 두 배도 메디알로 (만들고), 게다가 (그 직각 평행사변형의 두 배를) 그 두 직선으로부터의 정사각형들에서 결합한 구역과 비공약으로 만들면서, 전체 직선과 제곱으로 비공약인 직선은 하나만 '메디알 구역과 더불어 전체 (구역)을 메디알 구역으로 만드는 직선'과 들어맞는다.

'메디알 구역과 더불어 전체 (구역)을 메디알로 만드는 직선' AB가 있는데, 그 직선과 들어맞는 (것이) BC라고 하자. AB와 BC가 들어맞는다고 하자. 그래서 AC, CB는 앞서 (명제 78에서) 알려진 (조건들을 만족)하면서, 제곱으로 비공약인 직선들이다. 나는 주장한다. 언급한 (조건)들을 (만족)하는 다른 직선은 AB와 들어맞지 않는다.

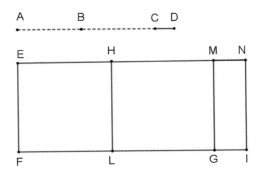

혹시 가능하다면, AD, DB가, AD, DB로부터의 정사각형들도 함께 메디
알 구역으로, AD, DB로 (둘러싸인 직각 평행사변형)의 두 배도 메디알 구역
으로 (만들고), 게다가 AD, DB로부터의 정사각형들(의 합)이 AD, DB로 (둘
러싸인 직각 평행사변형)의 두 배와 비공약으로 만들면서 제곱으로 비공약인
직선들이도록 BD가 들어맞는다고 하자[X-78]. 유리 직선 EF가 제시된다
고 하고, AC, CB로부터의 (정사각형)들(의 합)과 같게는 EM을 너비로 만드
는 EG가 EF에 나란히 대어졌고, AC, CB로 (둘러싸인 직각 평행사변형)의 두
배와 같게는 HM을 너비로 만드는 HG가 EF에 나란히 빠졌다고 하자.

그래서 남은 AB로부터의 (정사각형)이 EL과 같다[II-7]. 그래서 AB가 EL의
제곱근 직선이다. 다시, AD, DB로부터의 (정사각형)들(의 합)과 같게는 EN
을 너비로 만드는 EI가 EF에 나란히 대어졌다고 하자. 그런데 AB로부터의
정사각형과 EL이 같기도 하다. 그래서 남은 AD, DB로 (둘러싸인 직각 평행
사변형)의 두 배가 HI와 같다[II-7]. AC, CB로부터의 (정사각형)들에서 결합
한 구역이 메디알이고 EG와 같으므로 EG도 메디알이다. 또한 EM을 너비
로 만들면서 유리 직선 EF에 나란히 대기도 한다. 그래서 EM은 유리 직선
이고 EF와 선형으로 비공약이다[X-22]. 다시, AC, CB로 (둘러싸인 직각 평
행사변형)의 두 배가 메디알이고 HG와 같으므로 HG도 메디알이다. 또한
HM을 너비로 만들면서 유리 직선 EF에 나란히 대기도 한다. 그래서 HM
은 유리 직선이고 EF와 선형으로 비공약이다[X-22]. 또 AC, CB로부터의 (정
사각형)들(의 합)이 AC, CB로 (둘러싸인 직각 평행사변형)의 두 배와 비공약이므
로 EG도 HG와 비공약이다. 그래서 EM도 MH와 선형으로 비공약이다[VI-1,
X-11]. 모두 유리 직선이기도 하다. 그래서 EM, MH는 제곱으로만 공약인
유리 직선들이다. 그래서 EH가 아포토메인데[X-73] 그 직선과 들어맞는
(것이) HM이다. EH가 아포토메인데, HN이 그 직선과 들어맞다는 것도 다

시 이제 우리는 비슷하게 밝힐 수 있다. 그래서 그 전체 직선과 제곱으로만 공약인 다른 직선과 다른 직선이 아포토메와 들어맞는다. 이것은 불가능하다[X-79]. 그래서 AB와 다른 직선이 들어맞을 수는 없다.

그래서 전체 직선과 (거기서 빠지는) 직선으로부터의 정사각형들도 (모두) 함께 메디알 구역으로, 그 두 직선으로 (둘러싸인 직각 평행사변형)의 두 배도 메디알 구역으로 (만들고), 게다가 그 두 직선으로부터의 정사각형들(의 합)이 그 두 직선으로 (둘러싸인 직각 평행사변형)의 두 배와 비공약으로 만들면서, 전체 직선과 제곱으로 비공약인 직선은 하나만 AB와 들어맞는다. 밝혀야 했던 바로 그것이다.

정의 3[190]

1. 어떤 유리 직선과 아포토메 직선이 전제되고, 그 아포토메 직선에 어떤 유리 직선이 들어맞아 전체 유리 직선을 이루는데 전체 직선이 들어맞은 직선보다 어떤 직선으로부터의 정사각형만큼 제곱근으로 클 때, 그 정사각형의 제곱근이 전체 유리 직선과 선형으로 공약이라면, 그리고 전체 직선이 제시된 유리 직선과 선형으로 공약이라면, (그 아포토메를) **첫 번째 아포토메**라고 부르자.

2. 반면, 들어맞는 직선이 제시된 유리 직선과 선형으로 공약이라면, 그리고 아포토메 직선에 어떤 유리 직선이 들어맞아 전체 유리 직선을 이루는데 전체 직선이 들어맞은 직선보다 어떤 직선으로부터의 정사각형만큼 제곱근으로 클 때, 그 정사각형의 제곱근이 전체 유리 직선과 선형으로 공약이라면, (그 아포토메를) **두 번째 아포토메**라고 부르자.

3. 반면, 어떤 직선도 제시된 유리 직선과 선형으로 공약이 아니라면, 그

⁘

190 (1) 비노미알 직선을 여섯 가지로 세부 분류한 정의 2와 대칭이다. 정의 2의 주석 참조. (2) 아포토메라는 직선 $a-b$가 일단 주어지고 거기에 어떤 유리 직선 b가 '들어맞아' 전체 직선 a가 된다. 그래서 '들어맞는 직선'이라는 용어를 쓴다. 주어진 직선이 아포토메 직선이므로 전체 직선 a와 들어맞는 직선 b는 유리 직선이어야 하고 a와 b는 제곱으로만 공약이어야 한다. (3) 정의 2에서처럼 여기서도 약간 의역했다. 가령 정의 3-1을 직역하면 다음과 같다. 전제된 유리 직선과 아포토메 직선에 대하여, 전체 직선이 들어맞는 유리 직선보다 그 자신과 선형으로 공약인 직선으로부터의 정사각형만큼 제곱근으로 크고, 전체 직선이 제시된 유리 직선과 선형으로 공약이라면, (그 아포토메를) 첫번째 아포토메라고 부르자.

리고 아포토메 직선에 어떤 유리 직선이 들어맞아 전체 유리 직선을 이루는데 전체 직선이 들어맞은 직선보다 어떤 직선으로부터의 정사각형만큼 제곱근으로 클 때, 그 정사각형의 제곱근이 전체 유리 직선과 선형으로 공약이라면, (그 아포토메를) **세 번째 아포토메**라고 부르자.

4. 다시, 아포토메 직선에 어떤 유리 직선이 들어맞아 전체 유리 직선을 이루는데 전체 직선이 들어맞은 직선보다 어떤 정사각형만큼 제곱근으로 클 때, 그 정사각형의 제곱근이 전체 유리 직선과 선형으로 비공약이라면, 그리고 전체 직선이 제시된 유리 직선과 선형으로 공약이라면, (그 아포토메를) **네 번째 아포토메**라고 부르자.

5. 반면, 들어맞는 직선이 (제시된 유리 직선과 선형으로 공약)이라면 (그 아포토메를) **다섯 번째** (아포토메)라고 하자.

6. 반면, 어떤 것도 (제시된 유리 직선과 선형으로 공약이) 아니라면 (그 아포토메를) **여섯 번째** (아포토메)라고 하자.

명제 85

첫 번째 아포토메를 찾아내기.

유리 직선 A가 제시된다고 하고, BG가 A와 선형으로 공약이라고 하자. 그래서 BG도 유리 직선이다. 또 두 정사각수 DE, EF가 제시된다고 하고 그중 차이 DF는 정사각수가 아니라고 하자[X-28/29 보조 정리]. 그래서 ED 가 DF에 대해, 정사각수가 정사각수에 대해 갖는 그런 비율을 갖지 않는 다. 또 ED 대 DF가 BG로부터의 정사각형 대 GC로부터의 정사각형이게 만들었다고 하자[X-6 따름] 그래서 BG로부터의 (정사각형)은 GC로부터의 (정사각형)과 공약이다[X-6]. 그런데 BG로부터의 (정사각형)이 유리 구역이 다. 그래서 GC로부터의 (정사각형)도 유리 구역이다. 그래서 GC도 유리 직 선이다. 또 ED가 DF에 대해, 정사각수가 정사각수에 대해 (갖는) 그런 비 율을 갖지 않으므로 BG로부터의 (정사각형)은 GC로부터의 (정사각형)에 대 해, 정사각수가 정사각수에 대해 갖는 그런 비율을 갖지 않는다. 그래서 BG가 GC와 선형으로는 비공약이다[X-9]. 모두 유리 직선이기도 하다. 그 래서 BG, GC는 제곱으로만 공약인 유리 직선들이다. 그래서 BC가 아포 토메이다[X-73].

이제 나는 주장한다. 첫 번째 (아포토메)이기도 하다.

BG로부터의 (정사각형)이 GC로부터의 (정사각형)보다 크니 H로부터의 (정 사각형)만큼 (크다고) 하자[X-13/14 보조 정리]. 또 ED 대 FD가 BG로부터 의 (정사각형) 대 GC로부터의 (정사각형)이므로, 뒤집어서, DE 대 EF가 GB 로부터의 (정사각형) 대 H로부터의 (정사각형)이다[V-19 따름]. 그런데 DE는 EF에 대해, 정사각수가 정사각수에 대해 갖는 그런 비율을 가진다. 각각이 정사각수이니까 말이다. 그래서 GB로부터의 (정사각형)은 H로부터의 (정 사각형)에 대해, 정사각수가 정사각수에 대해 갖는 그런 비율을 가진다. 그 래서 BG가 H와 선형으로 공약이다[X-9]. 그래서 BG가 GC보다 H로부터 의 (정사각형)만큼 제곱근으로 크기도 하다. 그래서 BG가 GC보다 그 자신과 (선형) 공약인 직선으로부터의 (정사각형)만큼 제곱근으로 크다. 또 전체 BG가 제시된 유리 직선 A와 선형으로 공약이다. 그래서 BC는 첫 번째 아포토메이다[X-def-3-1].

그래서 첫 번째 아포토메 BC를 찾아냈다. 찾아야 했던 바로 그것이다.

명제 86

두 번째 아포토메를 찾아내기.

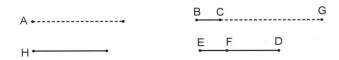

유리 직선 A가 제시된다고 하고, GC가 A와 선형이라고 하자.

그래서 GC는 유리 직선이다. 또 두 정사각수 DE, EF가 제시된다고 하고 그중 차이 DF는 정사각수가 아니라고 하자[X-28/29 보조 정리]. 또 FD 대 DE가 CG로부터의 정사각형 대 GB로부터의 정사각형이도록 만들었다고 하자[X-6 따름]. 그래서 CG로부터의 정사각형은 GB로부터의 정사각형과 공약이다[X-6]. 그런데 GC로부터의 (정사각형)이 유리 구역이다. 그래서 GB로부터의 (정사각형)도 유리 구역이다. 또한 GC로부터의 정사각형이 GB로부터의 (정사각형)에 대해, 정사각수가 정사각수에 대해 갖는 그런 비율을 갖지 않으므로 CG가 GB와 선형으로는 비공약이다[X-9]. 모두 유리 직선이기도 하다. 그래서 CG, GB는 제곱으로만 공약인 유리 직선들이다. 그래서 BC가 아포토메이다[X-73].

이제 나는 주장한다. 두 번째 (아포토메)이기도 하다.

BG로부터의 (정사각형)이 GC로부터의 (정사각형)보다 크니 H로부터의 (정사각형)만큼 (크다고) 하자[X-13/14 보조 정리]. 또 BG로부터의 (정사각형) 대 GC로부터의 (정사각형)이 수 ED 대 수 DF이므로, 뒤집어서, BG로부터의 (정사각형) 대 H로부터의 (정사각형)은 DE 대 EF이다[V-19 따름]. DE, EF 각각이 정사각수이기도 하다. 그래서 BG로부터의 (정사각형)이 H로부터의 (정사각형)에 대해, 정사각수가 정사각수에 대해 갖는 그런 비율을 가진다. 그래서 BG가 H와 선형으로 공약이다[X-9]. BG가 GC보다 H로부터의 (정사각형)만큼 제곱근으로 크기도 하다. 그래서 BG가 GC보다 그 자신과 (선형)으로 공약인 직선으로부터의 (정사각형)만큼 제곱근으로 크다. 또한 들어맞는 직선 CG가 제시된 유리 직선 A와 선형으로 공약이다. 그래서 BC는 두 번째 아포토메이다[X-def-3-2].

그래서 두 번째 아포토메 BC를 찾아냈다. 밝혀야 했던 바로 그것이다.

명제 87

세 번째 아포토메를 찾아내기.

유리 직선 A가 제시된다고 하고, 서로에 대해서는 정사각수가 정사각수에 대해 갖는 그런 비율을 갖지 않는 세 수 E, BC, CD도 제시된다고 하자. 그런데 CB가 BD에 대해서는, 정사각수가 정사각수에 대해 갖는 그런 비율을 가진다고 하고[X-28/29 보조 정리], E 대 BC는 A로부터의 정사각형 대 FG로부터의 정사각형이도록, BC 대 CD는 FG로부터의 정사각형 대 GH로부터의 (정사각형)이도록 만들었다고 하자[X-6 따름].

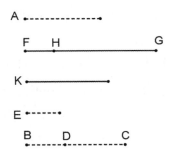

E 대 BC는 A로부터의 정사각형 대 FG로부터의 정사각형이므로 A로부터의 정사각형은 FG로부터의 (정사각형)과 공약이다[X-6]. 그런데 A로부터의 정사각형이 유리 구역이다. 그래서 FG로부터의 정사각형도 유리 구역이다. 그래서 FG도 유리 직선이다. E가 BC에 대해, 정사각수가 정사각수에 대해 갖는 그런 비율을 갖지 않으므로 A로부터의 정사각형도 FG로부터의 (정사각형)에 대해, 정사각수가 정사각수에 대해 갖는 그런 비율을 갖지 않는다. 그래서 A가 FG와 선형으로는 비공약이다[X-9]. 다시, BC 대 CD는 FG로부터의 정사각형 대 GH로부터의 (정사각형)이므로 FG로부터의 (정사각형)은 GH로부터의 (정사각형)과 공약이다[X-6]. 그런데 FG로부터의 (정사각형)이 유리 구역이다. 그래서 GH로부터의 (정사각형)도 유리 구역이다. 그래서 GH도 유리 직선이다. BC가 CD에 대해, 정사각수가 정사각수에 대해 갖는 그런 비율을 갖지 않으므로 FG로부터의 (정사각형)도 GH로부터의 (정사각형)에 대해, 정사각수가 정사각수에 대해 갖는 그런 비율을 갖지 않는다. 그래서 FG가 GH와 선형으로는 비공약이다[X-9]. 모두 유리 직선이기도 하다. 그래서 FG, GH는 제곱으로만 공약인 유리 직선들이다. 그래서 FH가 아포토메이다[X-73].

이제 나는 주장한다. 세 번째 (아포토메)이기도 하다.

E 대 BC는 A로부터의 정사각형 대 FG로부터의 (정사각형)이요, BC 대 CD는 FG로부터의 정사각형 대 HG로부터의 (정사각형)이므로, 같음에서 비롯해서, E 대 CD는 A로부터의 (정사각형) 대 HG로부터의 (정사각형)이다[V−22]. 그런데 E는 CD에 대해, 정사각수가 정사각수에 대해 갖는 그런 비율을 갖지 않는다. 그래서 A로부터의 (정사각형)은 GH로부터의 (정사각형)에 대해, 정사각수가 정사각수에 대해 갖는 그런 비율을 갖지 않는다. 그래서 A가 GH와 선형으로는 비공약이다[X−9]. 그래서 FG, GH 어느 것도 제시된 유리 직선 A와 선형으로는 공약이 아니다.

FG로부터의 (정사각형)이 GH로부터의 (정사각형)보다 크니 K로부터의 (정사각형)만큼 (크다고) 하자[X−13/14 보조 정리]. BC 대 CD가 FG로부터의 (정사각형) 대 GH로부터의 (정사각형)이므로, 뒤집어서, BC 대 BD는 FG로부터의 정사각형 대 K로부터의 (정사각형)이다[V−19 따름]. 그런데 BC는 BD에 대해, 정사각수가 정사각수에 대해 갖는 그런 비율을 가진다. 그래서 FG로부터의 (정사각형)은 K로부터의 (정사각형)에 대해, 정사각수가 정사각수에 대해 (갖는) 그런 비율을 가진다. 그래서 FG가 K와 선형으로 공약이고[X−9], FG가 GH보다 그 자신과 (선형) 공약인 직선으로부터의 (정사각형)만큼 제곱근으로 크다. 또한 FG, GH 어느 것도 제시된 유리 직선 A와 선형으로는 공약이 아니다. 그래서 FH는 세 번째 아포토메이다[X−def−3−3]. 그래서 세 번째 아포토메 FH를 찾아냈다. 밝혀야 했던 바로 그것이다.

명제 88

네 번째 아포토메를 찾아내기.

유리 직선 A와, A와 선형으로 공약인 BG가 제시된다고 하자. 그래서 BG
도 유리 직선이다. 또 전체 DE가 DF, EF 각각에 대해, 정사각수가 정사각
수에 대해 갖는 그런 비율을 갖지 않도록 하는 두 수 DF, FE가 제시된다
고 하자. 또 DE 대 EF가 BG로부터의 정사각형 대 GC로부터의 (정사각형)
이도록 만들었다고 하자[X-6 따름].

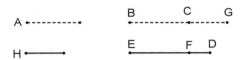

그래서 BG로부터의 (정사각형)이 GC로부터의 (정사각형)과 공약이다. 그런
데 BG로부터의 (정사각형)이 유리 구역이다[X-6]. 그래서 GC로부터의 (정
사각형)도 유리 구역이다. 그래서 GC도 유리 직선이다. 또 DE가 EF에 대
해, 정사각수가 정사각수에 대해 갖는 그런 비율을 갖지 않으므로 BG로부
터의 (정사각형)은 GC로부터의 (정사각형)에 대해, 정사각수가 정사각수에
대해 갖는 그런 비율을 갖지 않는다. 그래서 BG가 GC와 선형으로는 비공
약이다[X-9]. 모두 유리 직선이기도 하다. 그래서 BG, GC는 제곱으로만
공약인 유리 직선들이다. 그래서 BC가 아포토메이다[X-73].

[이제 나는 주장한다. 네 번째 (아포토메)이기도 하다.]

BG로부터의 (정사각형)이 GC로부터의 (정사각형)보다 크니 H로부터의 (정
사각형)만큼 (크다고) 하자[X-13/14 보조 정리]. 또 DE 대 EF가 BG로부터
의 (정사각형) 대 GC로부터의 (정사각형)이므로, 뒤집어서, ED 대 DF가 GB
로부터의 (정사각형) 대 H로부터의 (정사각형)이다[V-19 따름]. 그런데 ED
는 DF에 대해, 정사각수가 정사각수에 대해 갖는 그런 비율을 갖지 않는
다. 그래서 GB로부터의 (정사각형)이 H로부터의 (정사각형)에 대해, 정사

각수가 정사각수에 대해 갖는 그런 비율을 갖지 않는다. 그래서 BG가 H와 선형으로는 비공약이다[X-9]. BG가 GC보다 H로부터의 (정사각형)만큼 제곱근으로 크기도 하다. 그래서 BG가 GC보다 그 자신과 (선형) 비공약인 직선으로부터의 (정사각형)만큼 제곱근으로 크다. 또 전체 BG가 제시된 유리 직선 A와 선형으로 공약이다. 그래서 BC는 네 번째 아포토메이다 [X-def-3-4].

그래서 네 번째 아포토메 BC를 찾아냈다. 밝혀야 했던 바로 그것이다.

명제 89

다섯 번째 아포토메를 찾아내기.

유리 직선 A가 제시된다고 하고 CG가 A와 선형으로 공약이라고 하자. 그래서 CG는 유리 직선이다. 또 다시, DE가 DF, FE 각각에 대해, 정사각수가 정사각수에 대해 갖는 그런 비율을 갖지 않도록 하는 두 정사각수 DF, FE가 제시된다고 하자. 또 FE 대 ED가 CG로부터의 (정사각형) 대 GB로부터의 (정사각형)이도록 만들었다고 하자.

그래서 GB로부터의 (정사각형)도 유리 구역이다[X-6]. 그래서 BG도 유리 직선이다. 또 DE 대 EF가 BG로부터의 (정사각형) 대 GC로부터의 (정사각형)인데 DE가 EF에 대해, 정사각수가 정사각수에 대해 갖는 그런 비율을 갖지 않으므로 BG로부터의 (정사각형)도 GC로부터의 (정사각형)에 대해, 정사각수가 정사각수에 대해 갖는 그런 비율을 갖지 않는다. 그래서 BG가 GC와 선형으로는 비공약이다[X-9]. 모두 유리 직선이기도 하다. 그래서 BG, GC는 제곱으로만 공약인 유리 직선들이다. 그래서 BC가 아포토메이다[X-73].

이제 나는 주장한다. 다섯 번째 (아포토메)이기도 하다.

BG로부터의 (정사각형)이 GC로부터의 (정사각형)보다 크니 H로부터의 (정사각형)만큼 (크다고) 하자[X-13/14 보조 정리]. 또 BG로부터의 (정사각형) 대 GC로부터의 (정사각형)이 DE 대 EF이므로, 뒤집어서, ED 대 DF는 BG로부터의 (정사각형) 대 H로부터의 (정사각형)이다[V-19 따름]. 그런데 ED가 DF에 대해, 정사각수가 정사각수에 대해 갖는 그런 비율을 갖지 않는다. 그래서 BG로부터의 (정사각형)이 H로부터의 (정사각형)에 대해, 정사각수가 정사각수에 대해 (갖는) 그런 비율을 갖지 않는다. 그래서 BG가 H와 선형으로는 비공약이다[X-9]. BG가 GC보다 H로부터의 (정사각형)만큼 제곱근으로 크기도 하다. 그래서 GB가 GC보다 그 자신과 선형으로 비공약인 직선으로부터의 (정사각형)만큼 제곱근으로 크다. 또한 들어맞는 직선 CG가 제시된 유리 직선 A와 선형으로 공약이다. 그래서 아포토메 BC는 다섯 번째이다[X-def-3-5].

그래서 다섯 번째 아포토메 BC를 찾아냈다. 밝혀야 했던 바로 그것이다.

명제 90

여섯 번째 아포토메를 찾아내기.

유리 직선 A가 제시된다고 하고, 서로에 대해서는 정사각수가 정사각수에

대해 갖는 그런 비율을 갖지 않는 세 수 E, BC, CD도 제시된다고 하자. 게
다가 CB도 BD에 대해, 정사각수가 정사각수에 대해 갖는 그런 비율을 갖
지 않는다고 하자. 또 E 대 BC는 A로부터의 (정사각형) 대 FG로부터의 (정
사각형)이도록, BC 대 CD는 FG로부터의 (정사각형) 대 GH로부터의 (정사
각형)이도록 만들었다고 하자[X-6 따름].

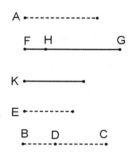

E 대 BC는 A로부터의 (정사각형) 대 FG로부터의 (정사각형)이므로 A로부터
의 (정사각형)은 FG로부터의 (정사각형)과 공약이다[X-6]. 그런데 A로부터
의 (정사각형)이 유리 구역이다. 그래서 FG로부터의 (정사각형)도 유리 구역
이다. 그래서 FG도 유리 직선이다. E가 BC에 대해, 정사각수가 정사각수
에 대해 갖는 그런 비율을 갖지 않으므로 A로부터의 (정사각형)도 FG로부
터의 (정사각형)에 대해, 정사각수가 정사각수에 대해 갖는 그런 비율을 갖
지 않는다. 그래서 A가 FG와 선형으로는 비공약이다[X-9]. 다시, BC 대
CD는 FG로부터의 (정사각형) 대 GH로부터의 (정사각형)이므로 FG로부터
의 (정사각형)은 GH로부터의 (정사각형)과 공약이다[X-6]. 그런데 FG로부
터의 (정사각형)이 유리 구역이다. 그래서 GH로부터의 (정사각형)도 유리
구역이다. 그래서 GH도 유리 직선이다. BC가 CD에 대해, 정사각수가 정

사각수에 대해 갖는 그런 비율을 갖지 않으므로 FG로부터의 (정사각형)도 GH로부터의 (정사각형)에 대해, 정사각수가 정사각수에 대해 갖는 그런 비율을 갖지 않는다. 그래서 FG가 GH와 선형으로는 비공약이다[X-9]. 모두 유리 직선이기도 하다. 그래서 FG, GH는 제곱으로만 공약인 유리 직선들이다. 그래서 FH가 아포토메이다[X-73].

이제 나는 주장한다. 여섯 번째 (아포토메)이기도 하다.

E 대 BC는 A로부터의 (정사각형) 대 FG로부터의 (정사각형)이요, BC 대 CD는 FG로부터의 (정사각형) 대 GH로부터의 (정사각형)이므로, 같음에서 비롯해서, E 대 CD는 A로부터의 (정사각형) 대 GH로부터의 (정사각형)이다[V-22]. 그런데 E는 CD에 대해, 정사각수가 정사각수에 대해 갖는 그런 비율을 갖지 않는다. 그래서 A로부터의 (정사각형)은 GH로부터의 (정사각형)에 대해, 정사각수가 정사각수에 대해 갖는 그런 비율을 갖지 않는다. 그래서 A가 GH와 선형으로는 비공약이다[X-9]. 그래서 FG, GH 어느 것도 유리 직선 A와 선형으로는 공약이 아니다. FG로부터의 (정사각형)이 GH로부터의 (정사각형)보다 크니 K로부터의 (정사각형)만큼 (크다고) 하자[X-13/14 보조 정리]. BC 대 CD가 FG로부터의 (정사각형) 대 GH로부터의 (정사각형)이므로, 뒤집어서, CB 대 BD는 FG로부터의 정사각형 대 K로부터의 (정사각형)이다[V-19 따름]. 그런데 CB는 BD에 대해, 정사각수가 정사각수에 대해 갖는 그런 비율을 갖지 않는다. 그래서 FG로부터의 (정사각형)도 K로부터의 (정사각형)에 대해, 정사각수가 정사각수에 대해 (갖는) 그런 비율을 갖지 않는다. 그래서 FG가 K와 선형으로는 비공약이다[X-9]. 또한 FG가 GH보다 K로부터의 (정사각형)만큼 제곱근으로 크기도 하다. 그래서 FG가 GH보다 그 자신과 (선형) 비공약인 직선으로부터의 (정사각형)만큼 제곱근으로 크다. 또한 FG, GH 어떤 것도 제시된 유리 직선 A와 선형으로 공약이 아

니다. 그래서 FH는 여섯 번째 아포토메이다[X-def-3-6].

그래서 여섯 번째 아포토메 FH를 찾아냈다. 밝히려고 했던 바로 그것이다.

명제 91

(직각 평행사변형) 구역이 유리 직선과 첫 번째 아포토메 직선 사이에 둘러싸이면, 그 구역의 제곱근 직선은 아포토메이다.

(직각 평행사변형) AB 구역이 유리 직선 AC와 첫 번째 아포토메 직선 AD 사이에 둘러싸인다고 하자. 나는 주장한다. AB의 제곱근 직선은 아포토메이다.

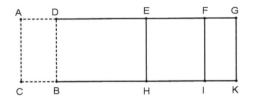
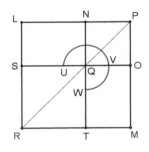

AD가 첫 번째 아포토메이므로 DG가 그 직선과 들어맞는 직선이라고 하자. 그래서 AG, GD는 제곱으로만 공약인 유리 직선들이다[X-73]. 또 전체 AG가 제시된 유리 직선 AC와 (선형) 공약이고 AG는 GD보다 그 자신과 선형으로 공약인 직선으로부터의 (정사각형)만큼 제곱근으로 크다[X-11]. 그래서 정사각형 형태만큼 부족하고 DG로부터의 (정사각형)의 사분의 일과 같은 (평행사변형)이 AG에 나란히 대어진다면 그 (직선 AG)를 (선형) 공약 직

선들로 분리한다[X-17]. DG가 E에서 이등분되었다고 하고, 정사각형 형태
만큼 부족하고 EG로부터의 (정사각형)과 같은 (평행사변형)이 AG에 나란히
대어졌다 하고, (그것이) AF, FG로 (둘러싸인 직각 평행사변형)이라고 하자.
그래서 AF가 FG와 (선형) 공약이다. 점 E, F, G를 지나 AC와 평행인 직선
EH, FI, GK가 그어졌다고 하자.

AF가 FG와 선형으로 공약이므로 AG도 AF, FG 각각과 선형으로 공약이
다[X-15]. 한편, AG는 AC와 (선형)으로 공약이다. 그래서 AF, FG 각각이
AC와 선형으로 공약이다[X-12]. AC는 유리 직선이기도 하다. 그래서 AF,
FG 각각도 유리 직선이다. 결국 AI, FK 각각이 유리 구역이다[X-19]. DE
가 EG와 선형으로 공약이므로 DG도 DE, EG 각각과 선형으로 공약이다
[X-15]. 그런데 DG는 유리 직선이고 AC와 선형으로 비공약이다. 그래서
DE, EG 각각이 유리 직선이고 AC와 선형으로 비공약이다[X-13]. 그래서
DH, EK 각각은 메디알 구역이다[X-21].

이제 AI와 같게는 정사각형 LM이 놓인다고 하고, FK와 같게는 각 LPM과
공통 각을 갖는 정사각형 NO가 빠졌다고 하자. 그래서 정사각형 LM, NO
가 동일한 지름 주변에 있다[VI-26]. 그 정사각형들의 지름을 PR이라 하고
그 도형이 마저 그려졌다고 하자.

AF, FG 사이에 둘러싸인 직각 (평행사변형)이 EG로부터의 정사각형과 같
으므로 AF 대 EG는 EG 대 FG이다[VI-17]. 한편, AF 대 EG는 AI 대 EK요,
EG 대 FG는 EK 대 KF이다[VI-1]. 그래서 AI, KF에 대하여 EK가 비례 중
항인데, 앞 (명제)들에서 밝혀졌듯이 LM, NO에 대하여 MN도 비례 중항이
다[V-11, X-53/54 보조 정리]. AI는 정사각형 LM과, KF는 NO와 같다. 그
래서 MN이 EK와 같다. 한편, EK는 DH와, MN은 LO와 같다[I-43]. 그래
서 DK가 그노몬 UVW와 NO(의 합)과 같다. 그런데 AK도 정사각형 LM,

NO(의 합)과 같다. 그래서 남은 AB가 ST와 같다. 그런데 ST는 LN으로부터의 정사각형이다. 그래서 LN으로부터의 정사각형이 AB와 같다. 그래서 LN이 AB의 제곱근 직선이다.

이제 나는 주장한다. LN은 아포토메이다.

AI, FK 각각이 유리 구역이고 LM, NO과 같으므로, LM, NO 각각도, 즉 LP, PN으로부터의 (정사각형)들 각각도 유리 구역이다. 그래서 LP, PN 각각도 유리 직선이다. 다시, DH가 메디알 구역이고 LO와 같으므로 LO도 메디알 구역이다. 또 LO가 메디알 구역, NO는 유리 구역이므로 LO는 NO와 비공약이다. 그런데 LO 대 NO가 LP 대 PN이다[VI-1]. 그래서 LP가 PN과 선형으로는 비공약이다[X-11]. 모두 유리 직선이기도 하다. 그래서 LP, PN은 제곱으로만 공약인 유리 직선들이다. 그래서 LN이 아포토메이다[X-73]. 구역 AB의 제곱근 직선이기도 한다. 그래서 구역 AB의 제곱근 직선은 아포토메이다.

그래서 구역이 유리 직선 (⋯) 사이에 둘러싸인다면, 기타 등등.

명제 92

(직각 평행사변형) 구역이 유리 직선과 두 번째 아포토메 직선 사이에 둘러싸이면, 구역의 제곱근 직선은 첫 번째 메디알 아포토메이다.

(직각 평행사변형) AB 구역이 유리 직선 AC와 두 번째 아포토메 직선 AD 사이에 둘러싸인다고 하자. 나는 주장한다. AB의 제곱근 직선은 첫 번째 메디알 아포토메이다.

DG가 AD와 들어맞는 직선이라고 하자. 그래서 AG, GD는 제곱으로

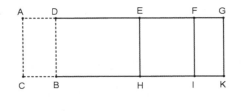
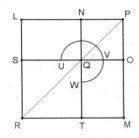

만 공약인 유리 직선들이고[X-73], 들어맞는 직선 DG가 제시된 유리 직선 AC와 (선형) 공약인데 전체 직선 AG는 들어맞는 직선 GD보다 그 자신과 선형으로 공약인 직선으로부터의 (정사각형)만큼 제곱근으로 크다[X-def-3-2]. AG가 GD보다 그 자신과 선형으로 공약인 직선으로부터의 (정사각형)만큼 제곱근으로 크므로 정사각형 형태만큼 부족하고 GD로부터의 (정사각형)의 사분의 일과 같은 (평행사변형)이 AG에 나란히 대어진다면 그 (직선 AG)를 (선형) 공약 직선들로 분리한다[X-17]. DG가 E에서 이등분 되었다고 하자. 또 정사각형 형태만큼 부족하고 EG로부터의 (정사각형)과 같은 (평행사변형)이 AG에 나란히 대어졌다 하고, (그것이) AF, FG로 (둘러싸인 직각 평행사변형)이라 하자.

그래서 AF가 FG와 선형으로 공약이다. 그래서 AG도 AF, FG 각각과 선형으로 공약이다[X-15]. 그런데 AG는 유리 직선이고 AC와 선형으로는 비공약이기도 하다. 그래서 AF, FG 각각이 유리 직선이고 AC와 선형으로는 비공약이다[X-13]. 그래서 AI, FK 각각이 메디알 구역이다[X-21]. 다시, DE가 EG와 (선형으로) 공약이므로 DG도 DE, EG 각각과 (선형으로) 공약이다[X-15]. 한편, DG는 AC와 선형으로 공약이다. [그래서 DE, EG 각각도 유리 직선이고 AC와 선형으로 공약이다.] 그래서 DH, EK 각각은 유리 구역이다

[X-19].

AI와 같게는 정사각형 LM을 구성했다고 하고, FK와 같게는 LM과 동일한 각 LPM 주위에 있는 NO가 빠졌다고 하자. 그래서 정사각형 LM, NO는 동일한 지름 주변에 있다[VI-26]. 그 정사각형들의 지름이 PR이라 하고 그 도형이 마저 그려졌다고 하자.

AI, FK가 메디알 구역들이고 LP, PN으로부터의 (정사각형)들과 같으므로 LP, PN으로부터의 (정사각형)들도 메디알 구역이다. 그래서 LP, PN이 제곱으로만 공약인 메디알 직선들이다. 또 AF, FG로 (둘러싸인 직각 평행사변형)이 EG로부터의 (정사각형)과 같으므로 AF 대 EG는 EG 대 FG이다[X-17]. 한편, AF 대 EG는 AI 대 EK요, EG 대 FG는 EK 대 KF이다[VI-1]. 그래서 AI, KF에 대하여 EK가 비례 중항인데 정사각형 LM, NO에 대하여 MN도 비례 중항이다[V-11, X-53/54 보조 정리]. AI는 LM과, FK는 NO와 같기도 하다. 그래서 MN도 EK와 같다. 한편, EK와는 DH가, MN과는 LO가 같다 [I-43]. 그래서 전체 DK가 그노몬 UVW와 NO(의 합)과 같다. 전체 AK가 LM, NO 들(의 합)과 같은데 그중 DK가 그노몬 UVW와 NO(의 합)과 같으므로 남은 AB가 TS와 같다. 그런데 TS는 LN으로부터의 (정사각형)이다. 그래서 LN으로부터의 (정사각형)이 AB 구역과 같다. 그래서 LN이 구역 AB의 제곱근 직선이다.

[이제] 나는 주장한다. LN은 첫 번째 메디알 아포토메이다.

EK가 유리 구역이고 LO와 같으므로 LO도, 즉 LP, PN으로 (둘러싸인 직각 평행사변형)도 유리 구역이다. 그런데 NO가 메디알 구역이라는 것은 밝혀졌다. 그래서 LO는 NO와 비공약이다. 그런데 LO 대 NO가 LP 대 PN이다[VI-1]. 그래서 LP, PN이 선형으로는 비공약이다[X-11]. 그래서 LP, PN은 유리 구역을 둘러싸면서 제곱으로만 공약인 메디알 직선들이다. 그래서 LN이 첫 번째 메디알 아포토메이다[X-74]. 구역 AB의 제곱근 직선이기도 하다.
그래서 AB의 제곱근 직선은 첫 번째 메디알 아포토메이다. 밝혀야 했던
바로 그것이다.

명제 93

**(직각 평행사변형) 구역이 유리 직선과 세 번째 아포토메 직선 사이에 둘러싸이면, 구역
의 제곱근 직선은 두 번째 메디알 아포토메이다.**

(직각 평행사변형) AB 구역이 유리 직선 AC와 세 번째 아포토메 직선 AD
사이에 둘러싸인다고 하자. 나는 주장한다. AB의 제곱근 직선은 두 번째
메디알 아포토메이다.

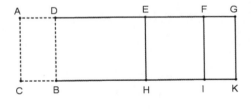
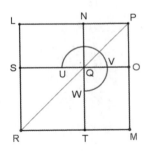

DG가 AD와 들어맞는 직선이라고 하자. 그래서 AG, GD는 제곱으로만 공
약인 유리 직선들이고[X-73] AG, GD 어떤 것도 제시된 유리 직선 AC와 공
약이 아닌데 전체 직선 AG는 들어맞는 직선 DG보다 그 자신과 (선형) 공
약인 직선으로부터의 (정사각형)만큼 제곱근으로 크다[X-def-3-3]. AG가
GD보다 그 자신과 (선형) 공약인 직선으로부터의 (정사각형)만큼 제곱근으

로 크므로 정사각형 형태만큼 부족하고 DG로부터의 (정사각형)의 사분의 일과 같은 (평행사변형)이 AG에 나란히 대어진다면, 그 (직선 AG)를 (선형) 공약 직선들로 분리한다[X-17]. DG가 E에서 이등분되었다고 하고, 정사각형 형태만큼 부족하고 EG로부터의 (정사각형)과 같은 (평행사변형)이 AG에 나란히 대어졌다 하고, (그것이) AF, FG 사이에 (둘러싸인 직각 평행사변형)이라고 하자. 점 E, F, G를 지나 AC와 평행인 직선 EH, FI, GK가 그어졌다고 하자.

그래서 AF, FG가 (선형) 공약이다. 그래서 AI도 FK와 공약이다[VI-1, X-11]. AF, FG가 선형으로 공약이므로 AG도 AF, FG 각각과 선형으로 공약이다[X-15]. 그런데 AG가 유리 직선이고 AC와 선형으로 비공약이다. 결국 AF, FG도 (그렇다)[X-13]. 그래서 AI, FK 각각이 메디알 구역이다[X-21]. 다시, DE가 EG와 선형으로 공약이므로 DG도 DE, EG 각각과 선형으로 공약이다[X-15]. 그런데 GD는 유리 직선이고 AC와 선형으로 비공약이다. 그래서 DE, EG 각각도 유리 직선이고 AC와 선형으로 비공약이다[X-13]. 그래서 DH, EK 각각은 메디알 구역이다[X-21]. 또 AG, GD가 제곱으로만 공약이므로 AG가 GD와 선형으로는 비공약이다. 한편, AG는 AF와, DG는 EG와 선형으로 공약이다. 그래서 AF는 EG와 선형으로 비공약이다[X-13]. 그런데 AF 대 EG가 AI 대 EK이다[VI-1]. 그래서 AI가 EK와 비공약이다[X-11].

AI와 같게는 정사각형 LM을 구성했다고 하고, FK와 같게는 L(P)M과 동일한 각 주위에 있는 NO가 빠졌다고 하자. 그래서 LM, NO가 동일한 지름 주변에 있다[VI-26]. 그 정사각형들의 지름을 PR이라 하고 그 도형이 마저 그려졌다고 하자.

또 AF, FG로 (둘러싸인 직각 평행사변형)이 EG로부터의 (정사각형)과 같으므로, AF 대 EG는 EG 대 FG이다[VI-17]. 한편, AF 대 EG는 AI 대 EK요,

EG 대 FG는 EK 대 FK이다[VI-1]. 그래서 AI 대 EK가 EK 대 FK이다[V-11]. 그래서 AI, FK에 대하여 EK가 비례 중항이다. 그런데 정사각형 LM, NO에 대하여는 MN이 비례 중항이다[X-53/54 보조 정리]. 또 AI는 LM과, FK는 NO와 같다. 그래서 EK가 MN과 같다. 한편, MN은 LO와, EK는 DH와 같다[I-43]. 그래서 전체 DK가 그노몬 UVW와 NO(의 합)과 같다. AK도 LM, NO 들(의 합)과 같다. 그래서 남은 AB가 ST와, 즉 LN으로부터의 정사각형과 같다. 그래서 LN이 구역 AB의 제곱근 직선이다.

나는 주장한다. LN은 두 번째 메디알 아포토메이다.

AI, FK 들은 메디알 구역들로 밝혀졌고 LP, PN으로부터의 (정사각형)들과 (각각) 같으므로, LP, PN으로부터의 (정사각형)들 각각도 메디알 구역이다. 그래서 LP, PN 각각도 메디알 직선이다. AI가 FK와 공약이므로[VI-1, X-11], LP로부터의 (정사각형)도 PN으로부터의 (정사각형)과 공약이다. 다시, AI가 EK와 비공약이라는 것이 밝혀졌으므로, LM도 MN, 즉 LP로부터의 (정사각형)도 LP, PN으로 (둘러싸인 직각 평행사변형)과 비공약이다. 결국 LP와 PN과 선형으로는 비공약이다[VI-1, X-11]. 그래서 LP, PN은 제곱으로만 공약인 메디알 직선들이다.

이제 나는 주장한다. 메디알 구역을 둘러싼다.

EK는 메디알 구역으로 밝혀졌고 LP, PN으로 (둘러싸인 직각 평행사변형)과 같으므로, LP, PN으로 (둘러싸인 직각 평행사변형)도 메디알이다. 결국 LP, PN이 메디알 구역을 둘러싸면서 제곱으로만 공약인 메디알 직선들이다. 그래서 LN이 두 번째 메디알 아포토메이다[X-75]. 구역 AB의 제곱근 직선이기도 한다.

그래서 AB의 제곱근 직선은 두 번째 메디알 아포토메이다. 밝혀야 했던 바로 그것이다.

명제 94

(직각 평행사변형) 구역이 유리 직선과 네 번째 아포토메 직선 사이에 둘러싸이면, 구역의 제곱근 직선은 마이너이다.

(직각 평행사변형) AB 구역이 유리 직선 AC와 네 번째 아포토메 직선 AD 사이에 둘러싸인다고 하자. 나는 주장한다. AB의 제곱근 직선은 마이너이다.

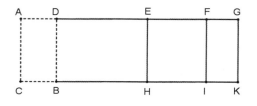
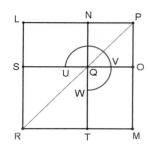

DG가 AD와 들어맞는 직선이라고 하자. 그래서 AG, GD는 제곱으로만 공약인 유리 직선들이고[X-73] AG가 제시된 유리 직선 AC와 선형으로 공약인데, 전체 직선 AG는 들어맞는 직선 DG보다 그 자신과 선형으로 비공약인 직선으로부터의 (정사각형)만큼 제곱근으로 크다[X-def-3-4]. AG가 GD보다 그 자신과 선형으로 비공약인 직선으로부터의 (정사각형)만큼 제곱근으로 크므로 정사각형 형태만큼 부족하고 DG로부터의 (정사각형)의 사분의 일과 같은 (평행사변형)이 AG에 나란히 대어진다면 그 (직선 AG)를 (선형) 비공약 직선들로 분리한다[X-18]. DG가 E에서 이등분되었다고 하고, 정사각형 형태만큼 부족하고 EG로부터의 (정사각형)과 같은 (평행사변형)이 AG에 나란히 대어졌다 하고, (그것이) AF, FG로 (둘러싸인 직각 평행사변형)이라고 하자.

그래서 AF가 FG와 선형으로 비공약이다. 점 E, F, G를 지나 AC, BD와 평행인 직선들 EH, FI, GK가 그어졌다고 하자. AG가 유리 직선이고 AC와 선형으로 공약이므로 전체 AK는 유리 구역이다[X-19]. 다시, DG가 AC와 선형으로는 비공약이고 모두 유리 직선들이므로 DK는 메디알 구역이다 [X-21]. 다시, AF가 FG와 선형으로 비공약이므로 AI도 FK와 비공약이다 [VI-1, X-11].

AI와 같게는 정사각형 LM을 구성했다고 하고, FK와 같게는 동일한 각 LPM 주변에 있는 NO가 빠졌다고 하자. 그래서 정사각형 LM, NO가 동일한 지름 주변에 있다[VI-26]. 그 정사각형들의 지름을 PR이라고 하고 그 도형이 마저 그려졌다고 하자.

AF, FG로 (둘러싸인 직각 평행사변형)이 EG로부터의 (정사각형)과 같으므로, 비례로 AF 대 EG는 EG 대 FG이다[VI-17]. 한편, AF 대 EG는 AI 대 EK 요, EG 대 FG는 EK 대 FK이다[VI-1]. 그래서 AI, FK에 대하여 EK가 비례 중항인데 정사각형 LM, NO에 대하여는 MN이 비례 중항이다[V-11, X-13/14 보조 정리]. 또 AI는 LM과, FK는 NO와 같다. 그래서 EK가 MN과 같다. 한편, EK는 DH가, MN과는 LO가 같다[I-43]. 그래서 전체 DK가 그 노몬 UVW와 NO(의 합)과 같다. 전체 AK가 정사각형 LM, NO 들(의 합)과 같은데 그중 DK가 그노몬 UVW와 정사각형 NO(의 합)과 같으므로 남은 AB가 ST와, 즉 LN으로부터의 정사각형과 같다. 그래서 LN은 구역 AB의 제곱근 직선이다.

나는 주장한다. LN은 마이너라고 불리는 무리 직선이다.

AK가 유리 구역이고 LP, PN으로부터의 정사각형들(의 합)과 같으므로 LP, PN으로부터의 (정사각형)들에서 결합한 구역도 유리 구역이다. 다시, DK가 메디알 구역이고 DK가 LP, PN으로 (둘러싸인 직각 평행사변형)의 두 배와 같으므로 LP, PN으로 (둘러싸인 직각 평행사변형)의 두 배도 메디알 구역이다. AI가 FK와 비공약이라는 것이 밝혀졌으므로 LP로부터의 정사각형도 PN으로부터의 정사각형과 비공약이다. LP, PN은, 그 두 직선으로부터의 정사각형들(의 합)은 유리 구역으로, 그 두 직선으로 (둘러싸인 직각 평행사변형)의 두 배는 메디알 구역으로 만들면서 제곱으로 비공약인 직선들이다. 그래서 LN은 마이너라고 불리는 무리 직선이다[X-76]. 구역 AB의 제곱근 (무리) 직선이기도 한다.

그래서 AB의 제곱근 직선은 마이너이다. 밝혀야 했던 바로 그것이다.

명제 95

(직각 평행사변형) 구역이 유리 직선과 다섯 번째 아포토메 직선 사이에 둘러싸이면, 구역의 제곱근 직선은 '유리 구역과 더불어 전체 (구역)을 메디알로 만드는 직선'이다.

(직각 평행사변형) AB 구역이 유리 직선 AC와 다섯 번째 아포토메 직선 AD 사이에 둘러싸인다고 하자. 나는 주장한다. AB의 제곱근 직선은 '유리 구역과 더불어 전체 (구역)을 메디알로 만드는 직선'이다.

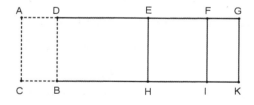
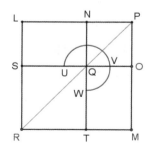

DG가 AD와 들어맞는 직선이라고 하자.

그래서 AG, GD는 제곱으로만 공약인 유리 직선들이고[X-73] 들어맞는 직선 GD가 제시된 유리 직선 AC와 선형으로 공약인데, 전체 직선 AG는 들어맞는 직선 GD보다 그 자신과 선형으로 비공약인 직선으로부터의 (정사각형)만큼 제곱근으로 크다[X-def-3-5]. 그래서 정사각형 형태만큼 부족하고 DG로부터의 (정사각형)의 사분의 일과 같은 (평행사변형)이 AG에 나란히 대어진다면, 그 (직선 AG)를 (선형) 비공약 직선들로 분리한다[X-18]. DG가 E에서 이등분되었다고 하고, 정사각형 형태만큼 부족하고 EG로부터의 (정사각형)과 같은 (평행사변형)이 AG에 나란히 대어졌다고 하고, (그것이) AF, FG로 (둘러싸인 직각 평행사변형)이라고 하자. 그래서 AF가 FG와 선형으로 비공약이다. AG도 CA와 선형으로 비공약이고 모두 유리 직선들이므로 AK는 메디알 구역이다[X-21]. 다시, DG가 유리 직선이고 AC와 선형으로 공약이므로 DK는 유리 구역이다[X-19].

AI와 같게는 정사각형 LM을 구성했다고 하고, FK와 같게는 동일한 각 LPM 주위에 있는 NO가 빠졌다고 하자. 그래서 정사각형 LM, NO가 동일한 지름 주변에 있다[VI-26]. 그 정사각형들의 지름을 PR이라 하고 그 도형이 마저 그려졌다고 하자. LN이 구역 AB의 제곱근 직선임을 이제 우리는 비슷하게 밝힐 수 있다.

나는 주장한다. LN은 '유리 구역과 더불어 전체 (구역)을 메디알로 만드는 직선'이다.

AK가 메디알 구역으로 밝혀졌고 LP, PN으로부터의 (정사각형)들의 합)과 같으므로 LP, PN으로부터의 (정사각형)들에서 결합한 구역도 메디알 구역이다. 다시, DK가 유리 구역이고 LP, PN으로 (둘러싸인 직각 평행사변형)의 두 배와 같으므로 그 (구역)도 유리 구역이다. AI가 FK와 비공약이므로 LP

로부터의 (정사각형)도 PN으로부터의 (정사각형)과 비공약이다. 그래서 LP, PN은 그 두 직선으로부터의 정사각형들에서 결합한 구역은 메디알로, 그 두 직선으로 (둘러싸인 직각 평행사변형)의 두 배는 유리 구역으로 만들면서 제곱으로 비공약인 직선들이다. 그래서 남은 LN은 '유리 구역과 더불어 전체 (구역)을 메디알로 만드는 직선'이라고 불리는 무리 직선이다[X-77]. 구역 AB의 제곱근 (무리) 직선이기도 하다.

그래서 AB의 제곱근 직선은 '유리 구역과 더불어 전체 (구역)을 메디알로 만드는 직선'이다. 밝혀야 했던 바로 그것이다.

명제 96

(직각 평행사변형) 구역이 유리 직선과 여섯 번째 아포토메 직선 사이에 둘러싸이면, 구역의 제곱근 직선은 '메디알 구역과 더불어 전체 (구역)을 메디알로 만드는 직선'이다.

(직각 평행사변형) AB 구역이 유리 직선 AC와 여섯 번째 아포토메 직선 AD 사이에 둘러싸인다고 하자. 나는 주장한다. AB의 제곱근 직선은 '메디알 구역과 더불어 전체 (구역)을 메디알로 만드는 직선'이다.

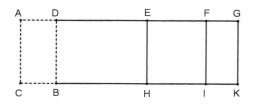
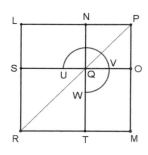

DG가 AD와 들어맞는 직선이라고 하자.

그래서 AG, GD는 제곱으로만 공약인 유리 직선들이고[X-73], 그 직선들 어느 것도 제시된 유리 직선 AC와 선형으로 공약이 아닌데, 전체 직선 AG 는 들어맞는 직선 DG보다 그 자신과 선형으로 비공약인 직선으로부터의 (정사각형)만큼 제곱근으로 크다[X-def-3-6]. AG가 GD보다 그 자신과 선형으로 비공약인 직선으로부터의 (정사각형)만큼 제곱근으로 크므로 정사각형 형태만큼 부족하고, DG로부터의 (정사각형)의 사분의 일과 같은 (평행사변형)이 AG에 나란히 대어진다면 그 (직선 AG)를 (선형) 비공약 직선들로 분리한다[X-18]. DG가 [점] E에서 이등분되었다고 하고, 정사각형 형태만큼 부족하고 EG로부터의 (정사각형)과 같은 (평행사변형)이 AG에 나란히 대어졌다 하고, (그것이) AF, FG로 (둘러싸인 직각 평행사변형)이라 하자. 그래서 AF가 FG와 선형으로 비공약이다. 그런데 AF 대 FG가 AI 대 FK이다 [VI-1]. 그래서 AI는 FK와 비공약이다[X-11]. 또 AG, AC가 제곱으로만 공약인 유리 직선들이므로 AK는 메디알 구역이다[X-21]. 다시, AC, DG가 선형으로 비공약인 유리 직선들이므로 DK도 메디알 구역이다[X-21]. 또한 AG, GD는 제곱으로만 공약이므로 AG가 GD와 선형으로는 비공약이다. 그런데 AG 대 GD가 AK 대 KD이다[VI-1]. 그래서 AK가 KD와 비공약이다[X-11].

AI와 같게는 정사각형 LM을 구성했다고 하고, FK와 같게는 동일한 각 주위에 있는 NO가 빠졌다고 하자. 그래서 정사각형 LM, NO가 동일한 지름 주변에 있다[VI-26]. 그 정사각형들의 지름을 PR이라 하고 그 도형이 마저 그려졌다고 하자. 앞에서 이미 한 것과 비슷하게 LN이 구역 AB의 제곱근 직선임을 이제 우리는 밝힐 수 있다.

나는 주장한다. LN은 '메디알 구역과 더불어 전체 (구역)을 메디알로 만드는 직선'이다.

AK가 메디알 구역으로 밝혀졌고 LP, PN으로부터의 (정사각형)들(의 합)과 같으므로 LP, PN으로부터의 (정사각형)들에서 결합한 구역도 메디알 구역이다. 다시, DK가 메디알 구역으로 밝혀졌고 LP, PN으로 (둘러싸인 직각 평행사변형)의 두 배와 같으므로 LP, PN으로 (둘러싸인 직각 평행사변형)의 두 배도 메디알 구역이다. AK가 DK와 비공약으로 밝혀졌으므로 LP, PN으로부터의 정사각형들(의 합)도 LP, PN으로 (둘러싸인 직각 평행사변형)의 두 배와 비공약이다. 또한 AI가 FK와 비공약이므로 LP로부터의 (정사각형)도 PN으로부터의 (정사각형)과 비공약이다. 그래서 LP, PN은 그 두 직선으로부터의 정사각형들에서 결합한 구역도 메디알로, 그 두 직선으로 (둘러싸인 직각 평행사변형)의 두 배도 메디알 구역으로 만들면서 제곱으로 비공약인 직선들이다. 그래서 LN은 '메디알 구역과 더불어 전체 (구역)을 메디알로 만드는 직선'이라고 불리는 무리 직선이다[X-78]. 구역 AB의 제곱근 직선이기도 하다.

그래서 그 구역의 제곱근 직선은 '메디알 구역과 더불어 전체 (구역)을 메디알로 만드는 직선'이다. 밝혀야 했던 바로 그것이다.

명제 97

아포토메 직선으로부터의 (정사각형)은 유리 직선에 나란히 대어지면서 너비를 첫 번째 아포토메 직선으로 만든다.

AB는 아포토메 직선, CD는 유리 직선이라 하고 AB로부터의 (정사각형)과 같게 CF를 너비로 만드는 (직각 평행사변형) CE가 CD에 나란히 대어졌다고

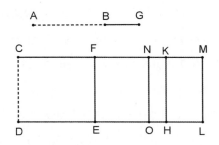

하자. 나는 주장한다. CF는 첫 번째 아포토메이다.

BG가 AB와 들어맞는 직선이라고 하자. 그래서 AG, GB는 제곱으로만 공약인 유리 직선들이다[X-73]. 또 CD에 나란히, AG로부터의 (정사각형)과 같게는 CH가, BG로부터의 (정사각형)과 같게는 KL이 대어졌다고 하자. 그래서 전체 (구역) CL이 AG, GB로부터의 (정사각형)들(의 합)과 같은데 그중 CE는 AB로부터의 (정사각형)과 같다. 그래서 남은 FL은 AG, GB로 (둘러싸인 직각 평행사변형)의 두 배와 같다[II-7]. FM이 점 N에서 이등분되었다고 하고, N을 지나 CD와 평행한 직선 NO가 그어졌다고 하자.

그래서 FO, LN 각각이 AG, GB로 (둘러싸인 직각 평행사변형)과 같다. 또 AG, GB로부터의 (정사각형)들(의 합)이 유리 구역들이고 AG, GB로부터의 (정사각형)들(의 합)은 DM과 같으므로 DM이 유리 구역이다. CM을 너비로 만들면서 유리 직선 CD에 나란히 대어지기도 했다. 그래서 CM은 유리 직선이고 CD와 선형으로 공약이다[X-20]. 다시, AG, GB로 (둘러싸인 직각 평행사변형)의 두 배가 메디알 구역이고, AG, GB로 (둘러싸인 직각 평행사변형)의 두 배와 FL이 같으므로 FL이 메디알 구역이다. FM을 너비로 만들면서 유리 직선 CD에 나란히 대기도 한다. 그래서 FM은 유리 직선이고 CD와 선형으로는 비공약이다[X-22]. 또 AG, GB로부터의 (정사각형)들(의 합)은 유리 구역들이요, AG, GB로 (둘러싸인 직각 평행사변형)의 두 배는 메디알 구역이므로 AG, GB로부터의 (정사각형)들(의 합)은 AG, GB로 (둘러싸인 직각 평행사변형)의 두 배와 비공약이다. AG, GB로부터의 (정사각형)들(의 합)과는 CL이, AG, GB로 (둘러싸인 직각 평행사변형)의 두 배는 FL과 같기도 하다. 그래서 DM이 FL과 비공약이다. 그런데 DM 대 FL이 CM 대 FM이다 [VI-1]. 그래서 CM은 FM과 선형으로 비공약이다[X-11]. 모두 유리 직선이 기도 하다. 그래서 CM, MF는 제곱으로만 공약이다. 그래서 CF가 아포토메이다[X-73].

이제 나는 주장한다. 첫 번째 (아포토메)이기도 하다.

AG, GB로부터의 (정사각형)에 대하여 AG, GB로 (둘러싸인 직각 평행사변형)이 비례 중항이고[X-21/22 보조 정리], AG로부터의 (정사각형)과는 CH가, BG로부터의 (정사각형)과는 KL이, AG, GB로 (둘러싸인 직각 평행사변형)은 NL이 같으므로 CH, KL에 대하여 NL이 비례 중항이다. 그래서 CH 대 NL이 NL 대 KL이다. 한편, CH 대 NL은 CK 대 NM이요, NL 대 KL은 NM 대 KM이다[VI-1]. 그래서 CK, KM으로 (둘러싸인 직각 평행사변형)은 NM 으로부터의 (정사각형)과, 즉 FM으로부터의 (정사각형)의 사분의 일과 같다 [VI-17]. 또 AG로부터의 (정사각형)이 GB로부터의 (정사각형)과 공약이므로 CH도 KL과 공약이다. 그런데 CH 대 KL은 CK 대 KM이다[VI-1]. 그래서 CK가 KM과 공약이다[X-11]. 같지 않은 두 직선 CM, MF가 있고, 정사각 형 형태만큼 부족하고 FM으로부터의 (정사각형)의 사분의 일과 같게, CK, KM으로 (둘러싸인 직각 평행사변형)이 CM에 나란히 대어졌고 CK가 KM과 (선형으로) 공약이므로, CM은 MF보다 자기 자신과 선형으로 공약인 직선 으로부터의 (정사각형)만큼 제곱근으로 크다[X-17]. CM이 제시된 유리 직 선 CD와 선형으로 공약이기도 하다. 그래서 CF는 첫 번째 아포토메이다

[X-def-3-1].

그래서 아포토메 직선으로부터의 (정사각형)은 유리 직선에 나란히 대어지면서 너비를 첫 번째 아포토메 직선으로 만든다. 밝혀야 했던 바로 그것이다.

명제 98

첫 번째 메디알 아포토메 직선으로부터의 (정사각형)은 유리 직선에 나란히 대어지면서 너비를 두 번째 아포토메 직선으로 만든다.

AB는 첫 번째 메디알 아포토메 직선, CD는 유리 직선이라고 하고 AB로부터의 (정사각형)과 같게 CF를 너비로 만드는 (직각 평행사변형) CE가 CD에 나란히 대어졌다고 하자. 나는 주장한다. CF는 두 번째 아포토메이다.

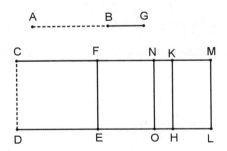

BG가 AB와 들어맞는 직선이라고 하자. 그래서 AG, GB는 유리 구역을 둘러싸는 제곱으로만 공약인 메디알 직선들이다[X-74]. 또 CD에 나란히, AG로부터의 (정사각형)과 같게는 CK를 너비로 만드는 CH가, GB로부터의 (정사각형)과 같게는 KM을 너비로 만드는 KL이 대어졌다고 하자. 그래서

전체 (구역) CL이 AG, GB로부터의 (정사각형)들(의 합)과 같다. 그래서 CL
도 메디알 구역이다[X-15, X-23 따름]. CM을 너비로 만들면서 유리 직선
CD에 나란히 대기도 한다. 그래서 CM이 유리 직선이고 CD와 선형으로는
비공약이다[X-22]. 또 CL이 AG, GB로부터의 (정사각형)들(의 합)과 같은데
그중 AB로부터의 (정사각형)이 CE와 같으므로, 남은 AG, GB로 (둘러싸인
직각 평행사변형)의 두 배는 FL과 같다[II-7]. 그런데 AG, GB로 (둘러싸인 직
각 평행사변형)의 두 배가 유리 구역이다. 그래서 FL이 유리 구역이다. FM
을 너비로 만들면서 유리 직선 FE에 나란히 대기도 한다. 그래서 FM도 유
리 직선이고 CD와 선형으로 공약이다[X-20]. 또 AG, GB로부터의 (정사각
형)들(의 합)은, 즉 CL은 메디알 구역이요, AG, GB로 (둘러싸인 직각 평행사
변형)의 두 배는, 즉 FL은 유리 구역이므로 CL은 FL과 비공약이다. 그런데
CL 대 FL이 CM 대 FM이다[VI-1]. 그래서 CM은 FM과 선형으로 비공약이
다[X-11]. 모두 유리 직선이기도 하다. 그래서 CM, MF는 제곱으로만 공약
인 유리 직선들이다. 그래서 CF가 아포토메이다[X-73].

이제 나는 주장한다. 두 번째 (아포토메)이기도 하다.

FM이 N에서 이등분되었다고 하고, N을 지나 CD와 평행한 직선 NO가 그
어졌다고 하자. 그래서 FO, NL 각각은 AG, GB로 (둘러싸인 직각 평행사변
형)과 같다. 또 AG, GB로부터의 정사각형들에 대하여 AG, GB로 (둘러싸
인 직각 평행사변형)이 비례 중항이고[X-21/22 보조 정리], AG로부터의 (정
사각형)은 CH와, AG, GB로 (둘러싸인 직각 평행사변형)은 NL과, BG로부터
의 (정사각형)은 KL과 같으므로 CH, KL에 대하여 NL도 비례 중항이다. 그
래서 CH 대 NL이 NL 대 KL이다[V-11]. 한편, CH 대 NL은 CK 대 NM이
요, NL 대 KL은 NM 대 MK이다[VI-1]. 그래서 CK 대 NM이 NM 대 KM이
다[V-11]. 그래서 CK, KM으로 (둘러싸인 직각 평행사변형)은 NM으로부터

의 (정사각형)과, 즉 FM으로부터의 (정사각형)의 사분의 일과 같다[VI-17]. [또 AG로부터의 (정사각형)이 BG로부터의 (정사각형)과 공약이므로 CH도 KL과, 즉 CK가 KM과 공약이다.] 같지 않은 두 직선 CM, MF가 있고, 정사각형 형태만큼 부족하고 MF로부터의 (정사각형)의 사분의 일과 같게 CK, KM으로 (둘러싸인 직각 평행사변형)이 더 큰 CM에 나란히 대어졌고 그 (직선 CM)을 공약 직선들로 분리하므로, CM은 MF보다 자기 자신과 선형으로 공약인 직선으로부터의 (정사각형)만큼 제곱근으로 크다[X-17]. 들어맞는 직선 FM이 제시된 유리 직선 CD와 선형으로 공약이기도 하다. 그래서 CF는 두 번째 아포토메이다[X-def-3-2].

그래서 첫 번째 메디알 아포토메 직선으로부터의 (정사각형)은 유리 직선에 나란히 대어지면서 너비를 두 번째 아포토메 직선으로 만든다. 밝혀야 했던 바로 그것이다.

명제 99

두 번째 메디알 아포토메 직선으로부터의 (정사각형)은 유리 직선에 나란히 대어지면서 너비를 세 번째 아포토메 직선으로 만든다.

AB는 두 번째 메디알 아포토메 직선, CD는 유리 직선이라고 하고 AB로부터의 (정사각형)과 같게 CF를 너비로 만드는 (직각 평행사변형) CE가 CD에 나란히 대어졌다고 하자. 나는 주장한다. CF는 세 번째 아포토메이다.

BG가 AB와 들어맞는 직선이라고 하자. 그래서 AG, GB는, 메디알 구역을 둘러싸는 제곱으로만 공약인 메디알 직선들이다[X-75]. 또 AG로부터의 (정사각형)과 같게는 CK를 너비로 만드는 CH가 CD에 나란히, BG로부

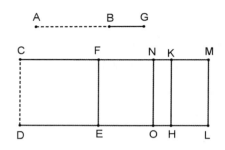

터의 (정사각형)과 같게는 KM을 너비로 만드는 KL이 KH에 나란히 대어졌
다고 하자. 그래서 전체 (구역) CL이 AG, GB로부터의 (정사각형)들(의 합)
과 같다. [AG, GB로부터의 (정사각형)들(의 합)은 메디알 구역이기도 하다.] 그
래서 CL도 메디알 구역이다[X-15, X-23 따름]. CM을 너비로 만들면서 유
리 직선 CD에 나란히 대어지기도 했다. 그래서 CM이 유리 직선이고 CD
와 선형으로 비공약이다[X-22]. 또 전체 CL이 AG, GB로부터의 (정사각형)
들(의 합)과 같은데 그중 CE가 AB로부터의 (정사각형)과 같으므로 남은 LF
가 AG, GB로 (둘러싸인 직각 평행사변형)의 두 배와 같다[II-7]. FM이 점 N
에서 이등분되었다고 하고 CD와 평행한 직선 NO가 그어졌다고 하자.

그래서 FO, NL 각각은 AG, GB로 (둘러싸인 직각 평행사변형)과 같다. 그런
데 AG, GB로 (둘러싸인 직각 평행사변형)이 메디알 구역이다. 그래서 FL도
메디알 구역이다. FM을 너비로 만들면서 유리 직선 EF에 나란히 대기도
한다. 그래서 FM도 유리 직선이고 CD와 선형으로 비공약이다[X-22]. 또
AG, GB가 제곱으로만 공약이므로 AG가 GB와 선형으로는 비공약이다.
그래서 AG로부터의 (정사각형)도 AG, GB로 (둘러싸인 직각 평행사변형)과
비공약이다[VI-1, X-11]. 한편, AG로부터의 (정사각형)과는 AG, GB로부
터의 (정사각형)들(의 합)이, AG, GB로 (둘러싸인 직각 평행사변형)과는 AG,

GB로 (둘러싸인 직각 평행사변형)의 두 배가 공약이다. 그래서 AG, GB로부터의 (정사각형)들(의 합)이 AG, GB로 (둘러싸인 직각 평행사변형)의 두 배와 비공약이다[X-13]. 한편, AG, GB로부터의 (정사각형)들(의 합)과는 CL이 같고, AG, GB로 (둘러싸인 직각 평행사변형)의 두 배와는 FL이 같다. 그래서 CL이 FL과 비공약이다. 그런데 CL 대 FL이 CM 대 FM이다[VI-1]. 그래서 CM과 FM은 선형으로 비공약이다[X-11]. 모두 유리 직선이기도 하다. 그래서 CM, MF는 제곱으로만 공약인 유리 직선들이다. 그래서 CF가 아포토메이다[X-73].

이제 나는 주장한다. 세 번째 (아포토메)이기도 하다.

AG로부터의 (정사각형)이 GB로부터의 (정사각형)과 공약이므로 CH도 KL과 공약이다. 결국 CK도 KM과 (선형 공약이다) [VI-1, X-11]. 또 AG, GB로부터의 정사각형들에 대하여 AG, GB로 (둘러싸인 직각 평행사변형)이 비례 중항이고[X-21/22 보조 정리], AG로부터의 (정사각형)과는 CH가, GB로부터의 (정사각형)과는 KL이, AG, GB로 (둘러싸인 직각 평행사변형)은 NL이 같으므로 CH, KL에 대하여 NL이 비례 중항이다. 그래서 CH 대 NL이 NL 대 KL이다. 한편, CH 대 NL은 CK 대 NM이요, NL 대 KL은 NM 대 KM이다[VI-1]. 그래서 CK 대 MN은 MN 대 KM이다[V-11]. 그래서 CK, KM으로 (둘러싸인 직각 평행사변형)은 [MN으로부터의 (정사각형)과, 즉] FM으로부터의 (정사각형)의 사분의 일과 같다[VI-17]. 같지 않은 두 직선 CM, MF가 있고, 정사각형 형태만큼 부족하고 FM으로부터의 (정사각형)의 사분의 일과 같게 (CK, KM 사이에 둘러싸인 직각 평행사변형) 구역이 CM에 나란히 대어졌고, 그 (직선 CM)을 공약 직선들로 분리하므로 CM은 MF보다 자기 자신과 (선형) 공약인 직선으로부터의 (정사각형)만큼 제곱근으로 크다[X-17]. 또 CM, MF 어느 것도 제시된 유리 직선 CD와 선형으로는 공약이 아니다.

그래서 CF는 세 번째 아포토메이다[X-def-3-3].

그래서 두 번째 메디알 아포토메 직선으로부터의 (정사각형)은 유리 직선에 나란히 대어지면서 너비를 세 번째 아포토메 직선으로 만든다. 밝혀야 했던 바로 그것이다.

명제 100

마이너 직선으로부터의 (정사각형)은 유리 직선에 나란히 대어지면서 너비를 네 번째 아포토메 직선으로 만든다.

AB는 마이너 직선, CD는 유리 직선이라고 하고, AB로부터의 (정사각형)과 같게 CF를 너비로 만드는 (직각 평행사변형) CE가 CD에 나란히 대어졌다고 하자. 나는 주장한다. CF는 네 번째 아포토메이다.

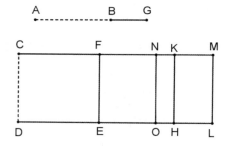

BG가 AB와 들어맞는 직선이라고 하자. 그래서 AG, GB는 그 AG, GB로부터의 (정사각형)들에서 결합한 구역은 유리 구역으로, AG, GB로 (둘러싸인 직각 평행사변형)은 메디알 구역으로 만들면서 제곱으로 비공약인 직선들이다[X-76]. 또 CD에 나란히, AG로부터의 (정사각형)과 같게는 CK를 너

비로 만드는 CH가, BG로부터의 (정사각형)과 같게는 KM을 너비로 만드는 KL이 대어졌다고 하자. 그래서 전체 (구역) CL이 AG, GB로부터의 (정사각형)들(의 합)과 같다. 또한 AG, GB로부터의 (정사각형)들에서 결합한 구역은 유리 구역이다. 그래서 CL도 유리 구역이다. CM을 너비로 만들면서 유리 직선 CD에 나란히 대기도 한다. 그래서 CM도 유리 직선이고 CD와 선형으로 공약이다[X-20]. 또 전체 CL이 AG, GB로부터의 (정사각형)들(의 합)과 같은데 그중 CE가 AB로부터의 (정사각형)과 같으므로 남은 FL은 AG, GB로 (둘러싸인 직각 평행사변형)의 두 배와 같다[II-7]. FM이 점 N에서 이등분되었다고 하고, N을 지나 CD, ML 아무것과 평행한 직선 NO가 그어졌다 하자.

그래서 FO, NL 각각은 AG, GB로 (둘러싸인 직각 평행사변형)과 같다. AG, GB로 (둘러싸인 직각 평행사변형)의 두 배가 메디알 구역이고 FL과 같으므로 FL도 메디알이다. FM을 너비로 만들면서 유리 직선 FE에 나란히 대기도 한다. 그래서 FM은 유리 직선이고 CD와 선형으로 비공약이다[X-22]. 또 AG, GB로부터의 (정사각형)들에서 결합한 구역은 유리 구역이요, AG, GB로 (둘러싸인 직각 평행사변형)의 두 배는 메디알 구역이므로 AG, GB로부터의 (정사각형)들(의 합)은 AG, GB로 (둘러싸인 직각 평행사변형)의 두 배와 비공약이다. 그런데 CL은 AG, GB로부터의 (정사각형)들(의 합)과 같고, AG, GB로 (둘러싸인 직각 평행사변형)의 두 배와는 FL이 같다. 그래서 CL이 FL과 비공약이다. 그런데 CL 대 FL이 CM 대 MF이다[VI-1]. 그래서 CM이 MF와 선형으로는 비공약이다. 모두 유리 직선이기도 하다. 그래서 CM, MF는 제곱으로만 공약인 유리 직선들이다. 그래서 CF가 아포토메이다[X-73]. [이제] 나는 주장한다. 네 번째 (아포토메)이기도 하다.

AG, GB가 제곱으로 비공약이므로 AG로부터의 (정사각형)도 GB로부터의

(정사각형)과 비공약이다. 또 AG로부터의 (정사각형)과는 CH가, GB로부터의 (정사각형)과는 KL이 같다. 그래서 CH가 KL과 비공약이다. 그런데 CH 대 KL이 CK 대 KM이다[VI-1]. 그래서 CK가 KM과 선형으로 비공약이다 [X-11]. 또 AG, GB로부터의 (정사각형)에 대하여 AG, GB로 (둘러싸인 직각 평행사변형)이 비례 중항이고[X-21/22 보조 정리], AG로부터의 (정사각형)은 CH와, GB로부터의 (정사각형)은 KL과, AG, GB로 (둘러싸인 직각 평행사변형)은 NL과 같으므로 CH, KL에 대하여 NL이 비례 중항이다. 그래서 CH 대 NL이 NL 대 KL이다. 한편, CH 대 NL은 CK 대 NM이요, NL 대 KL은 NM 대 KM이다[VI-6]. 그래서 CK 대 MN이 MN 대 KM이다[V-11]. 그래서 CK, KM으로 (둘러싸인 직각 평행사변형)이 MN으로부터의 (정사각형)과, 즉 FM으로부터의 (정사각형)의 사분의 일과 같다[VI-17]. 같지 않은 두 직선 CM, MF가 있고, 정사각형 형태만큼 부족하고 MF로부터의 (정사각형)의 사분의 일과 같게 CK, KM으로 (둘러싸인 직각 평행사변형)이 CM에 나란히 대어졌고, 그 (직선 CM)을 비공약 직선들로 분리하므로 CM은 MF보다 자기 자신과 (선형) 비공약인 직선으로부터의 (정사각형)만큼 제곱근으로 크다[X-18]. 또한 전체 CM이 제시된 유리 직선 CD와 선형으로 공약이다. 그래서 CF는 네 번째 아포토메이다[X-def-3-4].

그래서 마이너 직선으로부터의 (정사각형)은 (⋯), 기타 등등.

명제 101

'유리 구역과 더불어 전체 (구역)을 메디알로 만드는 직선'으로부터의 (정사각형)은 유리 직선에 나란히 대어지면서 너비를 다섯 번째 아포토메 직선으로 만든다.

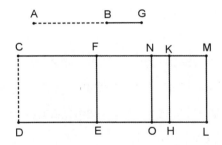

AB는 '유리 구역과 더불어 전체 (구역)을 메디알로 만드는 직선', CD는 유리 직선이라고 하고, AB로부터의 (정사각형)과 같게 CF를 너비로 만드는 (직각 평행사변형) CE가 CD에 나란히 대어졌다고 하자. 나는 주장한다. CF는 다섯 번째 아포토메이다.

BG가 AB와 들어맞는 직선이라고 하자. 그래서 AG, GB는, 그 두 직선으로부터의 (정사각형)들에서 결합한 구역은 메디알 구역으로, 그 두 직선으로 (둘러싸인 직각 평행사변형)의 두 배는 유리 구역으로 만들면서 제곱으로 비공약인 직선들이다[X-77]. 또한 CD에 나란히, AG로부터의 (정사각형)과 같게는 CH가, BG로부터의 (정사각형)과 같게는 KL이 대어졌다고 하자. 그래서 전체 (구역) CL이 AG, GB로부터의 (정사각형)들(의 합)과 같다. 그런데 AG, GB로부터의 (정사각형)들에서 결합한 구역은 함께 메디알 구역이다. 그래서 CL도 메디알 구역이다. CM을 너비로 만들면서 유리 직선 CD에 나란히 대기도 했다. 그래서 CM은 유리 직선이고 CD와 (선형) 비공약이다 [X-22]. 또 전체 CL이 AG, GB로부터의 (정사각형)들(의 합)과 같은데 그중 CE가 AB로부터의 (정사각형)과 같으므로 남은 FL은 AG, GB로 (둘러싸인 직각 평행사변형)의 두 배와 같다[II-7]. FM이 점 N에서 이등분되었다고 하고, N을 지나 CD, ML 아무것과 평행한 직선 NO가 그어졌다 하자.

그래서 FO, NL 각각은 AG, GB로 (둘러싸인 직각 평행사변형)과 같다. AG, GB로 (둘러싸인 직각 평행사변형)의 두 배가 유리 구역이고 FL과 같으므로 FL이 유리 구역이다. FM을 너비로 만들면서 유리 직선 EF에 나란히 대기도 한다. 그래서 FM은 유리 직선이고 CD와 선형으로 공약이다[X-20]. 또한 CL은 메디알 구역인데 FL은 유리 구역이므로 CL은 FL과 비공약이다. 그런데 CL 대 FL이 CM 대 MF이다[VI-1]. 그래서 CM이 MF와 선형으로 비공약이다[X-11]. 모두 유리 직선이기도 하다. 그래서 CM, MF는 제곱으로만 공약이다[X-73]. 그래서 CF가 아포토메이다.

이제 나는 주장한다. 다섯 번째 (아포토메)이기도 하다.

CKM으로 (둘러싸인 직각 평행사변형)이 NM으로부터의 (정사각형)과, 즉 FM으로부터의 (정사각형)의 사분의 일과 같다는 것을 우리는 비슷하게 밝힐 수 있다. AG로부터의 (정사각형)이 GB로부터의 (정사각형)과 비공약인데 AG로부터의 (정사각형)은 CH와, GB로부터의 (정사각형)은 KL과 같으므로 CH가 KL과 비공약이다. 그런데 CH 대 KL이 CK 대 KM이다[VI-1]. 그래서 CK가 KM과 선형으로 비공약이다[X-11]. 같지 않은 두 직선 CM, MF가 있고, 정사각형 형태만큼 부족하고 FM으로부터의 (정사각형)의 사분의 일과 같은 (평행사변형)이 CM에 나란히 대어졌고, 그 직선을 비공약 직선들로 분리하므로 CM은 MF보다 자기 자신과 (선형) 비공약인 직선으로부터의 (정사각형)만큼 제곱근으로 크다[X-18]. 또한 들어맞는 직선 FM이 제시된 유리 직선 CD와 공약이다. 그래서 CF가 다섯 번째 아포토메이다[X-def-3-5]. 밝혀야 했던 바로 그것이다.

명제 102

'메디알 구역과 더불어 전체 (구역)을 메디알로 만드는 직선'으로부터의 (정사각형)은 유리 직선에 나란히 대어지면서 너비를 여섯 번째 아포토메 직선으로 만든다.

AB는 '메디알 구역과 더불어 전체 (구역)을 메디알로 만드는 직선' CD는 유리 직선이라고 하고, AB로부터의 (정사각형)과 같게 CF를 너비로 만드는 (직각 평행사변형) CE가 CD에 나란히 대어졌다고 하자. 나는 주장한다. CF는 여섯 번째 아포토메이다.

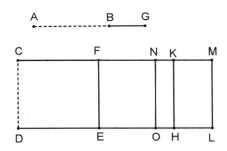

BG가 AB와 들어맞는 직선이라고 하자. 그래서 AG, GB는 그 두 직선으로부터의 (정사각형)들에서 결합한 구역도 메디알 구역으로, 그 두 직선으로 (둘러싸인 직각 평행사변형)의 두 배도 메디알 구역으로, 또한 그 두 직선으로부터의 (정사각형)들(의 합)이 그 두 직선으로 (둘러싸인 직각 평행사변형)의 두 배와 비공약으로 만들면서 제곱으로 비공약인 직선들이다[X-78]. CD에 나란히, AG로부터의 (정사각형)과 같게는 CK를 너비로 만드는 CH가, BG로부터의 (정사각형)과 같게는 KL이 대어졌다고 하자.

그래서 전체 (구역) CL이 AG, GB로부터의 (정사각형)들(의 합)과 같다. 그래서 CL도 메디알 구역이다. CM을 너비로 만들면서 유리 직선 CD에 나란히 대기도 했다. 그래서 CM은 유리 직선이고 CD와 선형으로 비공약이다 [X-22]. 또 CL이 AG, GB로부터의 (정사각형)들(의 합)과 같은데 그중 CE가 AB로부터의 (정사각형)과 같으므로 남은 FL은 AG, GB로 (둘러싸인 직각 평행사변형)의 두 배와 같다[II-7]. AG, GB로 (둘러싸인 직각 평행사변형)의 두 배는 메디알이기도 하다. 그래서 FL도 메디알이다. FM을 너비로 만들면서 유리 직선 FE에 나란히 대기도 한다. 그래서 FM은 유리 직선이고 CD와 선형으로 비공약이다[X-22]. 또 AG, GB로부터의 (정사각형)들(의 합)이 AG, GB로 (둘러싸인 직각 평행사변형)의 두 배와 비공약이고, AG, GB로부터의 (정사각형)들(의 합)과는 CL이, AG, GB로 (둘러싸인 직각 평행사변형)의 두 배와는 FL이 같으므로 CL이 FL과 비공약이다. 그런데 CL 대 FL이 CM 대 MF이다[VI-1]. 그래서 CM이 MF와 선형으로 비공약이다[X-11]. 모두 유리 직선이기도 하다. 그래서 CM, MF는 제곱으로만 공약인 유리 직선들이다. 그래서 CF가 아포토메이다[X-73].

이제 나는 주장한다. 여섯 번째 (아포토메)이기도 하다.

FL이 AG, GB로 (둘러싸인 직각 평행사변형)의 두 배와 같으므로 FM이 N에서 이등분되었다고 하고, N을 지나 CD와 평행한 직선 NO가 그어졌다고 하자. 그래서 FO, NL 각각이 AG, GB로 (둘러싸인 직각 평행사변형)과 같다. AG, GB가 제곱으로도 비공약이므로 AG로부터의 (정사각형)이 GB로부터의 (정사각형)과 비공약이다. 한편, AG로부터의 (정사각형)과는 CH가, GB로부터의 (정사각형)과는 KL이 같다. 그래서 CH가 KL과 비공약이다. 그런데 CH 대 KL이 CK 대 KM이다[VI-1]. 그래서 CK가 KM과 (선형) 비공약이다[X-11]. 또 AG, GB로부터의 (정사각형)에 대하여 AG, GB로 (둘러싸인 직각 평행사변형)이 비례 중항이고[X-21/22 보조 정리], AG로부터의 (정사각형)은 CH와, GB로부터의 (정사각형)은 KL과, AG, GB로 (둘러싸인 직각 평행사

606

변형)은 NL과 같으므로 CH, KL에 대하여 NL이 비례 중항이다. 그래서 CH 대 NL이 NL 대 KL이다. (앞서 했던 것과) 똑같은 이유로 CM이 MF보다 자기 자신과 (선형) 비공약인 직선으로부터의 (정사각형)만큼 제곱근으로 크다 [X-18]. 또한 그 직선들 어떤 것도 제시된 유리 직선 CD와 선형으로는 공약이 아니다. 그래서 CF가 여섯 번째 아포토메이다[X-def-3-6]. 밝혀야 했던 바로 그것이다.

명제 103

아포토메와 선형으로 공약인 직선은 (그 직선 자체도) 아포토메이고 위계상으로도 동일하다.

아포토메 직선 AB가 있다고 하고, AB와 CD가 선형으로 공약이라고 하자. 나는 주장한다. CD도 아포토메이고 AB와 위계상으로도 동일하다.

AB가 아포토메이므로 BE가 그 직선과 들어맞는 직선이라고 하자.

그래서 AE, EB가 제곱으로만 공약인 유리 직선들이다[X-73]. 또 AB 대 CD의 비율과 BE 대 DF의 (비율)이 동일 (비율)이 되었다고 하자[VI-12]. 그래서 하나 대 하나가 전부 대 전부이다[V-12].**191** 그래서 전체 직선 AE 대

∵

191 제5권 명제 12에서 몇몇 크기들이 비례하면 앞 (크기)들 중 하나 대 뒤 (크기)들 하나는 앞

전체 CF가 AB 대 CD이다. 그런데 AB가 CF와 선형으로 공약이다. 그래서 AE는 CF와, BE는 DF와 (선형) 공약이다[X-11]. AE, EB가 제곱으로만 공약인 유리 직선들이기도 하다. 그래서 CF, FD도 제곱으로만 공약인 유리 직선들이다[X-13]. [그래서 CD가 아포토메이다.

이제 나는 주장한다. AB와 위계상으로도 동일하다.]

AE 대 CF가 BE 대 DF이므로, 교대로, AE 대 EB는 CF 대 FD이다[V-16]. 이제 AE가 EB보다 자기 자신과 (선형) 공약인 직선으로부터의 (정사각형)만큼 제곱근으로 크거나, (자기 자신과 선형) 비공약인 직선으로부터의 (정사각형)만큼 (제곱근으로 크다).

만약 AE가 EB보다 자기 자신과 (선형) 공약인 직선으로부터의 (정사각형)만큼 제곱근으로 크다면, CF도 FD보다 자기 자신과 (선형) 공약인 직선으로부터의 (정사각형)만큼 제곱근으로 큰 직선일 것이다[X-14]. AE가 제시된 유리 직선과 선형으로 공약이라면 CF도 (그럴 것이요)[X-12], BE가 (제시된 유리 직선과 선형으로 공약)이라면 DF도 (그럴) 텐데, AE, EB 어떤 것도 (제시된 유리 직선과 선형으로 공약)이 아니라면 CF, FD 어떤 것도 (제시된 유리 직선과 선형으로 공약)이 아닐 것이다[X-13].

반면, AE가 [EB보다] 자기 자신과 (선형) 비공약인 직선으로부터의 (정사각형)만큼 제곱근으로 크다면, CF도 FD보다 자기 자신과 (선형) 비공약인 직선으로부터의 (정사각형)만큼 제곱근으로 큰 직선일 것이다[X-14]. 또 AE가 제시된 유리 직선과 선형으로 공약이라면 CF도 (그럴 것이요)[X-12], BE가 (제시된 유리 직선과 선형으로 공약)이라면 DF도 (그럴) 텐데, AE, EB 어느

∴

(크기)들 전체 대 뒤 (크기)들 전체라고 한 것을 이렇게 줄여서 표현했다. 제10권의 뒤로 가면서 문장의 호흡이 빨라진다.

것도 (제시된 유리 직선과 선형으로 공약)이 아니라면 CF, FD 어느 것도 (제시된 유리 직선과 선형으로 공약)이 아닐 것이다[X-13].

그래서 CD는 아포토메이고 AB와 위계상으로도 동일하다[X-def-3]. 밝혀야 했던 바로 그것이다.

명제 104

메디알 아포토메와 (선형으로) 공약인 직선은 아포토메이고 위계상으로도 동일하다.

메디알 아포토메 AB가 있다고 하고, AB와 CD가 선형으로 공약이라고 하자. 나는 주장한다. CD도 메디알 아포토메이고 AB와 위계상으로도 동일하다.

AB가 메디알 아포토메이므로 EB가 그 직선과 들어맞는 직선이라고 하자. 그래서 AE, EB가 제곱으로만 공약인 메디알 직선들이다[X-74, X-75]. 또한 AB 대 CD가 BE 대 DF이게 되었다고 하자[VI-12]. 그래서 AE는 CF와, BE는 DF와 (선형) 공약이다[V-12, X-11]. 그런데 AE, EB가 제곱으로만 공약인 메디알 직선들이다. 그래서 CF, FD도 제곱으로만 공약인 메디알 직선들이다[X-23, X-13]. 그래서 CD는 메디알 아포토메이다[X-74, X-75].

이제 나는 주장한다. AB와 위계상으로도 동일하다.

AE 대 EB가 CF 대 FD이므로[V-12, V-16], [한편 AE 대 EB는 AE로부터의 (정

사각형) 대 AE, EB로 (둘러싸인 직각 평행사변형)이요, CF 대 FD는 CF로부터의 (정사각형) 대 CF, FD로 (둘러싸인 직각 평행사변형)이므로] AE로부터의 (정사각형) 대 AE, EB로 (둘러싸인 직각 평행사변형)은 CF로부터의 (정사각형) 대 CF, FD로 (둘러싸인 직각 평행사변형)이다[X-21/22 보조 정리]. [또 교대로, AE로부터의 (정사각형) 대 CF로부터의 (정사각형)은 AE, EB로 (둘러싸인 직각 평행사변형) 대 CF, FD로 (둘러싸인 직각 평행사변형)이다]. 그런데 AE로부터의 (정사각형)이 CF로부터의 (정사각형)과 공약이다. 그래서 AE, EB로 (둘러싸인 직각 평행사변형)도 CF, FD로 (둘러싸인 직각 평행사변형)과 공약이다[X-11]. 만약 AE, EB로 (둘러싸인 직각 평행사변형)이 유리 구역이면 CF, FD로 (둘러싸인 직각 평행사변형)도 유리 구역일 것이고, 만약 AE, EB로 (둘러싸인 직각 평행사변형)이 메디알 구역이면 CF, FD로 (둘러싸인 직각 평행사변형)도 메디알 (구역일 것이다)[X-23 따름].

그래서 CD는 메디알 아포토메이고 AB와 위계상으로도 동일하다[X-74, X-75]. 밝혀야 했던 바로 그것이다.

명제 105

마이너와 (선형으로) 공약인 직선은 마이너이다.

마이너 직선 AB가 있다고 하고, AB와 CD가 (선형으로) 공약이라고 하자. 나는 주장한다. CD도 마이너이다.

동일한 것이 되었다고 하자.

AE, EB가 제곱으로 비공약이므로[X-76] CF, FD도 제곱으로 비공약이다[X-13]. AE 대 EB가 CF 대 FD이므로[V-12, V-16] AE로부터의 (정사각형) 대 EB로부터의 (정사각형)은 CF로부터의 (정사각형) 대 FD로부터의 (정사각형)이다[VI-22]. 그래서 결합되어, AE, EB로부터의 (정사각형의 합) 대 EB로부터의 (정사각형)은 CF, FD로부터의 (정사각형의 합) 대 FD로부터의 (정사각형)이다[V-18]. [또, 교대로, (AE, EB로부터의 정사각형 대 CF, FD로부터의 정사각형은 EB로부터의 정사각형 대 FD로부터의 정사각형이다.)] 그런데 BE로부터의 (정사각형)은 DF로부터의 (정사각형)과 공약이다. 그래서 AE, EB로부터의 정사각형들에서 결합한 구역도 CF, FD로부터의 정사각형들에서 결합한 구역과 공약이다[V-11, X-16]. 그런데 AE, EB로부터의 정사각형들에서 결합한 구역이 유리 구역이다[X-76]. 그래서 CF, FD로부터의 정사각형들에서 결합한 구역도 유리 구역이다[X-def-1-4]. 다시, AE로부터의 (정사각형) 대 AE, EB로 (둘러싸인 직각 평행사변형)이 CF로부터의 (정사각형) 대 CF, FD로 (둘러싸인 직각 평행사변형)인데[X-21/22 보조 정리] AE로부터의 (정사각형)이 CF로부터의 (정사각형)과 공약이므로 AE, EB로 (둘러싸인 직각 평행사변형)도 CF, FD로 (둘러싸인 직각 평행사변형)과 공약이다. 그런데 AE, EB로 (둘러싸인 직각 평행사변형)이 메디알 구역이다[X-76]. 그래서 CF, FD로 (둘러싸인 직각 평행사변형)도 메디알이다[X-23 따름]. 그래서 CF, FD는 그 두 직선으로부터의 정사각형들에서 결합한 구역은 유리 구역으로, 그 두 직선으로 (둘러싸인 직각 평행사변형)의 두 배는 메디알 구역으로 만들면서 제곱으로 비공약인 직선들이다.

그래서 CD가 마이너이다[X-76]. 밝혀야 했던 바로 그것이다.

명제 106

'유리 구역과 더불어 전체 (구역)을 메디알로 만드는 직선'과 (선형으로) 공약인 직선은
'유리 구역과 더불어 전체 (구역)을 메디알로 만드는 직선'이다.

'유리 구역과 더불어 전체 (구역)을 메디알로 만드는 직선' AB가 있다고 하
고, AB와 CD가 (선형) 공약이라고 하자. 나는 주장한다. CD도 '유리 구역
과 더불어 전체 (구역)을 메디알로 만드는 직선'이다.

BE가 AB와 들어맞는 직선이라고 하자.

그래서 AE, EB가, 그 직선 AE, EB로부터의 정사각형들에서 결합한 구역
은 메디알 구역으로, 그 두 직선으로 (둘러싸인 직각 평행사변형)의 두 배는
유리 구역으로 만들면서 제곱으로 비공약인 직선들이다[X-77]. 또한 동일
하게 작도했다고 하자. 이제 CF, FD가 AE, EB와 동일 비율로 있고, AE,
EB로부터의 정사각형들에서 결합한 구역이 CF, FD로부터의 정사각형들
에서 결합한 구역과 공약이고, AE, EB로 (둘러싸인 직각 평행사변형)도 CF,
FD로 (둘러싸인 직각 평행사변형)과 (공약)임을 앞에서 한 것과 비슷하게 이
제 우리는 밝힐 수 있다. 결국 CF, FD는 그 직선 CF, FD로부터의 정사각형
들에서 결합한 구역은 메디알 구역으로, 그 두 직선으로 (둘러싸인 직각 평행
사변형)의 두 배는 유리 구역으로 만들면서 제곱으로 비공약인 직선들이다.
그래서 CD가 '유리 구역과 더불어 전체 (구역)을 메디알로 만드는 직선'이
다[X-77]. 밝혀야 했던 바로 그것이다.

명제 107

'메디알 구역과 더불어 전체 (구역)을 메디알로 만드는 직선'과 공약인 직선은 그 자체도 '메디알 구역과 더불어 전체 (구역)을 메디알로 만드는 직선'이다.

'메디알 구역과 더불어 전체 (구역)을 메디알로 만드는 직선' AB가 있다고 하고, AB와 CD가 공약이라고 하자. 나는 주장한다. CD도 '메디알 구역과 더불어 전체 (구역)을 메디알로 만드는 직선'이다.

```
A          B          E
●----------●----------●

C          D          F
●----------●----------●
```

BE가 AB와 들어맞는 직선이라고 하고 동일하게 작도했다고 하자.

그래서 AE, EB가, 그 두 직선으로부터의 정사각형들에서 결합한 구역도 메디알 구역으로, 그 두 직선으로 (둘러싸인 직각 평행사변형)도 메디알 구역으로, 게다가 그 직선들로부터의 정사각형들에서 결합한 구역이 그 두 직선으로 (둘러싸인 직각 평행사변형)을 비공약으로 만들면서 제곱으로 비공약인 직선들이다[X-78]. 밝혔듯이, AE, EB가 CF, FD와 (선형으로) 공약이고, AE, EB로부터의 정사각형들에서 결합한 구역은 CF, FD로부터의 정사각형들에서 결합한 구역과 (공약이고), AE, EB로 (둘러싸인 직각 평행사변형)은 CF, FD로 (둘러싸인 직각 평행사변형)과 (공약이다). 그래서 CF, FD도, 그 직선들로부터 (그려 넣은) [정사각형]들에서 결합한 구역도 메디알 구역으로, 그 두 직선으로 (둘러싸인 직각 평행사변형)도 메디알 구역으로, 게다가 그 두 직선으로부터의 정사각형들에서 결합한 구역이 그 두 직선으로 (둘러싸인 직각 평행사변형)을 비공약으로 만들면서 제곱으로 비공약인 직선들이다.

그래서 CD가 '메디알 구역과 더불어 전체 (구역)을 메디알로 만드는 직선'
이다[X-78]. 밝혀야 했던 바로 그것이다.

명제 108

**유리 구역에서 메디알 구역이 빠지면, 남은 구역의 제곱근 직선은 두 무리 직선, 즉 아포
토메 혹은 마이너 중 하나가 된다.**

유리 구역 BC로부터 메디알 구역 BD가 빠졌다고 하자. 나는 주장한다.
남은 구역 EC의 제곱근 직선은 두 무리 직선, 즉 아포토메 혹은 마이너 중
하나가 된다.

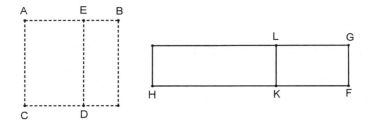

유리 직선 FG가 제시된다고 하고, FG에 나란히, BC와 같게는 직각 평행
사변형 GH가 대어지고, DB와 같게는 GK가 빠졌다고 하자.

그래서 남은 EC는 LH와 같다. BC는 유리 구역이고 BD는 메디알 구역인
데 BC는 GH와, BD는 GK와 같으므로, GH는 유리 구역, GK는 메디알 구
역이다. 유리 직선 FG에 나란히 대기도 한다. 그래서 FH는 유리 직선이고
FG와 선형으로 공약인[X-20] 반면, FK는 유리 직선이고 FG와 선형으로
비공약이다[X-22]. 그래서 FH가 FK와 선형으로 비공약이다[X-13]. 그래

서 FH, FK는 제곱으로만 공약인 유리 직선들이다. 그래서 KH는 아포토메 직선이요, KF가 그 직선과 들어맞는 직선이다. 이제 HF가 FK보다 (그 자신과 선형으로) 공약인 직선으로부터의 (정사각형)만큼 제곱근으로 크거나 그렇지 않다.

먼저 (그 자신과 선형으로) 공약인 직선으로부터의 (정사각형)만큼 제곱근으로 크다고 하자. 전체 HF가 제시된 유리 직선 FG와 선형으로 공약이기도 하다. 그래서 KH는 첫 번째 아포토메이다[X-def-3-1]. 그런데 유리 직선과 첫 번째 아포토메 직선 사이에 둘러싸인 (직각 평행사변형)의 제곱근 직선은 아포토메이다[X-91]. 그래서 LH의, 즉 EC의 제곱근 직선은 아포토메이다.

그런데 만약 HF가 FK보다 그 자신과 (선형) 비공약인 직선으로부터의 (정사각형)만큼 제곱근으로 크고 전체 FH가 제시된 유리 직선 FG와 선형으로 공약이라면, KH는 네 번째 아포토메이다[X-def-3-4]. 그런데 유리 직선과 네 번째 아포토메 직선 사이에 둘러싸인 (직각 평행사변형)의 제곱근 직선은 마이너이다[X-94]. 밝혀야 했던 바로 그것이다.

명제 109

메디알 구역에서 유리 구역이 빠지면, 다른 두 무리 직선, 즉 첫 번째 메디알 아포토메, 혹은 '유리 구역과 더불어 전체 (구역)을 메디알로 만드는 직선' 중 하나가 발생한다

메디알 구역 BC로부터 유리 구역 BD가 빠졌다고 하자. 나는 주장한다. 남은 구역 EC의 제곱근 직선은 두 무리 직선, 즉 첫 번째 메디알 아포토메 직선이거나 '유리 구역과 더불어 전체 (구역)을 메디알로 만드는 직선' 중 하나가 된다.

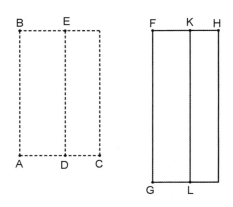

유리 직선 FG가 제시된다고 하고, 비슷하게 그런 구역들이 대어졌다고 하자. 이제 앞에서 한 것을 따라 FH는 유리 직선이고 FG와 선형으로 비공약이요, KF는 유리 직선이고 FG와 선형으로 공약이다. 그래서 FH, FK는 제곱으로만 공약인 유리 직선들이다[X-13]. 그래서 KH는 아포토메 직선이요[X-73], FK가 이 직선과 들어맞는 직선이다. 이제 HF가 FK보다 (그 자신과 선형으로) 공약인 직선으로부터의 (정사각형)만큼 제곱근으로 큰 직선이거나, (그 자신과 선형) 비공약인 직선으로부터의 (정사각형)만큼 (제곱근으로 큰 직선이다).

만약 HF가 FK보다 (그 자신과 선형으로) 공약인 직선으로부터의 (정사각형)만큼 제곱근으로 크고 들어맞는 직선 FK가 제시된 유리 직선 FG와 선형으로 공약이라면, KH는 두 번째 아포토메이다[X-def-3-2]. 그런데 FG는 유리 직선이다. 결국 LH의, 즉 EC의 제곱근 직선은 첫 번째 메디알 아포토메이다[X-92].

그런데 만약 HF가 FK보다 (그 자신과 선형) 비공약인 직선으로부터의 (정사각형)만큼 제곱근으로 크고 들어맞는 직선 FK가 제시된 유리 직선 FG와 선형으로 공약이라면, KH는 다섯 번째 아포토메이다[X-def-3-5]. 결국

EC의 제곱근 직선은 '유리 구역과 더불어 전체 (구역)을 메디알로 만드는 직선'이다[X-95]. 밝혀야 했던 바로 그것이다.

명제 110

메디알 구역에서 전체 (구역)과 비공약인 메디알 구역이 빠지면, 남은 두 무리 직선, 즉 두 번째 메디알 아포토메 혹은 '메디알 구역과 더불어 전체 (구역)을 메디알로 만드는 직선' 중 하나가 발생한다.

메디알 구역 BC로부터 전체 (구역)과 비공약인 메디알 구역 BD가 앞에서 앞서 알려진 그림에서 그랬듯이 빠졌다고 하자. 나는 주장한다. 남은 구역 EC의 제곱근 직선은 두 무리 직선, 즉 두 번째 메디알 아포토메 혹은 '메디알 구역과 더불어 전체 (구역)을 메디알로 만드는 직선' 중 하나가 된다.

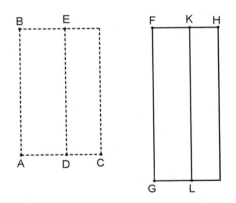

BC, BD 각각이 메디알이고 BC는 BD와 비공약이므로 앞에서 한 것을 따라 FH, FK 각각은 유리 직선이고 FG와 선형으로 비공약일 것이다[X-22].

또한 BC가 BD와, 즉 GH가 GK와 비공약이므로 HF도 FK와 (선형) 비공약이다[VI-1, X-11]. 그래서 FH, FK는 제곱으로만 공약인 유리 직선들이다. 그래서 KH는 아포토메 직선이다[X-73]. [그런데 FK가 들어맞는 직선이다. 이제 FH가 FK보다 (그 자신과 선형으로) 공약인 직선으로부터의 (정사각형)만큼 제곱근으로 크거나(그 자신과 선형으로) 비공약인 직선으로부터의 (정사각형)만큼 (제곱근으로 크다)].

이제 만약 FH가 FK보다 (그 자신과 선형으로) 공약인 직선으로부터의 (정사각형)만큼 제곱근으로 크고 FH, FK 어느 것도 제시된 유리 직선 FG와 선형으로 공약이 아니라면, KH는 세 번째 아포토메이다[X-def-3-3]. 그런데 KL은 유리 직선이요, 유리 직선과 세 번째 아포토메 직선 사이에 둘러싸인 직각 평행사변형의 제곱근 직선은 무리 직선이요, 두 번째 메디알 아포토메라고 불린다[X-93]. 결국 LH의, 즉 EC의 제곱근 직선은 두 번째 메디알 아포토메이다.

그런데 만약 FH가 FK보다 그 자신과 [선형] 비공약인 직선으로부터의 (정사각형)만큼 제곱근으로 크고 HF, FK 어느 것도 FG와 선형으로 공약이 아니라면, KH는 여섯 번째 아포토메이다[X-def-3-6]. 그런데 유리 직선과 여섯 번째 아포토메 (직선 사이에 둘러싸인 직각 평행사변형)의 제곱근 직선은 '메디알 구역과 더불어 전체 (구역)을 메디알로 만드는 직선'이라 불린다[X-96]. 그래서 LH의, 즉 EC의 제곱근 직선은 '메디알 구역과 더불어 전체 (구역)을 메디알로 만드는 직선'이다. 밝혀야 했던 바로 그것이다.

명제 111

아포토메는 비노미알 직선과 동일한 직선일 수 없다.

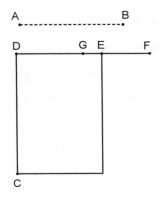

AB가 아포토메라고 하자. 나는 주장한다. AB는 비노미알 직선과 동일한 직선일 수 없다.

혹시 가능하다면, (그럴 수) 있다고 하자. 유리 직선 DC가 제시된다고 하고, CD에 나란히, AB로부터의 (정사각형)과 같게 DE를 너비로 만드는 직각 (평행사변형) CE가 대어졌다고 하자. AB가 아포토메이므로 DE는 첫 번째 아포토메이다[X-97]. 그 직선과 들어맞는 직선이 EF라고 하자.

그래서 DF, FE는 제곱으로만 공약인 유리 직선들이고, DF가 FE보다 그 자신과 (선형으로) 공약인 직선으로부터의 (정사각형)만큼 제곱근으로 크고, DF는 제시된 유리 직선 DC와 선형으로 공약이다[X-def-3-1]. 다시, AB가 비노미알 직선이므로 DE는 첫 번째 비노미알 직선이다[X-60]. G에서 그 항들로 분리된다고 하고, 항 DG가 크다고 하자. 그래서 DG, GE가 제곱으로만 공약인 유리 직선들이고, DG가 GE보다 그 자신과 (선형) 공약인 직선으로부터의 (정사각형)만큼 제곱근으로 크고, 큰 DG가 제시된 유리 직선 DC와 선형으로 공약이다[X-def-2-1]. 그래서 DF가 DG와 선형으로 공약이다[X-12]. 그래서 남은 GF도 DF와 선형으로 공약이다[X-15]. [DF가 FG와 공약인데 DF가 유리 직선이므로 GF도 유리 직선이다. DF가 GF와 선형으로 공약이므로] DF가 EF와는 선형으로 비공약이다. 그래서 FG도 EF와 선형으로 비공약이다[X-13]. 그래서 GF, FE는 제곱으로만 공약인 유리 직선들이다. 그래서 EG가 아포토메이다[X-73]. 한편, 유리 직선이기도 하다. 이것은 불가능하다.

그래서 아포토메는 비노미알 직선과 동일한 직선일 수 없다. 밝혀야 했던 바로 그것이다.

(따름.[192]) 아포토메와 그것을 따라 나온 무리 직선들은 메디알과도 (동일하지 않고) 서로도 동일하지 않다.

메디알로부터의 (정사각형)은 유리 직선에 나란히 대어져서, 유리 직선이며 그것이 대어진 그 직선과 선형으로 비공약인 너비를 만든다[X-22]. 반면, 아포토메로부터의 (정사각형)은 유리 직선에 나란히 대어져서 첫 번째 아포토메인 너비를 만든다[X-97]. 반면, 첫 번째 메디알 아포토메로부터의 (정사각형)은 유리 직선에 나란히 대어져서 두 번째 아포토메인 너비를 만든다[X-98]. 반면, 두 번째 메디알 아포토메로부터의 (정사각형)은 유리 직선에 나란히 대어져서 세 번째 아포토메인 너비를 만든다[X-99]. 반면, 마이너로부터의 (정사각형)은 유리 직선에 나란히 대어

∵

---

192 명제 72와 73 사이처럼 여기에서도 '따름'이라고 따로 항목을 두지 않고 명제 111이 끝나고 문단이 끼어들었다. 그리고 그 끝에는 지금까지 했던 모든 논의를 총정리하는 문단이 나온다.

져서 네 번째 아포토메인 너비를 만든다[X-100]. 반면, '유리 구역과 더불어 전체 (구역)을 메디알로 만드는 직선'으로부터의 (정사각형)은 유리 직선에 나란히 대어져서 다섯 번째 아포토메인 너비를 만든다[X-101]. 반면, '메디알 구역과 더불어 전체 (구역)을 메디알로 만드는 직선'으로부터의 (정사각형)은 유리 직선에 나란히 대어져서 여섯 번째 아포토메인 너비를 만든다[X-102]. 위에서 언급된 너비들은 첫 직선과도 구별되고 서로도 (구별된다). 첫 직선과는 (그 첫 직선)이 유리 직선이라서 (구별되고), 서로는 그 직선들이 위계가 동일하지 않아서 (구별된다). 그리하여 무리 직선들이 서로 구별된다는 것은 명백하다. 아포토메가 비노미알과 동일한 직선일 수 없다는 것도 밝혀졌다. (즉), 아포토메를 따라 (나온) 무리 직선들은 유리 직선에 나란히 대어지면서 앞에서 한 것을 따라 각각 그 직선과 상응하는 위계의 아포토메를 너비로 만드는 반면, 비노미알을 따라 (나온) 무리 직선들은 상응하는 위계의 비노미알을 너비로 만들기 때문에 아포토메를 따라 (나온 무리 직선)들과 비노미알을 따라 (나온 무리 직선)들은 다른 직선들이다. 그리하여 위계 상으로 13개의 무리 직선이 있다.[193]

⁚

193 (1) 드물게 고대 그리스 식의 숫자가 나왔다. (2) 물론 이것이 모든 무리 직선을 완전히 분류한 것은 아니다. 이 열세 개의 분류에 들어가지 않은 무리 직선은 얼마든지 있다. 예를 들어 $\sqrt[3]{2}$ 같은 직선이 그것이다. 그러나 이런 직선은 자와 컴퍼스로 작도가능이 아니다. 반면 비노미알 직선과 메디알 직선이 결합하거나 비노미알 직선에서 아포토메 직선이 빠져나가는 직선은 작도가능이지만 유클리드가 현재까지 탐구한 분류에는 들어가지 않는다. 따라서 『원론』의 제10권은 모든 무리 직선에 대한 탐구가 아니라 무리 직선을 탐구하는 이론을 하나 제시한 것이다. 그런 의미에서 『원론』의 제10권은 닫혀 있는 게 아니라 열려 있다고 볼 수 있다. 실제로 아폴로니우스는 유클리드의 이론을 계승하고 발전한 것으로 알려졌고, 파포스는 그의 『수학 집대성』에서 유클리드의 분류에 속하지 않은 무리 직선이 어떤 도형에 어떻게 있는지 예시한다.

ἐκ δύο ὀνομάτων. 비노미알	ἀποτομήν. 아포토메
ἐκ δύο μέσων πρώτην. 첫 번째 비메디알	μέσης ἀποτομὴν πρώτην. 첫 번째 메디알 아포토메
ἐκ δύο μέσων δευτέραν. 두 번째 비메디알	μέσης ἀποτομὴν δευτέραν. 두 번째 메디알 아포토메
μείζονα. 메이저	ἐλάσσονα. 마이너
ῥητὸν καὶ μέσον δυναμένην. '유리 구역과 메디알 구역의 제곱근 직선'	μετὰ ῥητοῦ μέσον τὸ ὅλον ποιοῦσαν. '유리 구역과 더불어 전체 (구역)을 메디알로 만드는 직선'
δύο μέσα δυναμένην. '두 메디알 구역의 제곱근 직선'	μετὰ μέσου μέσον τὸ ὅλον ποιοῦσαν. '메디알 구역과 더불어 전체 (구역)을 메디알로 만드는 직선'

명제 112[194]

유리 직선으로부터의 (정사각형과 같은 넓이)가 (주어진) 비노미알 직선에 나란히 대어지면서, (발생한 직선의) 항들은[195] 그 비노미알의 항들과 (선형으로) 공약이고 동일 비율로 있는 아포토메 너비를 만든다. 게다가 발생한 아포토메는 비노미알과 동일한 위계를 갖는다.[196]

∵

194 (1) 여기서부터 끝까지, 헤이베르는 원본이 아니라 유클리드 이후 얼마 안 있어서 추가된 것으로 보지만 별도로 빼지 않고 본문에 그대로 두었다. 명제 115 이후에도 명제들이 더 이어지는 판본도 있다.

195 유클리드는 지금까지 두 유리 직선 a, b에 대해 아포토메인 $a-b$를 말할 때 a를 '전체 직선' b를 들어맞는 직선이라고 표현했다. 그런데 여기서는 비노미알과 아포토메 모두에 대해 '항' (뜻은 말할 수 있는 직선 또는 유리 직선)이라고 쓴다. 이런 표현도 명제 112 이후가 유클리드의 저술이 아닐 것이라는 근거 중 하나다.

196 이 명제부터 명제 114까지는 현대의 개념으로 무리수의 켤레성을 말한다. 명제 112, 113,

A는 유리 직선, BC는 큰 항이 DC인 비노미알 직선이라 하고, A로부터의 (정사각형)과 BC, EF로 (둘러싸인 직각 평행사변형)이 같다고 하자. 나는 주장한다. EF는 그 (직선의) 항들이 CD, DB와 공약이고 동일 비율로 있는 아포토메이다. 게다가 EF는 BC와 동일한 위계를 갖는다.

다시, A로부터의 (정사각형)과 BD, G로 (둘러싸인 직각 평행사변형)이 같다고 하자.

BC, EF로 (둘러싸인 직각 평행사변형)이 BD, G로 (둘러싸인 직각 평행사변형)과 같으므로, CB 대 BD는 G 대 EF이다[VI-16]. 그런데 CB가 BD보다 크다. 그래서 G가 EF보다 크다[V-14, V-16]. EH가 G와 같다고 하자. 그래서 CB 대 BD는 HE 대 EF이다. 그래서 분리해내서, CD 대 BD가 HF 대 FE이다[V-17]. HF 대 FE가 FK 대 KE이도록 생성했다고 하자. 그래서 전체 HK 대 전체 KF도 FK 대 KE이다. 앞 크기들 중 하나 대 뒤 크기들 중 하나는 앞 크기들 전부 대 뒤 크기들 전부이니까 말이다[V-12]. 그런데 FK

∴

114의 특수한 사례를 현대의 기호를 빌려 쓰면 각각 다음과 같다.

$$\frac{5-2}{\sqrt{5}+\sqrt{2}} \rightarrow \sqrt{5}-\sqrt{2} \quad \text{(명제 112),}$$

$$\frac{5-2}{\sqrt{5}-\sqrt{2}} \rightarrow \sqrt{5}+\sqrt{2} \quad \text{(명제 113),}$$

$$(\sqrt{5}+\sqrt{2})(3\sqrt{5}-3\sqrt{2}) \rightarrow 9 \quad \text{(명제 114),}$$

대 KE는 CD 대 DB이다[V-11]. 그래서 HK 대 KF는 CD 대 DB이다[V-11]. 그런데 CD로부터의 (정사각형)이 DB로부터의 (정사각형)과 공약이다[X-36]. 그래서 HK로부터의 (정사각형)도 KF로부터의 (정사각형)과 공약이다[VI-22, X-11]. HK로부터의 (정사각형) 대 KF로부터의 (정사각형)은 HK 대 KE이기도 하다. 세 크기 HK, KF, KE가 비례하기 때문이다[V-def-9]. 그래서 HK가 EK와 선형으로 공약이다[X-15]. 또 A로부터의 (정사각형)이 EH, BD로 (둘러싸인 직각 평행사변형)과 같은데, A로부터의 (정사각형)은 유리 구역이므로 EH, BD로 (둘러싸인 직각 평행사변형)도 유리 구역이다. 유리 직선 BD에 나란히 대기도 한다. 그래서 EH는 유리 직선이고 BD와 선형으로 공약이다[X-20]. 결국 그 직선과 공약인 EK는 유리 직선이고 [X-def-1-3] BD와 선형으로 공약이다[X-12]. CD 대 DB는 FK 대 KE인데 CD, DB가 제곱으로만 공약이므로 FK, KE도 제곱으로만 공약이다[X-11]. 그런데 KE가 유리 직선이다. 그래서 FK도 유리 직선이다. 그래서 KF, KE는 제곱으로만 공약인 유리 직선들이다. 그래서 EF가 아포토메이다[X-73]. 그런데 CD가 DB보다 그 자신과 (선형으로) 공약인 직선으로부터의 (정사각형)만큼 제곱근으로 크거나, (그 자신과 선형) 비공약인 직선으로부터의 (정사각형만큼 제곱근으로 크다).

만약 CD가 DB보다 [그 자신과 선형으로] 공약인 직선으로부터의 (정사각형)만큼 제곱근으로 크다면, FK도 KE보다 그 자신과 (선형으로) 공약인 직선으로부터의 (정사각형)만큼 제곱근으로 큰 직선일 것이다[X-14]. 또 CD가 제시된 유리 직선과 선형으로 공약이라면 FK도 (그렇고)[X-11, X-12], BD가 (제시된 유리 직선과 선형으로 공약)이라면 KE도 (그렇고)[X-11], CD, DB 어떤 것도 그렇지 않으면 FK, KE 어느 것도 그렇지 않다.

그런데 만약 CD가 DB보다 그 자신과 (선형) 비공약인 직선으로부터의 (정사각형)만큼 제곱근으로 크다면, FK도 KE보다 그 자신과 (선형) 비공약인 직선으로부터의 (정사각형)만큼 제곱근으로 큰 직선일 것이다[X-14]. 또 CD가 제시된 유리 직선과 선형으로 공약이라면 FK도 (그렇고)[X-11, X-12], BD가 (제시된 유리 직선과 선형으로 공약)이라면 KE도 (그렇고)[X-11], CD, DB 어떤 것도 그렇지 않으면 FK, KE 어느 것도 그렇지 않다. 결국 FE는 그 (직선의) 항 FK, KE가 비노미알의 항 CD, DB와 (선형으로) 공약이고 동일 비율로 있는 아포토메이다. 게다가 FE는 BC와 동일한 위계를 갖는다[X-def-2, X-def-3]. 밝혀야 했던 바로 그것이다.

명제 113

유리 직선으로부터의 (정사각형과 같은 넓이)가 (주어진) 아포토메 직선에 나란히 대어지면서, (생성된 직선의) 항들은 그 아포토메의 항들과 (선형으로) 공약이고 동일 비율로 있는 비노미알 너비를 만든다. 게다가 발생한 비노미알은 그 아포토메와 동일한 위계를 갖는다.

A는 유리 직선, BD는 아포토메 직선이라고 하고, A로부터의 (정사각형)과 BD, KH로 (둘러싸인 직각 평행사변형)이 같고 A로부터의 (정사각형)이 아포토메 BD에 나란히 대어지면서 너비 KH를 만든다고 하자. 나는 주장한다.

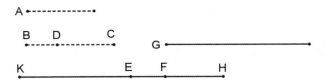

KH는 그 (직선의) 항들이 BD의 항들과 공약이고 동일 비율로 있는 비노미 알이다. 게다가 KH는 BD와 동일한 위계를 갖는다.

BD와 들어맞는 직선이 DC라고 하자.

그래서 BC, CD가 제곱으로만 공약인 유리 직선들이다[X-73]. 또 A로부터의 (정사각형)과 BC, G로 (둘러싸인 직각 평행사변형)이 같다고 하자. 그런데 A로부터의 (정사각형)이 유리 구역이다. 그래서 BC, G로 (둘러싸인 직각 평행사변형)도 유리 구역이다. 유리 직선 BC에 나란히 대어 있기도 한다. 그래서 G는 유리 직선이고 BC와 선형으로 공약이다[X-20]. BC, G로 (둘러싸인 직각 평행사변형)이 BD, KH로 (둘러싸인 직각 평행사변형)과 같으므로, 비례로, CB 대 BD는 KH 대 G이다[VI-16]. 그런데 BC가 BD보다 크다. 그래서 KH가 G보다 크다[V-14, V-16]. G와 같은 KE가 놓인다고 하자. 그래서 KE가 BC와 선형으로 공약이다. 또한 CB 대 BD는 HK 대 KE이므로, 뒤집어서, BC 대 CD가 KH 대 HE이다[V-19 따름]. KH 대 HE가 HF 대 FE이도록 생성했다고 하자. 그래서 남은 KF 대 FH도 KH 대 HE, 즉 BC 대 CD이다[V-19]. 그런데 BC, CD가 제곱으로만 공약인 직선들이다. 그래서 KF, FH도 제곱으로만 공약이다[X-11]. 또 KH 대 HE가 KF 대 FH인 한편, KH 대 HE가 HF 대 FE이므로 KF 대 FH는 HF 대 FE이다[V-11]. 결국 첫 크기 대 셋째 크기는 첫 크기로부터의 (정사각형) 대 둘째 크기로부터의 (정사각형)이다[V-def-9, VI-19 따름]. 그래서 KF 대 FE는 KF로부터의 (정사각형) 대 FH로부터의 (정사각형)이다. 그런데 KF로부터의 (정사각형)은 FH로부터의 (정사각형)과 공약이다. KF, FH가 제곱으로 공약인 직선들이니까 말이다. 그래서 KF가 FE와 선형으로 공약이다[X-11]. 결국 KF가 KE와도 선형으로 공약이다[X-15]. 그런데 KE는 유리 직선이고 BC와 선형으로 공약이다. 그래서 KF도 유리 직선이고 BC와 선형으로 공약이다[X-12]. 또

BC 대 CD는 KF 대 FH이므로, 교대로, BC 대 KF는 DC 대 FH이다[V-16].
그런데 BC가 KF와 (선형) 공약이다. 그래서 FH도 CD와 선형으로 공약이
다[X-11]. 그런데 BC, CD가 제곱으로만 공약인 유리 직선들이다. 그래서
KF, FH도 제곱으로만 공약인 유리 직선들이다[X-def-1-3, X-13]. 그래서
KH가 비노미알 직선이다[X-36].

만약 BC가 CD보다 그 자신과 (선형으로) 공약인 직선으로부터의 (정사각형)
만큼 제곱근으로 크다면, KF도 FH보다 그 자신과 (선형) 공약인 직선으로
부터의 (정사각형)만큼 제곱근으로 큰 직선일 것이다[X-14]. 또 BC가 제시
된 유리 직선과 선형으로 공약이라면 KF도 (그렇고)[X-12], CD가 제시된
유리 직선과 선형으로 공약이라면 FH도 (그렇고), BC, CD 어떤 것도 그렇
지 않다면 KF, FH 어느 것도 그렇지 않다[X-13].

그런데 만약 BC가 CD보다 그 자신과 (선형) 비공약인 직선으로부터의 (정
사각형)만큼 제곱근으로 크다면, KF도 FH보다 그 자신과 (선형) 비공약인
직선으로부터의 (정사각형)만큼 제곱근으로 큰 직선일 것이다[X-14]. 또
BC가 제시된 유리 직선과 선형으로 공약이라면 KF도 (그렇고)[X-12], CD
가 (제시된 유리 직선과 선형으로 공약)이라면 FH도 (그렇고), BC, CD 어떤 것
도 그렇지 않으면 KF, FH 어느 것도 그렇지 않다[X-13].

그래서 KH는 그 (직선의) 항 KF, FH가 아포토메의 항 BC, CD와 (선형으로)
공약이고 동일 비율로 있는 비노미알이다. 게다가 KH는 BC와 동일한 위
계를 갖는다 [X-def-2, X-def-3]. 밝혀야 했던 바로 그것이다.

명제 114

아포토메 직선과, 그 항들이 그 아포토메의 항들과 공약이고 동일 비율로 있는, 그런 비노미알 직선으로 (직각 평행사변형) 구역이 둘러싸이면, 그 구역의 제곱근 직선은 유리 직선이다.

AB, CD로 (직각 평행사변형) 구역이 둘러싸인다고 하자. 아포토메는 AB이고, 비노미알은 CD인데, 큰 항이 CE라 하고, 그 비노미알의 항 CE, ED가 아포토메의 항 AF, FB와 공약이고 동일 비율로 있다고 하자. 또한 AB, CD로 (둘러싸인 직각 평행사변형) 구역의 제곱근 직선은 G라고 하자. 나는 주장한다. G는 유리 직선이다.

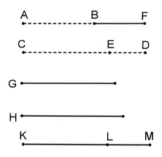

유리 직선 H가 제시된다고 하고 H로부터의 (정사각형)과 같은 (직각 평행사변형)이 KL을 너비로 만들면서 CD에 나란히 대어졌다고 하자.

그래서 KL은, 그 항 KM, ML이 비노미알의 항 CE, ED와 공약이고 동일 비율로 있는, 그런 아포토메이다[X-112]. 한편, CE, ED는 AF, FB와 공약일 뿐만 아니라 동일 비율로도 있다. 그래서 AF 대 FB는 KM 대 ML이다. 그래서 교대로, AF 대 KM이 BF 대 LM이다[V-16]. 그래서 남은 AB 대 남은 KL도 AF 대 KM이다[V-19]. 그런데 AF가 KM과 공약이다[X-12]. 그래서 AB도 KL과 공약이다[X-11]. AB 대 KL은 CD, AB로 (둘러싸인 직각 평행사변형) 대 CD, KL로 (둘러싸인 직각 평행사변형)이기도 하다[VI-1]. 그래서 CD, AB로 (둘러싸인 직각 평행사변형)도 CD, KL로 (둘러싸인 직각 평행사변형)과 공약이다[X-11]. 그런데 CD, KL로 (둘러싸인 직각 평행사변형)이 H로부터의 (정사각형)과 같다. 그래서 CD, AB로 (둘러싸인 직각 평행사변형)이 H로부터의 (정사각형)과 공약이다. 그런데 CD, AB로 (둘러싸인 직각 평행사변형)은 G로부터의 (정사각형)과 같다. 그래서 G로부터의 (정사각형)이 H로부터의 (정사각형)과 공약이다. 그런데 H로부터의 (정사각형)은 유리 구역이다. 그래서 G로부터의 (정사각형)도 유리 구역이다. 그래서 G는 유리 직선이다. 또한 CD, AB로 (둘러싸인 직각 평행사변형)의 제곱근 직선이기도 하다.

그래서 아포토메 직선과, 그 항들이 그 아포토메의 항들과 공약이고 동일 비율로 있는, 그런 비노미알 직선 사이에 (직각 평행사변형) 구역이 둘러싸이면, 그 구역의 제곱근 직선은 유리 직선이다.

따름. 또 이로부터 우리에게 분명하게 되었다. 유리 구역이 무리 직선들로 둘러싸일 수 있다. 밝혀야 했던 바로 그것이다.

명제 115

메디알 직선으로부터 무한히 (많은) 무리 직선들이 발생하고, (그 직선들 중) 그 어느 것도 (그 직선) 이전(에 발생한 직선)들 중 어느 직선과도 동일한 직선이 아니다.

메디알 직선 A가 있다고 하자. 나는 주장한다. A로부터 무한히 (많은) 무리 직선들이 발생하고, (그 직선들 중) 그 어느 것도 (그 직선) 이전(에 발생한 직선)들 중 어느 직선과도 동일한 직선이 아니다.

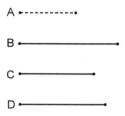

유리 직선 B가 제시된다고 하고 B, A로 (둘러싸인 직각 평행사변형)과 C로부터의 (정사각형)이 같다고 하자. 그래서 C는 무리 직선이다[X-def-1-4]. 무리 직선과 유리 직선으로 (둘러싸인 직각 평행사변형)은 무리 구역이니까 말이다[X-20]. 그 이전 직선들 중 어느 것과도 동일한 직선이 아니기도 하다. 이전 직선들 중 어느 것으로부터의 (정사각형)과 같은 (직각 평행사변형)이 유리 직선과 나란히 대어지면서 너비를 메디알로 만들 수 없으니까 말이다. 다시, 이제 B, C로 (둘러싸인 직각 평행사변형)과 D로부터의 (정사각형)이 같다고 하자. 그래서 D로부터의 (정사각형)은 무리 구역이다[X-20]. 그래서 D는 무리 직선이다[X-def-1-4]. 그 이전 직선들 중 어느 것과도 동일한 직선이 아니기도 하다. 이전 직선들 중 어느 것으로부터의 (정사각형)과 같은 (직각 평행사변형)이 유리 직선과 나란히 대어지면서 C를 너비로 만들 수 없으니까 말이다. 마찬가지로 하던 것을 무한히 계속해 가면, 메디알 직선으로부터 무한히 (많은) 무리 직선들이 발생하고 (그 직선들 중) 그 어느 것도 (그 직선) 이전(에 발생한 직선)들 중 어느 직선과도 동일한 직선이 아니라는 것은 분명하다. 밝혀야 했던 바로 그것이다.

제11권

정의

1. **입체란** 길이와 너비와 깊이를 갖는 것이다.[197]

2. **입체의 끝은** 표면이다.

3. (어떤 직선이), 그 직선에 닿으면서 [아래 놓인] 평면 안에 있는 모든 직선들로 직각을 이룰 때, **직선은 평면으로 직각**이다.

4. 평면들 중 하나 안에서 그 평면들의 공통 교차와 직각으로 그어진 직선들이 남은 평면과 직각으로 있을 때, **평면은 평면으로 직각**이다

5. 어떤 직선의 뜬 끝으로부터 평면으로 수직선이 그어졌고 (그렇게 해서) 생성된 점으로부터 그 평면 안에 있는 그 직선의 (다른) 끝으로 (다른) 직선이 이어질 때, 그어진 그 직선과 위로 선 직선으로 둘러싸인 각은 **평면으로 직선의 경사**이다.

----

197 제1권 정의 1, 2, 5는 각각 점, 선, 표면이고 각각 부분 없는 것, 폭 없는 길이, 길이와 폭만 갖는 것이었다. 이어지는 입체 기하의 정의들을 평면 기하인 제1권과 제6권의 정의들과 비교하며 읽을 필요가 있다. 플라톤은 『국가』 제7권 528b에서 입체 기하 분야에서는 신생 학문이라 '아직 발견된 게 거의 없는 것 같다'고 언급한다. 유클리드의 『원론』 제11권부터 제13권의 명제들을 제1권부터 6권까지의 명제들과 비교하며 읽으면서 우리는 테아이테토스, 에우독소스 등을 거치며 유클리드에 이르러 고대 그리스 수학이 평면 기하의 기초 위에 입체 기하를 어떻게 확장하고 기하학을 통합해 갔는지 짐작할 수 있다.

6. 평면들 각각의 안에 (있는) 동일한 점에서, (평면들의) 공통 교차와 직각으로 그어진 직선들 사이에 둘러싸인 예각은 **평면으로 평면의 경사**이다.

7. 언급된 경사의 각들이 서로 같을 때, 평면이 평면으로, 그리고 다른 평면이 다른 평면으로 **유사하게 기울어졌다**고 말한다.

8. **평행 평면들**이란 만나지 않은 평면들이다.[198]

9. **닮은 입체 도형들**이란, 개수가 같은 닮은 평면들 사이에 둘러싸인 입체 도형들이다.

10. **같고도 닮은 입체 도형들**은, 개수로도 크기로도 같은 닮은 평면들 사이에 둘러싸인 입체 도형들이다.

11. **입체각**이란, 서로 닿되 동일한 평면에 있지 않은 두 개보다 많은 선들 사이에서 그 모든 선들끼리의 경사이다. 달리 말하면, 입체각은 점 하나에서 구성되면서, 동일 평면에 있지 않은 두 개보다 많은 평면각들 사이에 둘러싸인 각이다.

12. **각뿔**이란, 평면 하나로부터 점 하나로 (이어져) 구성되면서 평면들로 둘러싸인 입체 도형이다.

∵

[198] '평행 직선들'을 정의한 제1권 정의 23에 비하면 너무 간단한 정의이다. 3차원 공간 안에서 평면의 연장에 대한 개념이 모호하고 그에 대한 공준이 없는 데에서 비롯된 것으로 보인다.

13. **각기둥**이란, 마주한 같은 두 평면은 닮고도 평행하고 남은 평면들은 평행사변형들인 평면들로 둘러싸인 입체 도형이다.

14. **구**란, 반원의 지름이 고정된 채, 반원이 회전하여 움직이기 시작한 그 자리로 되돌아올 때, 감싸인 그 도형이다.[199]

15. **구의 축**은 반원이 그 주위를 (따라) 도는 고정된 그 직선이다.

16. **구의 중심**은 그 반원의 중심과 동일하다.

17. **구의 지름**은 그 중심을 통과하여 그어지고 구의 표면으로 양쪽에서 제한된 어떤 직선이다.

18. **원뿔**이란, 직각 삼각형의 직각 주위의 (두 변) 중 한 변이 고정된 채, 그 삼각형이 회전하여 움직이기 시작한 그 자리로 되돌아올 때, 감싸인 그 도형이다. 고정된 직선이 직각 주위의 (두 변 중) 회전하는 남은 (변)과 같으면 **직각 원뿔**, (회전하는 변보다) 작으면 **둔각** (원뿔), 크면 **예각** (원뿔)일 것이다.[200]

⁘

199 제1권의 정의 15에서 원을 정의할 때는 회전이라는 운동 개념을 언급하지 않았다. 그런데 여기서 구를 정의할 때는 반원의 회전이라는 운동 개념으로 정의한다.

200 (1) 원뿔을 각에 따라 분류해서 정의했지만 이에 대한 명제는 없다. 타원, 포물선, 쌍곡선이라는 원뿔 단면 곡선을 정의할 때 초기에는 예각, 직각, 둔각 원뿔에 대해 단면으로 정의한 것과 관련이 있지 않을까 짐작한다. (2) 각뿔의 정의와 사뭇 다르다. 각뿔은 다각형의 변들이 그 다각형의 '바깥'에 있는 한 점으로 모이면서 이루어지는 개념인 반면 원뿔은 고정된 축을 기준으로 회전하는 '운동'의 개념으로 이루어진다. 고대 그리스 수학의 또 다른 금

19. **원뿔의 축**은 삼각형이 그 주위를 (따라) 도는 고정된 그 직선이다.

20. **원뿔의 밑면**은 회전하는 직선으로 그려지는 원이다.

21. **원기둥**이란, 직각 평행사변형의 직각 주위의 (두 변) 중 한 변이 고정된 채, 그 (직각) 평행사변형이 회전하여 움직이기 시작한 그 자리로 되돌아올 때, 감싸인 그 도형이다.

22. **원기둥의 축**은 평행사변형이 주위를 (따라) 도는 고정된 그 직선이다.

23. **원기둥의 밑면들**은, 마주하며 선회하는 두 변으로 그려지는 원들이다.

24. **닮은 원뿔들**과 **닮은 원기둥들**은, 축들과 밑면의 지름들이 비례하는 원뿔들과 원기둥들이다.

25. **정육면체**란, 여섯 (개의) 같은 정사각형들로 둘러싸인 입체 도형이다.[201]

∴

자탑인 『원뿔 단면 곡선』에서 아폴로니우스는 유클리드의 '각뿔'의 정의와 비슷하게 원뿔을 정의한다.

[201] 제13권 명제 13부터 명제 17까지 정사면체부터 정십이면체까지 정다면체 다섯 개가 등장한다. 그렇게 보면 정의에서 정사면체가 빠졌다. 제13권 명제 13에서 정사면체를 말할 때 단순히 '각뿔(원문의 발음은 '피라미스')'이라고 표현한다. 그런데 명제 14에서 정육면체를 나타낼 때는 '각기둥'이나 '직각 평행육면체' 같은 표현을 쓰지 않고 따로 여기서 '정육면체'라는 용어를 제시했다. 다만 번역어 '정육면체'에 해당하는 원문에는 '정'과 '육면'에 대한 언급이 없다. 영어 cube의 뿌리인 그리스어 '퀴보스'이다. 정사각형으로 번역하는 용어의 원문에서도 '정'이나 '사각형'에 대한 언급이 없었던 것 같다. 그에 비해 정8, 20, 12면체에서는 숫자를 의미하는 낱말인 '팔, 이십, 십이'가 들어가 있다.

26. **정팔면체**란, 여덟 (개의) 같은 등변 삼각형들로 둘러싸인 입체 도형이다.

27. **정이십면체**란, 스무 (개의) 같은 등변 등각 삼각형들로 둘러싸인 입체 도형이다.

28. **정십이면체**란, 열두 (개의) 같은 등변 오각형들로 둘러싸인 입체 도형이다.

명제 1

직선의 어떤 부분은 아래 놓인 평면에, 어떤 부분은 더 뜬 평면에 있을 수는 없다.

혹시 가능하다면, 직선 ABC의 AB 부분은 아래 놓인 평면에, BC 부분은 더 뜬 평면에 있다고 하자.

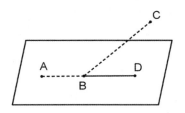

이제 AB에 직선으로 계속해서 어떤 직선이 아래 놓인 평면에 있을 것이다. (그 직선이) BD라고 하자. 그래서 두 직선 ABC, ABD의 공통 교차는 AB이다. 이것은 불가능하다. 우리가 중심은 B로, 간격은 AB로 원을 그렸다면 그 지름(ABD, ABC)이 같지 않은 원둘레들을 끊게 될 테니 말이다.**202**

그래서 직선의 어떤 부분은 아래 놓인 평면에, 어떤 부분은 더 뜬 평면에 있을 수는 없다. 밝혀야 했던 바로 그것이다.

명제 2

두 직선이 교차하면 그 두 직선은 한 평면에 있고, 전체 삼각형도 한 평면에 있다.
두 직선 AB, CD가 점 E에서 교차한다고 하자. 나는 주장한다. AB, CD는 한 평면에 있고, 전체 삼각형도 한 평면에 있다.

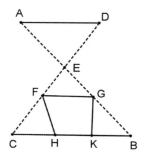

EC, EB 위에 임의의 점 F, G가 잡혔다고 하고, CB, FG가 이어졌고, FH, GK 가 더 그어졌다고 하자. 먼저, 나는 주장한다. 삼각형 ECB가 한 평면에 있다.

∴∙

202 입체 기하의 공리에 해당하는 명제인데 표현이 모호하다. 입체 공간을 결정하는 기초 공준이 없고 원을 작도하는 것에 대한 공준도 없으니 더욱 그러하다. 직관적으로 해석하는 수밖에 없다. B를 중심으로 해서 A, C, D를 지나는 원을 '작도'한다. 그럴 때 ABC도 ABD도 직선이고 지름이다. 그런데 반원의 호 AC와 반원의 호 AD가 다른 길이를 갖는다. 이것은 있을 수 없다.

만약 삼각형 ECB의 부분이 FHC이든 GBK이든 아래 놓인 [평면] 안에 있는데 남은 부분이 다른 평면 안에 있다면 직선 EC, EB 중 하나에 대해 어떤 부분은 아래 놓인 평면 안에, (어떤 부분은) 다른 평면 안에 있을 것이다. 그런데 만약 삼각형 ECB의 부분 FCBG는 아래 놓인 평면에, 남은 부분은 다른 평면 안에 있다면 직선 EC, EB 중 직선 각각에 대해서도 어떤 부분은 아래 놓인 평면에, (다른 부분은) 다른 평면 안에 있을 것이다. (이것은) 있을 수 없다는 것이 밝혀졌다[XI-1]. 그래서 삼각형 ECB는 한 평면 안에 있다. 그런데 삼각형 ECB가 있는 그 평면 안에 EC, EB 각각도 있고, EC, EB 각각이 있는 그 평면 안에 AB, CD도 있다[XI-1].

그래서 두 직선 AB, CD는 한 평면에 있고, 전체 삼각형도 한 평면에 있다. 밝혀야 했던 바로 그것이다.

명제 3

두 평면이 교차하면 그 평면들의 공통 교차는 직선이다.

두 평면 AB, BC가 교차하는데 그 평면들의 공통 교차가 선 DB라고 하자. 나는 주장한다. 선 DB는 직선이다.

만약 아니라면 D로부터 B로, 평면 AB 안으로는 직선 DEB가, 평면 BC 안으로는 직선 DFB가 이어졌다고 하자.

이제 두 직선 DEB, DFB에 대하여 동일한 끝(점)들이 있고 명백하게 구역을 둘러쌀 것이다. 이것은 있을 수 없다. 그래서 DEB, DFB는 직선이 아니다. 평면 AB, BC의 공통 교차 DB 말고는 D로부터 B로 이어지는 다른 어떤 직선도 있을 수 없다는 것을 이제 우리는 유사하게 밝힐 수 있다.

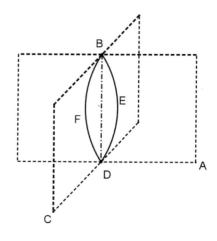

그래서 두 평면이 교차하면 그 평면들의 공통 교차는 직선이다. 밝혀야 했던 바로 그것이다.

명제 4

교차하는 두 직선과, 그 공통 교차 (점) 위에 직선이 직각으로 세워지면 (그 직선은) 그 직선들을 통과하는 평면과도 직각으로 있을 것이다.

점 E에서 교차하는 두 직선 AB, CD와 직각으로, E로부터 EF가 세워졌다고 하자. 나는 주장한다. EF는 AB, CD를 통과하는 평면과도 직각으로 있다. AE, EB, CE, ED가 서로 같게 끊겼다고 하고[I-3], E를 통과하여 임의로 GEH가 그어졌다 하고, AD, CB가 이어졌다 하고, 게다가 임의의 F로부터 직선 FA, FG, FD, FC, FH, FB가 이어졌다고 하자.

두 직선 AE, ED가 두 직선 CE, EB와 같고 같은 각을 둘러싸므로[I-15],

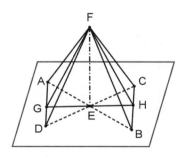

밑변 AD는 밑변 CB와 같고, 삼각형 AED는 삼각형 CEB와 같을 것이다[I-4]. 결국 각 DAE도 EBC와 같다. 그런데 각 AEG도 BEH와 같다[I-15]. 이제 AGE, BEH는, 두 각은 각각 같은 두 각을 갖고 한 변과 같은 한 변을, (즉) 같은 각들에 댄 EB와 같은 AE를 갖는 두 삼각형이다. 그래서 남은 변들도 같은 남은 변들을 가질 것이다[I-26]. 그래서 GE는 EH와, AG는 BH와 같다. 또 AE가 EB와 같은데 공통 FE가 직각으로도 있으므로 밑변 FA가 밑변 FB와 같다[I-4]. 똑같은 이유로 이제 FC도 FD와 같다. 또한 AD가 CB와 같은데 FA도 FB와 같으므로, 이제 두 직선 FA, AD는 두 직선 FB, BC와 각각 같다. 밑변 FD가 밑변 FC와 같다는 것도 밝혀졌다. 그래서 각 FAD도 각 FBC와 같다[I-8]. 다시, AG가 BH와 같다는 것이 밝혀졌으므로, 더군다나 FA는 FB와 같고 두 직선 FA, AG는 두 직선 FB, BG와 같다. 또한 각 FAG가 FBH와 같다고 밝혀졌다. 그래서 밑변 FG가 밑변 FH와 같다[I-4]. 다시, GE가 EH와 같다고 밝혀졌는데 EF가 공통이므로, 이제 두 직선 GE, EF가 두 직선 HE, EF와 같다. 밑변 FG도 밑변 FH와 같다. 그래서 각 GEF가 각 HEF와 같다[I-8]. 그래서 각 GEF, HEF 각각이 직각이다[I-def-10]. 그래서 FE는 E를 통과하여 임의로 그어진 GH로 직각이다. EF가 그 직선에 닿으면서 아래 놓인 평면 안에 있는 모든 직선들로 직각을 이룬다는 것도 이제 우리는 비슷하게 밝힐 수 있다. 그런데 그 직선에 닿으면서 아래 놓인 평면 안에 있는 모든 직선들로 직각을 이룬다면, 직선은 평면으로 직각이다[XI-def-3]. 그래서 FE가 아래 놓인 평면과 직각으로 있다. 그런데 아래 놓인 평면은 직선 AB, CD를 지나는 평면이다. 그래서 FE가 AB, CD를 지나는 평면과 직각으로 있다.

그래서 교차하는 두 직선과, 그 공통 교차 (점) 위에 직선이 직각으로 세워지면, 그 직선들을 통과하는 평면과도 직각으로 있을 것이다. 밝혀야 했던 바로 그것이다.

명제 5

서로 닿는 세 직선과 그 공통 교차 (점) 위에 직선이 직각으로 세워지면 그 세 직선은 한 평면 안에 있다.

세 직선 BC, BD, BE와 그 접점 B 위에 어떤 직선 AB가 직각으로 세워졌다고 하자. 나는 주장한다. BC, BD, BE는 한 평면에 있다.

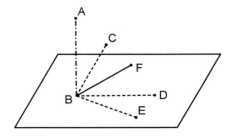

만약 가능하다면, 그렇지 않아서, BD, BE는 아래 놓인 평면 안에, BC는 더

뜬 평면 안에 있다고 하고 AB, BC를 통과하여 평면이 연장되었다고 하자. 이제 아래 놓인 평면 안에 공통 교차로 직선을 만들 것이다[XI-3]. BF를 만든다고 하자. 그래서 AB, BC를 통과하여 더 그어진 한 평면 안에 세 직선 AB, BC, BF가 있다. AB가 BD, BE 각각으로 직각이므로 BD, BE를 통과하는 평면으로도 AB가 직각이다[XI-4]. 그런데 BD, BE를 통과하는 평면이 아래 놓인 그 평면이다. 그래서 AB는 아래 놓인 그 평면으로 직각이다. 결국 AB가 그 직선에 닿으면서 아래 놓인 평면 안에 있는 모든 직선들로 직각을 이룬다[XI-def-3]. 그런데 아래 놓인 평면 안에 있는 BF가 그 직선에 닿는다. 그래서 각 ABF는 직각이다. 그런데 ABC도 직각으로 아래 놓인다. 그래서 각 ABF가 ABC와 같다. 한 평면에 있기도 하다. 이것은 불가능하다[공통 개념 8]. 그래서 직선 BC가 더 뜬 평면에 있을 수 없다. 그래서 세 직선 BC, BD, BE는 한 평면에 있다.

그래서 서로 닿는 세 직선과 그 공통 교차 (점) 위에 직선이 직각으로 세워지면 그 세 직선은 한 평면 안에 있다. 밝혀야 했던 바로 그것이다.

명제 6

두 직선이 동일 평면과 직각으로 있으면 직선들은 평행할 것이다.

두 직선 AB, CD가 아래 놓인 평면과 직각으로 있다고 하자. 나는 주장한다. AB는 CD와 평행하다.

(AB, CD가) 점 B, D에서 아래 놓인 평면과 만난다고 하고, 직선 BD가 이어졌다 하고, 아래 놓인 평면 안에서 DE가 BD와 직각으로 그어졌다고 하고 [I-11], AB와 DE가 같게 놓인다 하고[I-3], BE, AE, AD가 이어졌다고 하자.

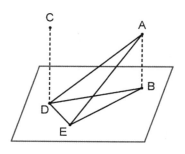

AB가 아래 놓인 평면으로 직각이므로, 그 직선에 닿으면서 아래 놓인 평면 안에 있는 모든 직선들로 직각을 이룬다[XI-def-3]. 그런데 아래 놓인 평면 안에 있는 BD, BE 각각이 AB를 만난다. 그래서 각 ABD, ABE 각각은 직각이다. 이제 똑같은 이유로 CDB, CDE 각각도 직각이다. AB가 DE와 같은데 BD가 공통이므로, 이제 두 직선 AB, BD가 두 직선 ED, DB와 같다. 직각을 둘러싸기도 한다. 그래서 밑변 AD가 밑변 BE와 같다[I-4]. 또 AB가 DE와 같은데 한편, AD도 BE와 같으므로 이제 두 직선 AB, BE가 두 직선 ED, DA와 같다. 그 (삼각형)들의 밑변 AE가 공통이다. 그래서 각 ABE가 EDA와 같다[I-8]. 그런데 ABE가 직각이다. 그래서 EDA도 직각이다. 그래서 ED가 DA로 직각이다. 그런데 BD, DC 각각으로도 직각이다. 그래서 ED가 세 직선 BD, DA, DC와 접점에서 직각으로 섰다. 그래서 세 직선 BD, DA, DC는 한 평면 안에 있다[XI-5]. 그런데 DB, DA가 있는 거기에 AB도 있다. 전체 삼각형이 한 평면 안에 있으니 말이다[XI-2]. 그래서 직선 AB, BD, DC가 한 평면 안에 있다. 각 ABD, BDC 각각이 직각이기도 하다. 그래서 AB가 CD와 평행이다[I-28].

그래서 두 직선이 동일 평면과 직각으로 있으면 직선들은 평행할 것이다. 밝혀야 했던 바로 그것이다.

명제 7

평행한 두 직선이 있는데, 그 직선들 각각에서 임의의 점들이 잡히면, 그 두 점을 잇는
직선은 그 평행 직선들과 동일 평면 안에 있다.

평행한 두 직선 AB, CD가 있고 그 직선들 각각 위에서 임의의 점 E, F가
잡혔다고 하자. 나는 주장한다. E, F를 잇는 직선은 그 평행 직선들과 동
일 평면 안에 있다.

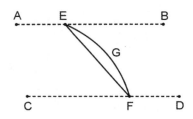

혹시 가능하다면, 그렇지 않아서, EGF처럼 더 뜬 평면 안에 있다고 하고,
EGF를 통과하여 평면을 더 그었다고 하자.

이제 아래 놓인 평면 안에 (공통) 교차로 직선을 만들 것이다[XI-3]. EF 같
은 직선을 만든다고 하자. 그래서 두 직선 EGF, EF가 구역을 둘러싼다. 이
것은 불가능하다. 그래서 E로부터 F로 이어지는 직선이 더 뜬 평면에는 있
을 수 없다. 그래서 E로부터 F로 이어지는 직선이 평행한 AB, CD를 통과
하는 평면 안에 있다.

그래서 평행한 두 직선이 있는데, 그 직선들 각각에서 임의의 점들이 잡히
면, 그 두 점을 잇는 직선은 그 평행 직선들과 동일 평면 안에 있다. 밝혀
야 했던 바로 그것이다.

명제 8

평행한 두 직선이 있는데, 그 직선들 중 하나가 어떤 평면과 직각으로 있으면, 남은 직선도 동일 평면과 직각으로 있을 것이다.

평행한 두 직선 AB, CD가 있는데 그 직선들 중 하나인 AB가 아래 놓인 평면과 직각으로 있다고 하자. 나는 주장한다. 남은 직선 CD도 동일 평면과 직각으로 있을 것이다.

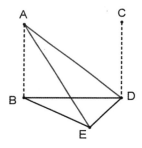

AB, CD가 점 B, D에서 아래 놓인 평면과 만난다고 하고, 직선 BD가 이어졌다고 하자. 그래서 AB, CD, BD가 한 평면 안에 있다[XI-7]. 아래 놓인 평면 안에서 BD와 직각으로 DE가 그어졌고, AB와 같게 DE가 놓이고, BE, AE, AD가 이어졌다고 하자.

AB가 아래 놓인 평면으로 직각이므로, AB는 그 직선에 닿으면서 아래 놓인 평면 안에 있는 모든 직선들로 직각을 이룬다[XI-def-3]. 그래서 각 ABD, ABE 각각은 직각이다. BD가 평행한 직선 AB, CD를 가로질러 떨어졌으므로 각 ABD, CDB들(의 합)은 두 직각(의 합)과 같다[I-29]. 그런데 ABD가 직각이다. 그래서 CDB도 직각이다. 그래서 CD가 BD로 직각이다. 또한 AB가 DE와 같은데 BD가 공통이므로, 이제 두 직선 AB, BD가 두 직선 ED, DB와 같다. 각 ABD가 각 EDB와 같기도 하다. 각각이 직각이니까 말이다. 그래서 밑변 AD가 밑변 BE와 같다[I-4]. AB는 DE와, BE는 AD와 같으므로 이제 두 직선 AB, BE가 두 직선 ED, DA와 각각 같다. 그 (삼각형)들의 밑변 AE는 공통이기도 하다. 그래서 각 ABE가 각 EDA와 같다[I-8]. 그런데 ABE가 직각이다. 그래서 EDA도 직각이다. 그래서 ED는 AD로 직각이다. 그런데 DB로도 직각이다. 그래서 ED는 BD, DA를 통과하는 평면과도 직각이다[XI-4]. 그래서 ED는 그 직선에 닿으면서 BDA를 통과하는 평면 안에 있는 모든 직선들로 직각을 이룬다. 그런데 BDA를 통과하는 평면 안에 DC가 있다. BDA를 통과하는 평면 안에 AB, BD가 있는데 AB, BD가 있는 거기에 DC도 있기 때문이다[XI-2]. 그래서 ED가 DC와 직각으로 있다. 결국 CD도 DE와 직각으로 있다. 그런데 CD는 BD와도 직각으로 있다. 그래서 CD가 서로 교차하는 두 직선 DE, DB와 교차(점) D로부터 직각으로 섰다. 결국 CD는 DE, DB를 통과하는 평면과 직각으로 있다[XI-4]. 그런데 DE, DB를 통과하는 평면이 아래 놓인 평면이다. 그래서 CD가 아래 놓인 평면과 직각으로 있다.

그래서 평행한 두 직선이 있는데, 그 직선들 중 하나가 어떤 평면과 직각으로 있으면, 남은 직선도 동일 평면과 직각으로 있을 것이다. 밝혀야 했던 바로 그것이다.

명제 9

동일 직선과 평행하고 그 직선과 동일한 평면에 있지 않은 직선들은 서로도 평행하다.

AB, CD 각각이 EF와 평행하고 그 (EF)와 동일한 평면 안에 있지 않다고

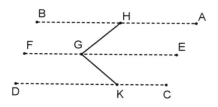

하자. 나는 주장한다. AB가 CD와 평행하다.

EF에서 임의의 점 G가 잡혔고 그 점으로부터 EF, AB를 통과하는 평면 안에서는 EF와 직각으로 GH가, FE, CD를 통과하는 평면 안에서는 다시 EF와 직각으로 GK가 그어졌다고 하자.

EF가 GH, GK 각각으로 직각이므로, EF는 GH, GK를 통과하는 평면과도 직각으로 있다[XI-4]. 또한 EF는 AB와 평행하다. 그래서 AB도 HGK를 통과하는 평면과 직각으로 있다[XI-8]. 이제 똑같은 이유로 CD도 HGK를 통과하는 평면과 직각으로 있다. 그래서 AB, CD 각각이 HGK를 통과하는 평면과 직각으로 있다. 그런데 두 직선이 동일한 평면과 직각으로 있으면 그 직선들은 서로 평행하다[XI-6]. 그래서 AB가 CD와 평행하다. 밝혀야 했던 바로 그것이다.

명제 10

서로 닿는 두 직선이, 동일 평면에 있지 않은 서로 닿는 (다른) 두 직선과 (각각) 평행하게 있다면,[203] 같은 각들을 둘러쌀 것이다.

서로 닿는 두 직선 AB, BC가 동일 평면에 있지 않은 서로 닿는 두 직선 DE, EF와 평행하게 있다고 하자. 나는 주장한다. 각 ABC는 DEF와 같다.

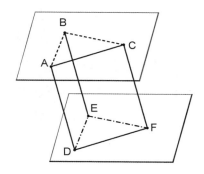

BA, BC, ED, EF가 서로 같게 끊겼다고 하고, AD, CF, BE, AC, DF가 이어졌다고 하자.

BA가 ED와 같고 평행하므로, AD도 BE와 같고 평행하다[I-33]. 이제 똑같은 이유로 CF도 BE와 같고 평행하다. 그래서 AD, CF 각각이 BE와 같고 평행하다. 그런데 동일 직선과 평행하고 그 직선과 동일 평면에 있지 않은 직선들은 서로도 평행하다[XI-9]. 그래서 AD가 CF와 평행하고 또한 같다. AC, DF가 그 직선들을 잇기도 한다. 그래서 AC가 DF와 같고 평행하다[I-33]. 또한 두 직선 AB, BC가 두 직선 DE, EF와 같고 밑변 AC가 밑변 DF와 같으므로, 각 ABC는 각 DEF와 같다[I-8].

그래서 서로 닿는 두 직선이, 동일 평면에 있지 않은 서로 닿는 (다른) 두 직선과 (각각) 평행하게 있다면, 같은 각들을 둘러쌀 것이다. 밝혀야 했던 바로 그것이다.

••

203 이 부분의 원문은 제1권과 제11권의 정의에 등장하는 용어 '평행하다'가 아니라 '나란히'라는 뜻의 낱말이다. 3차원 공간에서 두 직선의 평행성을 정의하지 않았기 때문에 그런 직관적인 용어를 쓴 것으로 보인다. 그래서 '평행하게 있다'라고 다소 어색하게 번역한다.

명제 11

주어진 뜬 점으로부터 주어진 평면으로 수직 직선을 긋기.

주어진 뜬 점이 A, 주어진 평면은 아래 놓인 평면이라고 하자. 이제 점 A 로부터 아래 놓인 평면으로 수직 직선을 그어야 한다.

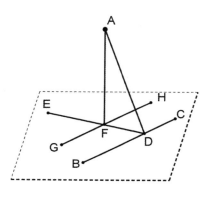

아래 놓인 평면 안에 어떤 직선 BC가 임의로 더 그어졌다고 하고, 점 A로 부터 BC로 수직선 AD가 그어졌다고 하자[I-12]. 만약 AD가 아래 놓인 평 면 위로도 수직선이라면 해야 했던 것이 이미 된 것이다.

만약 그렇지 않다면, 아래 놓인 평면 안에 BC와 직각으로 점 D로부터 DE 가 그어졌다고 하고[I-11], A로부터 DE로 수직선 AF가 그어졌다 하고[I-12], 점 F를 통과하여 BC와 평행한 GH가 그어졌다고 하자[I-31].

BC가 DA, DE 각각과 직각으로 있으므로, BC가 EDA를 통과하는 평면과 도 직각으로 있다[XI-4]. GH가 그 직선과 평행하기도 하다. 두 직선이 평 행한데, 그 직선들 중 하나가 어떤 평면과 직각으로 있으면, 남은 직선도 동일 평면과 직각으로 있을 것이다[XI-8]. 그래서 GH가 ED, DA를 통과

하는 평면과 직각으로 있다. 그래서 ED, DA를 통과하는 평면에 있고 그
직선에 닿는 모든 직선들로 GH가 직각이다[XI-def-3]. 그런데 AF가 ED,
DA를 통과하는 평면 안에 있으면서 그 (직선 GH)를 만난다. 그래서 GH가
FA로 직각이다. 결국 FA도 HG로 직각이다. 그런데 AF가 DE로도 직각이
다. 그래서 AF는 GH, DE 각각으로 직각이다. 그런데 직선이, 서로를 교차
하는 두 직선과, 그 교차 (점) 위에 직각으로 세워지면, 그 직선들을 통과하
는 평면과도 직각으로 있을 것이다[XI-4]. 그래서 FA가 ED, GH를 통과하
는 평면과 직각으로 있다. 그런데 ED, GH를 통과하는 평면은 아래 놓인
평면이다. 그래서 AF가 아래 놓인 평면과 직각으로 있다.

그래서 주어진 뜬 점 A로부터 아래 놓인 평면으로 수직 직선 AF가 그어졌
다. 해야 했던 바로 그것이다.

명제 12

주어진 평면과 그 평면에서의 주어진 점으로부터 직각으로 직선을 일으켜 세우기.

주어진 평면은 아래 놓인 평면이고 그 평면에서의 주어진 점을 A라고 하자.
이제 점 A로부터 아래 놓인 평면과 직각으로 직선을 일으켜 세워야 한다.

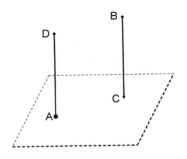

어떤 뜬 점 B를 상상하고 B로부터 아래 놓인 평면으로 수직선 BC가 그어 졌다고 하고[XI-11] 점 A를 통과하여 BC와 평행한 AD가 그어졌다고 하자 [I-31].

두 직선 AD, CB가 평행한데 그 직선들 중 하나인 BC가 아래 놓인 평면과 직 각으로 있으므로, 남은 직선 AD도 아래 놓인 평면과 직각으로 있다[XI-8]. 그래서 주어진 평면과 그 평면에서의 점 A로부터 직각으로 직선 AD가 일 으켜 세워졌다. 해야 했던 바로 그것이다.

명제 13

동일 점으로부터 동일 평면과 동일한 쪽에 직각으로 직선 두 개를 일으켜 세울 수는 없다.[204] 혹시 가능하다면, 동일 점 A로부터 아래 놓인 평면과 동일한 쪽에 직각으 로 두 직선 AB, AC가 일으켜 세워졌다고 하고, BA, AC를 통과하는 평면 이 더 그어졌다고 하자.

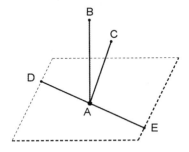

∴

204 입체 기하인 제11권 명제 12는 평면 기하인 제1권의 명제 11과 상응한다. 그런데 제11권의 명제 13에 대응하는 평면 기하의 명제는 없다.

이제 A를 통과하여 아래 놓인 평면 안에 (공통) 교차로 직선을 만들 것이다 [XI-3]. DAE를 만든다고 하자. 그래서 직선 AB, AC, DAE는 한 평면 안에 있다. 또한 CA가 아래 놓인 평면과 직각으로 있으므로, 그 직선에 닿으면서 아래 놓인 평면 안에 있는 모든 직선들로 직각을 이룬다[XI-def-3]. 그런데 아래 놓인 평면 안에 있는 DAE가 그 직선을 만난다. 그래서 각 CAE는 직각이다. 똑같은 이유로 BAE도 직각이다. 그래서 CAE가 BAE와 같다. 한 평면에 있기도 하다. 이것은 있을 수 없다.

그래서 동일 점으로부터 동일 평면과 동일한 쪽에 직각으로 직선 두 개를 일으켜 세울 수는 없다. 밝혀야 했던 바로 그것이다.

명제 14

동일 직선이 그것들로 직각인 평면들은 평행할 것이다.

어떤 직선 AB가 평면 CD, EF 각각에 직각으로 있다고 하자. 나는 주장한다. 그 평면들은 평행하다.

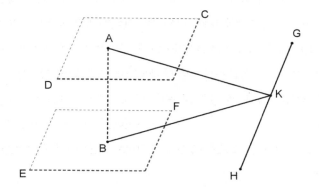

혹시 아니라면, 연장해서 (두 평면은) 한데 모일 것이다. 한데 모인다고 하자. 공통 교차로 직선을 만들 것이다[XI-3]. GH를 만든다고 하고, GH에서 임의의 점 K가 잡혔다고 하고, AK, BK가 이어졌다고 하자.

AB가 평면 EF로 직각이므로 연장된 평면 EF 안에 있는 직선 BK로 AB가 직각이다. 그래서 각 ABK는 직각이다. 이제 똑같은 이유로 BAK도 직각이다. 이제 삼각형 ABK에 대하여 두 각 ABK, BAK 들(의 합)이 두 직각(의 합)과 같다. 이것은 있을 수 없다[I-17]. 그래서 평면 CD, EF는 연장되어 한데 모일 수 없다. 그래서 평면 CD, EF가 평행하다[XI-def-8].

그래서 동일 직선이 그것들로 직각인 평면들은 평행하다. 밝혀야 했던 바로 그것이다.

명제 15

서로 닿는 두 직선이, 동일 평면에 있지 않으면서 서로 닿는 두 직선과 평행하게 있다면, 그 직선들을 통과하는 평면들은 서로 평행하다.

서로 닿는 두 직선 AB, BC가, 동일 평면에 있지 않으면서 서로 닿는 두 직선 DE, EF와 평행하다고 하자. 나는 주장한다. AB, BC, DE, EF를 통과하는 평면들은 연장되어 서로 한데 모이지 않을 것이다.

DE, EF를 통과하는 평면으로 점 B로부터 수직선 BG가 그어졌다고 하고 [XI-11], 점 G에서 그 평면과 만난다고 하고, G를 통과하여 ED와 평행하게는 GH가, EF와 (평행하게는) GK가 그어졌다고 하자[I-31].

DE, EF를 통과하는 평면으로 BG가 직각이므로, 그 직선에 닿으면서 DE, EF를 통과하는 평면 안에 있는 모든 직선들로 직각을 이룬다[XI-def-3].

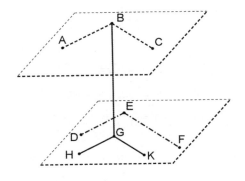

그런데 DE, EF를 통과하는 평면 안에 있으면서 GH, GK 각각이 그 직선을 만난다. 그래서 각 BGH, BGK 각각이 직각이다. 또한 BA가 GH와 평행하므로[XI-9], 각 GBA, BGH 들(의 합)은 두 직각(의 합)과 같다[I-29]. 그런데 BGH가 직각이다. 그래서 GBA도 직각이다. 그래서 GB가 BA와 직각으로 있다. 이제 똑같은 이유로 GB가 BC와도 직각으로 있다. 직선 GB가 서로 교차하는 두 직선 BA, BC와 직각으로 섰으므로 GB가 BA, BC를 통과하는 평면으로도 직각으로 있다[XI-4]. [이제 똑같은 이유로 BG가 GH, GK를 통과하는 평면으로도 직각으로 있다. 그런데 GH, GK를 통과하는 평면은 DE, EF를 통과하는 그 평면이다. 그래서 BG가 DE, EF를 통과하는 평면과 직각으로 있다. GB가 AB, BC를 통과하는 평면으로 직각으로 서 있다는 것은 밝혀졌다.] 그런데 동일 직선이 그것들로 직각인 평면들은 평행하다[XI-14]. 그래서 AB, BC를 통과하는 평면이 DE, EF를 통과하는 평면과 평행하다.

그래서 서로 닿는 두 직선이, 동일 평면에 있지 않으면서 서로 닿는 두 직선과 평행하게 있다면, 그 직선들을 통과하는 평면들은 서로 평행하다. 밝혀야 했던 바로 그것이다.

명제 16

두 평행 평면이 어떤 평면으로 잘리면 그 평면들의 공통 교차들은 평행하다.

두 평행 평면 AB, CD가 평면 EFGH로 잘리는데 그 평면들의 공통 교차들이 EF, GH라고 하자. 나는 주장한다. EF는 GH와 평행하다.

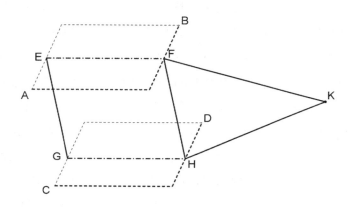

혹시 아니라면, EF, GH가 F, H 쪽이나 E, G 쪽으로 연장되어 한데 모인다고 하자. 한번 F, H 쪽으로 연장되었다고 하고 먼저 K에서 한데 모였다고 하자. EFK가 평면 AB 안에 있으므로 EFK 위의 모든 점도 평면 AB 안에 있다[XI-1]. 그런데 직선 EFK 위의 점들 중 하나가 K이다. 그래서 K는 평면 AB 안에 있다. 이제 똑같은 이유로 K는 평면 CD 안에도 있다. 그래서 평면 AB, CD는 연장되어 한데 모일 것이다. 그런데 평행하다고 가정했기 때문에 한데 모이지 않는다. 그래서 직선 EF, GH는 F, H 쪽으로 연장되어 한데 모일 수 없다. 직선 EF, GH가 E, G 쪽으로 연장되어도 한데 모일 수 없다는 것을 이제 우리는 비슷하게 밝힐 수 있다. 그런데 양쪽 어느 쪽으로도 한데 모이지 않은 직선들은 평행 직선들이다[I-def-23]. 그래서

EF가 GH와 평행하다.

그래서 두 평행 평면이 어떤 평면으로 잘리면 그 평면들의 공통 교차들은 평행하다. 밝혀야 했던 바로 그것이다.

명제 17

두 직선이 평행한 평면들로 잘리면 (그 직선들은) 동일 비율로 잘릴 것이다.

두 직선 AB, CD가 점 A, E, B, C, F, D에서 평행 평면 GH, KL, MN으로 잘린다고 하자. 나는 주장한다. 직선 AE 대 EB는 CF 대 FD이다.

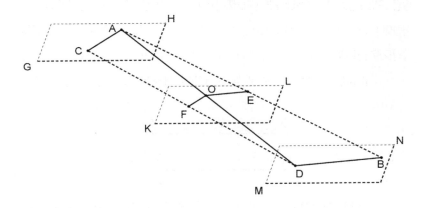

AC, BD, AD가 이어졌다고 하고, AD가 점 O에서 평면 KL과 만난다고 하고, EO, OF가 이어졌다고 하자.

두 평행 평면 KL, MN이 평면 EBDO로 잘리므로 그 평면들의 공통 교차 EO, BD는 평행 직선들이다[XI-16]. 이제 똑같은 이유로 두 평행 평면 GH, KL이 평면 AOFC로 잘리므로 그 평면들의 공통 교차 AC, OF는 평행 직선들이다. 또한 삼각형 ABD에 대하여 변들 중 하나인 BD에 평행하게 직선 EO가 그어졌으므로, 비례로, AE 대 EB가 AO 대 OD이다[VI-2]. 다시, 삼각형 ADC에 대하여 변들 중 하나인 AC에 평행하게 직선 OF가 그어졌으므로, 비례로, AO 대 OD가 CF 대 FD이다. 그런데 AO 대 OD가 AE 대 EB라는 것도 밝혀졌다. 그래서 AE 대 EB는 CF 대 FD이다[V-11].

그래서 두 직선이 평행한 평면들로 잘리면 (그 직선들은) 동일 비율로 잘릴 것이다. 밝혀야 했던 바로 그것이다.

명제 18

직선이 어떤 평면과 직각으로 있으면, 그 직선을 통과하는 모든 평면들도 동일 평면과 직각으로 있을 것이다.

어떤 직선 AB가 아래 놓인 평면과 직각으로 있다고 하자. 나는 주장한다. 그 AB를 통과하는 모든 평면들도 아래 놓인 평면과 직각으로 있다.

AB를 통과하여 평면 DE가 연장되었다고 하고, 아래 놓인 평면과 DE 평면의 공통 교차가 CE라 하고, CE 위의 임의의 점 F가 잡혔다고 하고, F로부

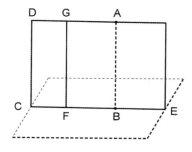

터 DE 평면 안에서 CE와 직각으로 FG가 그어졌다고 하자[I-11].

AB가 아래 놓인 평면과 직각이므로, 그 직선에 닿으면서 아래 놓인 평면 안에 있는 모든 직선들로 AB가 직각을 이룬다[XI-def-3]. 결국 CE로도 직각이다. 그래서 각 ABF가 직각이다. 그런데 GFB도 직각이다. 그래서 AB가 FG와 평행하다[I-28]. 그런데 AB는 아래 놓인 평면과 직각으로 있다. 그래서 FG도 아래 놓인 평면과 직각으로 있다[XI-8]. 또한 그 평면들 중 하나 안에서 그 평면들의 공통 교차와 직각으로 그어진 직선들이 남은 평면과 직각으로 있다면, 평면은 평면으로 직각이다[XI-def-4]. 그 평면들 중 하나인 DE 안에서 그 평면들의 공통 교차 CE와 직각으로 그어진 직선 FG가 아래 놓인 평면과 직각으로 있다고 밝혀졌다. 그래서 평면 DE는 아래 놓인 평면으로 직각이다. 직선 AB를 통과하는 임의의 모든 평면들이 아래 놓인 평면으로 직각이라는 것도 이제 비슷하게 밝혀질 수 있다.

그래서 직선이 어떤 평면과 직각으로 있으면, 그 직선을 통과하는 모든 평면들도 동일 평면과 직각으로 있을 것이다. 밝혀야 했던 바로 그것이다.

명제 19

서로를 자르는 두 평면이 어떤 평면과 직각으로 있으면, 그 평면들의 공통 교차도 그 평면과 직각으로 있을 것이다.

두 평면 AB, BC가 아래 놓인 평면과 직각으로 있는데 그 평면들의 공통 교차가 BD라고 하자. 나는 주장한다. BD는 아래 놓인 평면과 직각으로 있다.

아니어서 점 D로부터 평면 AB 안에서는 직선 AD와 직각으로 DE가, 평면

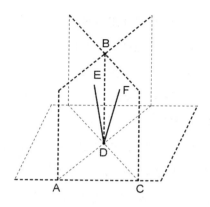

BC 안에서는 CD와 직각으로 DF가 그어졌다고 하자.

평면 AB가 아래 놓인 평면으로 직각이고 DE가 그 평면들의 공통 교차 AD와 평면 AB 안에서 직각으로 그어졌으므로, DE는 아래 놓인 평면으로 직각이다[XI-def-4]. DF도 아래 놓인 평면으로 직각이라는 것도 이제 우리는 비슷하게 밝힐 수 있다. 그래서 동일한 점 D로부터 아래 놓인 평면과 동일한 쪽에 직각으로 두 직선이 일으켜 세워져 있다. 이것은 있을 수 없다[XI-13]. 그래서 평면 AB, BC의 공통 교차 DB 말고는 점 D로부터 아래 놓인 평면과 직각으로 일으켜 세워질 수 없다.

그래서 서로를 자르는 두 평면이 어떤 평면과 직각으로 있으면, 그 평면들의 공통 교차도 그 평면과 직각으로 있을 것이다. 밝혀야 했던 바로 그것이다.

명제 20

입체각이 세 평면각으로 둘러싸이면, 어느 두 각은 어떻게 함께 잡든 남은 각보다 크다.
A에서의 입체각이 세 평면 BAC, CAD, DAB로 둘러싸인다고 하자. 나는
주장한다. 각 BAC, CAD, DAB 중 어느 두 각(의 합)은 남은 각보다 크다.

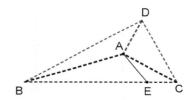

만약 각 BAC, CAD, DAB가 서로 같다면, 임의의 두 (각의 합)이 남은 각보
다 크다는 것은 분명하다. 그런데 만약 그렇지 않다면, 각 BAC가 더 크다
고 하고, 직선 AB에 대고 그 직선상의 점 A에서 BEC를 통과하는 평면 안
에 각 DAB와 같은 BAE를 구성했다고 하고[I-23], AD와 같게 AE가 놓인
다고 하고[I-3], 점 E를 통과하여 더 그어진 BEC가 점 B, C에서 직선 AB,
BC를 지난다고 하고, DB, DC가 이어졌다고 하자.
DA가 AE와 같은데 AB는 공통이므로 두 직선이 두 직선과 같다. 또한 각
DAB가 각 BAE와 같다. 그래서 밑변 DB가 밑변 BE와 같다[I-4]. 또 두 직
선 BD, DC(의 합)이 BC보다 큰데[I-20] 그중 DB가 BE와 같다고 밝혀졌으
므로, 남은 DC가 남은 EC보다 크다. 또 DA가 AE와 같은데 AC가 공통이
고 밑변 DC가 밑변 EC보다 크므로, 각 DAC가 각 EAC보다 크다[I-25]. 그
런데 DAB가 BAE와 같다고 밝혀졌다. 그래서 DAB, DAC (들의 합)이 BAC
보다 크다. 둘씩 짝지어 잡은 남은 각들(의 합)이 남은 각보다 크다는 것도

이제 우리는 비슷하게 밝힐 수 있다.

그래서 입체각이 세 평면각으로 둘러싸이면, 어느 두 각은 어떻게 함께 잡든 남은 각보다 크다. 밝혀야 했던 바로 그것이다.

명제 21

모든 입체각은 네 직각(의 합)보다 작은 평면각들로 둘러싸인다.

A에서의 입체각이 BAC, CAD, DAB로 둘러싸여 있다고 하자. 나는 주장한다. 각 BAC, CAD, DAB 들(의 합)은 네 직각(의 합)보다 작다.

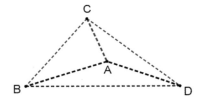

AB, AC, AD 각각에서 임의의 점 B, C, D가 잡혔다고 하고, BC, CD, DB가 이어졌다고 하자.

B에서의 입체각이 세 평면각 CBA, ABD, CBD로 둘러싸이므로, 어느 두 (각의 합)은 남은 각보다 크다[XI-20]. 그래서 CBA, ABD 들(의 합)이 CBD보다 크다. 똑같은 이유로 BCA, ACD 들(의 합)은 BCD보다, CDA, ADB 들(의 합)은 CDB보다 크다. 그래서 여섯 각 CBA, ABD, BCA, ACD, CDA, ADB 들(의 합)이 세 각 CBD, BCD, CDB 들(의 합)보다 크다. 한편, 세 각 CBD, BDC, BCD 들(의 합)은 두 직각(의 합)과 같다[I-32]. 그래서 여섯 각 CBA,

ABD, BCA, ACD, CDA, ADB 들(의 합)은 두 직각(의 합)보다 크다. 삼각형 ABC, ACD, ADB 각각의 세 각(의 합)은 두 직각(의 합)과 같다[I-32]. 그래서 세 삼각형의 아홉 각 CBA, ACB, BAC, ACD, CDA, CAD, ADB, DBA, BAD 들(의 합)은 여섯 직각과 같은데 그중 여섯 각 ABC, BCA, ACD, CDA, ADB, DBA 들(의 합)이 두 직각(의 합)보다 크다. 그래서 입체각을 둘러싸는 남은 세 각 BAC, CAD, DAB 들(의 합)이 네 직각(의 합)보다 작다.

그래서 모든 입체각은 네 직각(의 합)보다 작은 평면각들로 둘러싸인다. 밝혀야 했던 바로 그것이다.

명제 22

두 각이, 어떻게 함께 잡든, 남은 각보다 큰 세 평면각이 있는데 그 평면들을 같은 직선들이 둘러싼다면 같은 직선들을 연결한 직선들에서 삼각형을 구성하기가 가능하다.

두 각이 어떻게 함께 잡든, 남은 각보다 큰, (즉) ABC, DEF 들(의 합)은 GHK보다, DEF, GHK 들(의 합)은 ABC보다, 게다가 GHK, ABC 들(의 합)은 DEF보다 (큰), 세 평면각 ABC, DEF, GHK가 있다고 하고, 같은 직선

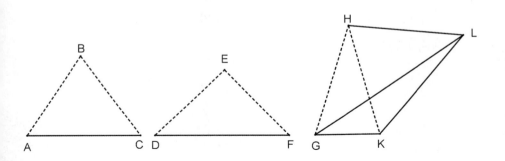

AB, BC, DE, EF, GH, HK가 있다고 하고, AC, DF, GK가 이어졌다고 하자. 나는 주장한다. 같은 직선 AC, DF, GK에서 삼각형을 구성하기가 가능하다. 즉, AC, DF, GK 중 임의의 두 직선(의 합)이 남은 직선보다 크다. 만약 각 ABC, DEF, GHK가 서로 같다면, 같게 되어 있는 AC, DF, GK에 대하여 AC, DF, GK와 같은 직선들에서 삼각형을 구성하기가 가능하다는 것은 분명하다. 그런데 만약 그렇지 않아서 같지 않다고 하면, 직선 HK에 대고 그 직선상의 점 H에서 각 ABC와 같은 KHL을 구성했다고 하자[I-23]. 또한 AB, BC, DE, EF, GH, HK 중 하나와 같은 HL이 놓이고 KL, GL이 이어졌다고 하자.

두 직선 AB, BC가 두 직선 KH, HL과 같고 B에서의 각이 KHL과 같으므로 밑변 AC가 밑변 KL과 같다[I-4]. 또 각 ABC, GHK 들(의 합)이 DEF보다 큰데 ABC가 KHL과 같으므로 GHL이 DEF보다 크다. 또 두 직선 GH, HL이 두 직선 DE, EF와 같고 각 GHL이 각 DEF보다 크므로 밑변 GL은 밑변 DF보다 크다[I-24]. 한편, GK, KL 들(의 합)이 GL보다 크다[I-20]. 그래서 GK, KL 들(의 합)은 DF보다 더 크다. 그런데 KL이 AC와 같다. 그래서 AC, GK 들(의 합)이 남은 DF보다 크다. AC, DF 들(의 합)이 GK보다 크고 게다가 DF, GK 들(의 합)이 AC보다 크다는 것도 이제 우리는 비슷하게 밝힐 수 있다.

그래서 AC, DF, GK와 같은 직선들에서 삼각형을 구성하기가 가능하다. 밝혀야 했던 바로 그것이다.

명제 23

두 각이, 어떻게 함께 잡든, 남은 각보다 큰 세 평면각에서 입체각을 구성하기. 다만 이 세 각(의 합)은 네 직각(의 합)보다는 작아야 한다.

두 각이 어떻게 함께 잡든, 남은 각보다 큰, 주어진 세 평면각 ABC, DEF, GHK가 있는데 그 세 각(의 합)이 네 직각(의 합)보다 작다고 하자. 이제 ABC, DEF, GHK와 같은 각들에서 입체각을 구성해야 한다.

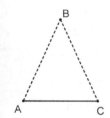 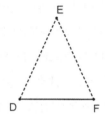 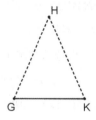 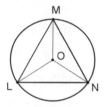

AB, BC, DE, EF, GH, HK가 같게 끊겼다고 하고, AC, DF, GK가 이어졌다고 하자. 그래서 AC, DF, GK와 같은 직선들에서 삼각형을 구성하기가 가능하다[XI-22]. AC는 LM과, DF는 MN과, 게다가 GK는 NL과 같도록 (삼각형) LMN이 구성되었다고 하고, 삼각형 LMN에 바깥으로 원 LMN이 외접했다고 하고[IV-5] 그 원의 중심이 잡혔다고 하고[III-1], (그것이) O라 하고, LO, MO, NO가 이어졌다고 하자.

나는 주장한다. AB가 LO보다 크다.

혹시 그렇지 않다면, AB가 LO와 같거나 작다. 먼저 같다고 하자. AB가 LO와 같은데 한편, AB는 BC와, OL은 OM과 같으므로 이제 두 직선 AB, BC가 두 직선 LO, OM과 각각 같다. 밑변 AC가 밑변 LM과 같다고도 전

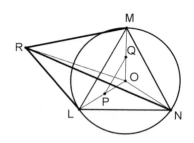

제했다. 그래서 각 ABC는 각 LOM과 같다[I-8]. 이제 똑같은 이유로 DEF 는 MON과 같고, 게다가 GHK는 NOL과 같다. 그래서 세 각 ABC, DEF, GHK가 세 각 LOM, MON, NOL과 (각각) 같다. 한편, 세 각 LOM, MON, NOL 들(의 합)은 네 직각(의 합)과 같다. 그래서 세 각 ABC, DEF, GHK 들 (의 합)도 네 직각(의 합)과 같다. 그런데 네 직각(의 합)보다 작다고 전제했 다. 이것은 있을 수 없다. 그래서 AB가 LO와 같을 수 없다.

이제 나는 주장한다. AB가 LO보다 작을 수도 없다.

혹시 가능하다면, (작다고) 하자. AB와는 OP가, BC와는 OQ가 같게 놓인 다고 하고, PQ가 이어졌다고 하자. AB가 BC와 같으므로 OP도 OQ와 같 다. 결국 남은 LP도 QM과 같다. 그래서 LM이 PQ와 평행하고[VI-2], (삼 각형) LMO가 (삼각형) PQO와 등각이다[I-29]. 그래서 OL 대 LM은 OP 대 PQ이다[VI-4]. 교대로, LO 대 OP는 LM 대 PQ이다[V-16]. 그런데 LO가 OP보다 크다. 그래서 LM도 PQ보다 크다[V-14]. 한편, LM은 AC와 같게 놓인다. 그래서 AC가 PQ보다 크다. 두 직선 AB, BC가 두 직선 PO, OQ 와 같고 밑변 AC가 밑변 PQ보다 크기 때문에, 각 ABC가 POQ보다 크다 [I-25]. DEF는 MON보다, GHK는 NOL보다 크다는 것도 이제 우리는 비 슷하게 밝힐 수 있다. 그래서 세 각 ABC, DEF, GHK 들(의 합)은 세 각 LOM, MON, NOL 들(의 합)보다 크다. 한편, ABC, DEF, GHK 들(의 합)은 네 직각(의 합)보다 작다고 전제했다. 그래서 LOM, MON, NOL 들(의 합)은 네 직각(의 합)보다 더 작다. 한편 같기도 하다. 이것은 있을 수 없다. 그래서 AB가 LO보다 작을 수 없다. 그런데 같을 수도 없다고 밝혀졌다. 그래서 AB가 LO보다 크다.

이제 점 O로부터 원 LMN의 평면과 직각으로 OR이 일으켜 세워졌다고 하고[XI-12] AB로부터의 정사각형이 LO로부터의 (정사각형)보다 큰, 바로 그만큼과 OR로부터의 (정사각형)이 같다고 하고[XI-23/24 보조 정리**205**], RL, RM, RN이 이어졌다고 하자.

RO가 원 LMN의 평면으로 직각이므로 LO, MO, NO 각각으로도 RO가 직각이다. 또 LO가 OM과 같은데 OR이 공통이고도 직각으로 있으므로, 밑변 RL이 밑변 RM과 같다[I-4]. 이제 똑같은 이유로 RN도 RL, RM 각각과 같다. 그래서 세 직선 RL, RM, RN이 서로 같다. 또한 AB로부터의 (정사각형)이 LO로부터의 (정사각형)보다 큰, 바로 그만큼과 OR로부터의 (정사각형)이 같다고 전제했으므로, AB로부터의 (정사각형)이 LO, OR로부터의 (정사각형) 들(의 합)과 같다. 그런데 LO, OR로부터의 (정사각형) 들(의 합)은 LR로부터의 (정사각형)과 같다. LOR이 직각이니까 말이다[I-47]. 그래서 AB로부터의 (정사각형)이 RL로부터의 (정사각형)과 같다. 그래서 AB가 RL과 같다. 한편, AB와는 BC, DE, EF, GH, HK 각각이, RL과는 RM, RN 각각이 같다. 그래서 AB, BC, DE, EF, GH, HK 각각이 RL, RM, RN 각각과 같다. 또한 두 직선 LR, RM이 두 직선 AB, BC와 같고 밑변 LM이 밑변 AC와 같다고 전제했으므로 각 LRM이 각 ABC와 같다[I-8]. 이제 똑같은 이

205 이 명제의 증명이 끝나고 아래에 보조 정리가 따라 나온다.

유로 MRN은 DEF와, LRN은 GHK와 같다.

그래서 주어진 세 각 ABC, DEF, FHK와 같은 세 평면각 LRM, MRN, LRN에서, 각 LRM, MRN, LRN으로 둘러싸인 R에서의 입체각이 구성되었다. 해야 했던 바로 그것이다.

보조 정리. 그런데 AB로부터의 (정사각형)이 LO로부터의 (정사각형)보다 큰, 바로 그만큼인 OR로부터의 (정사각형)을 어떤 방식으로 잡을지 우리는 다음과 같이 밝히겠다.

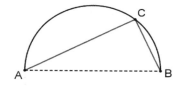

직선 AB와 LO가 제시된다고 하고, AB가 크다 하고, 그 직선 위에 반원 ABC가 그려졌다고 하고, 지름 AB보다 크지 않은 직선 LO와 같게 AC가 반원 ABC 안으로 끼워졌다고 하고[IV-1], CB가 이어졌다고 하자. 반원 ACB 안에 각 ACB가 있으므로 ACB는 직각이다[III-31]. 그래서 AB로부터의 (정사각형)이 AC, CB로부터의 (정사각형)들(의 합)과 같다 [I-47]. 결국 AB로부터의 (정사각형)은 AC로부터의 (정사각형)보다 CB로부터의 (정사각형)만큼 크다. 그런데 AC가 LO와 같다. AB로부터의 (정사각형)은 LO로부터의 (정사각형)보다 CB로부터의 (정사각형)만큼 크다. 우리가 OR을 BC와 같게 끊기만 하면 AB로부터의 (정사각형)이 LO로부터의 (정사각형)보다 OR로부터의 (정사각형)만큼 크다. 앞서 하라고 했던 것이다.

명제 24

입체가 평행한 평면들로 둘러싸이면, 그 입체의 마주하는 평면들은 같고 또한 평행사변형들이다.

입체 CDHG가 평행한 평면 AC, GF, AH, DF, BF, AE로 둘러싸인다고 하자. 나는 주장한다. 그 입체의 마주하는 평면들은 같고 또한 평행사변형들이다.

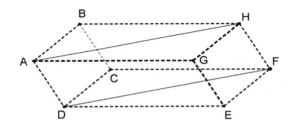

두 평행 평면 BG, CE가 평면 AC로 잘리므로, 그 평면들의 공통 교차들은 평행하다[XI-16]. 그래서 AB가 DC와 평행하다. 다시, 두 평행 평면 BF, AE가 평면 AC로 잘리므로 그 평면들의 공통 교차들은 평행하다. 그래서 BC가 AD와 평행하다. 그런데 AB도 DC와 평행하다고 밝혀졌다. 그래서 AC는 평행사변형이다. DF, FG, GB, BF, AE 각각이 평행사변형이라는 것도 이제 우리는 비슷하게 밝힐 수 있다.

AH, DF가 이어졌다고 하자. AB는 DC와, BH는 CF와 평행한데 서로 닿는 두 직선 DC, CF와 평행한, 서로 닿는 두 직선 AB, BH가 동일 평면에 있지 않으므로 같은 각을 둘러쌀 것이다[XI-10]. 그래서 각 ABH가 DCF와 같다. 또 두 직선 AB, BH가 두 직선 DC, CF와 같고[I-34], 각 ABH는 각 DCF와 같으므로 밑변 AH가 밑변 DF와 같고 삼각형 ABH가 삼각형 DCF와 같다

[I-4]. 또한 (삼각형) ABH의 두 배는 평행사변형 BG요, DCF의 두 배는 평행사변형 CE이다[I-34]. 그래서 평행사변형 BG가 평행사변형 CE와 같다. AC는 GF와, AE는 BF와 같다는 것도 이제 우리는 비슷하게 밝힐 수 있다.

그래서 입체가 평행한 평면들로 둘러싸이면, 그 입체의 마주하는 평면들은 같고 또한 평행사변형들이다. 밝혀야 했던 바로 그것이다.

명제 25

평행육면체가[206] 마주하는 평면들과 평행하게 있는 평면으로 잘리면 밑면 대 밑면은 입체 대 입체일 것이다.

평행육면체 ABCD가 마주하는 평면 RA, DH와 평행하게 있는 평면 FG로 잘렸다고 하자. 나는 주장한다. 밑면 AEFV 대 밑면 EHCF는 입체 ABFU 대 입체 EGCD이다.

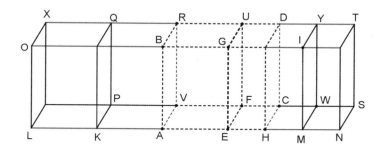

206 원문은 στερεὸν παραλληλεπίπεδον이다. 문자 그대로의 의미는 평행평면 입체 (도형)이다. 6면이라는 말이 직접 드러나지는 않는다. 제1권의 명제 34에서 평행사변형이 등장할 때도 정의 없이 나왔듯이 평행육면체도 불쑥 등장했다.

AH가 양쪽으로 연장되었다고 하고, AE와 같게는 몇 개이든 AK, KL이, EH와 같게는 몇 개이든 HM, MN이 놓인다고 하고, 평행사변형 LP, KV, HW, MS와 입체 LQ, KR, DM, MT가 마저 채워졌다고 하자.

직선 LK, KA, AE가 서로 같고 평행사변형 LP, KV, AF가 서로 같고, KO, KB, AG가 서로 같고, 게다가 LX, KQ, AR도 서로 같다. 마주하니까 말이다[XI-24]. 이제 똑같은 이유로 평행사변형 EC, HW, MS가 서로 같고, HG, HI, IN이 서로 같고, 게다가 DH, MY, NT도 서로 같다. 그래서 입체 LQ, KR, AU (각각)의 세 평면이 (다른 입체의 상응하는) 세 평면과 같다. 한편, 세 평면은 마주하는 세 평면과 같다[XI-24]. 그래서 세 입체 LQ, KR, AU는 서로 같다[XI-def-10]. 똑같은 이유로 세 입체 ED, DM, MT는 서로 같다. 그래서 밑면 LF가 밑면 AF의 몇 곱절이든 입체 LU도 입체 AU의 그만큼의 곱절이다. 이제 똑같은 이유로 밑변 NF가 밑변 FH의 몇 곱절이든 입체 NU도 입체 HU의 그만큼의 곱절이다. 만약 밑변 LF가 밑변 NF와 같으면 입체 LU도 입체 NU와 같고, 밑변 LF가 밑변 NF를 초과하면, 입체 LU도 입체 NU를 초과하고, 부족하면 부족하다. 이제 두 밑면은 AF, FH, 두 입체는 AU, UH인 네 크기에 대하여, 밑면 LF와 입체 LU는 밑면 AF와 입체 AU의 같은 곱절, 밑면 NF와 입체 NU는 밑면 HF와 입체 HU의 같은 곱절이다. 그리고 밑면 LF가 밑면 FN을 초과하면 입체 LU도 [입체] NU를 초과하고, 같으면 같고 부족하면 부족하다는 것이 밝혀졌다.

그래서 밑면 AF 대 밑면 FH는 입체 AU 대 입체 UH이다[V-def-5]. 밝혀야 했던 바로 그것이다.

명제 26

주어진 직선에 대고 그 직선상의 점에서 주어진 입체각과 같은 입체각을 구성하기.

주어진 직선은 AB, 그 직선상의 주어진 점은 A, 주어진 입체각은 평면각 EDC, EDF, FDC로 둘러싸인 D에서의 각이라고 하자. 이제 AB에 대고 그 직선상의 점 A에서, D에서의 입체각과 같은 입체각을 구성해야 한다.

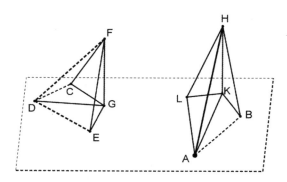

DF에서 임의의 점 F가 잡혔다고 하고, F로부터 ED, DC를 통과하는 평면으로 수직선 FG가 그어졌다고 하고[XI-11], G에서 평면과 만난다고 하고, DG가 이어졌다고 하고, 직선 AB에 대고 그 직선상의 점 A에서 각 EDC와 같게는 각 BAL이, EDG와 같게는 BAK가 구성되었다고 하고[I-23], DG와 같게 AK가 놓인다고 하고, BAL을 통과하는 평면과 직각으로 점 K로부터 KH가 일으켜 세워졌다고 하고[XI-12], GF와 같게 KH가 놓인다고 하고, HA가 이어졌다고 하자.

나는 주장한다. 각 BAL, BAH, HAL로 둘러싸인 A에서의 입체각은, 각 EDC, EDF, FDC로 둘러싸인 D에서의 입체각과 같다.

AB, DE가 같게 끊겼다고 하고, HB, KB, FE, GE가 이어졌다고 하자. FG

가 아래 놓인 평면과 직각으로 있으므로, 그 직선에 닿으면서 아래 놓인 평면 안에 있는 모든 직선들로 직각을 이룬다[XI-def-3]. 그래서 각 FGD, FGE 각각은 직각이다. 이제 똑같은 이유로 HKA, HKB도 직각이다. 또 두 직선 KA, AB가 두 직선 GD, DE와 각각 같고 같은 각을 둘러싸므로, 밑변 KB가 밑변 GE와 같다[I-4]. 그런데 KH가 GF와 같다. 직각을 둘러싸기도 한다. 그래서 HB가 FE와 같다. 다시, 두 직선 AK, KH가 두 직선 DG, GF와 같고 같은 각을 둘러싸므로 밑변 AH가 밑변 FD와 같다. 그런데 AB가 DE와 같다. 이제 두 직선 HA, AB가 두 직선 DF, DE와 같다. 밑변 HB도 밑변 FE와 같다. 그래서 각 BAH는 각 EDF와 같다[I-8]. 이제 똑같은 이유로 HAL이 FDC와 같다. [왜냐하면 (다음과 같다). 만약 우리가 AL, DC가 같도록 끊고 KL, HL, GC, FC를 이었다면 전체 BAL이 전체 EDC와 같은데, 그중 BAK가 EDG가 같다고 전제했으므로, 남은 KAL이 남은 GDC와 같다. 또한 두 직선 KA, AL이 두 직선 GD, DC와 같고, 같은 각을 둘러싸므로 밑변 KL이 밑변 GC와 같다. 그런데 KH도 GF와 같다. 이제 두 직선 LK, KH가 두 직선 CG, GF와 같다. 직각을 둘러싸기도 한다. 그래서 밑변 HL이 밑변 FC와 같다. 또한 두 직선 HA, AL이 두 직선 FD, DC와 같고 밑변 HL이 밑변 FC와 같으므로, 각 HAL이 각 FDC와 같다.][207] 그런데 BAL도 EDC와 같다.

그래서 주어진 직선에 대고 그 직선상의 점에서 주어진 입체각과 같은 입체각이 구성되었다. 해야 했던 바로 그것이다.

∴

207 헤이베르가 꺾쇠로 배치한 부분이다. 헤이베르도 주목했듯이 이 꺾쇠 부분은 불필요하고 문장 구조와 설명 방식 또한 유클리드의 방식과 다르다. 영어 번역본들에도 없다.

명제 27

주어진 직선으로부터, 주어진 평행육면체와 닮고도 닮게 놓인 평행육면체를 그려 넣기.[208]
주어진 직선은 AB, 주어진 평행육면체는 CD라고 하자. 이제 주어진 직선
AB로부터 주어진 평행육면체 CD와 닮고도 닮게 놓인 평행육면체를 그려
넣어야 한다.

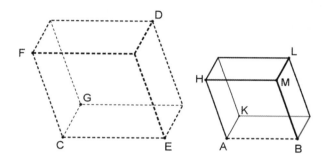

직선 AB에 대고 그 직선상의 점 A에서, 각 BAH는 ECF와, BAK는 ECG와,
KAH는 GCF와 같도록 (점) C에서의 입체각과 같게 BAH, HAK, KAB로
둘러싸인 각이 구성되었다고 하자[XI-26]. 또한 EC 대 CG는 BA 대 AK요,
GC 대 CF는 KA 대 AH이도록 했다고 하자[VI-12].

같음에서 비롯해서, EC 대 CF는 BA 대 AH이다[V-22]. 평행사변형 HB
와 입체 AL이 마저 채워졌다고 하자. EC 대 CG가 BA 대 AK이고 같은 각
ECG, BAK 주위로 변들이 비례하므로, 평행사변형 GE가 평행사변형 KB
와 닮는다[VI-def-1]. 이제 똑같은 이유로 평행사변형 KH는 평행사변형

•
••
208 제6권 명제 18과 그 주석 참조.

GF와, 게다가 FE는 HB와 닮는다. 그래서 입체 CD의 세 평행사변형이 입체 AL의 세 평행사변형과 닮는다. 한편, (한 입체의) 세 (평행사변형)은 마주하는 세 (평행사변형)과 같고 또한 닮고, (다른 입체의) 세 (평행사변형)은 마주하는 세 (평행사변형)과 같고 또한 닮는다. 그래서 전체 입체 CD가 전체 입체 AL과 닮는다[XI-def-9].

그래서 직선 AB로부터 주어진 평행육면체 CD와 닮고도 닮게 놓인 AL이 그려 넣어졌다. 해야 했던 바로 그것이다.

명제 28

평행육면체가 마주하는 평면들의 대각선들을 따라 평면으로 잘리면, 그 평면에 의해 그 입체는 이등분될 것이다.

평행육면체 AB가 마주하는 평면 CF, DE의 대각선들을 따라 평면 CDEF로 잘렸다고 하자. 나는 주장한다. 그 평면 CDEF에 의해 입체 AB는 이등분될 것이다.

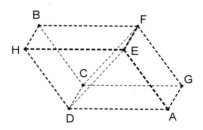

삼각형 CGF는 삼각형 CFB와, ADE는 DEH와 같고[I-34], 마주하니까 평행사변형 CA는 EB와, GE는 CH와 같으므로[XI-24], 두 삼각형 CGF,

ADE와 세 평행사변형 GE, AC, CE로 둘러싸인 각기둥이 두 삼각형 CFB, DEH와 세 평행사변형 CH, BE, CE로 둘러싸인 각기둥과 같다. 개수로도 크기로도 같은 평면들로 둘러싸이니까 말이다[XI-def-10].

결국 평면 CDEF에 의해 전체 입체 AB가 이등분되었다. 밝혀야 했던 바로 그것이다.

명제 29

동일한 밑면 위에 동일한 높이로 있는데, 그중 위로 선 (직선들의 끝점들)이 동일한 직선들에 있는 평행육면체들은 서로 같다.

동일한 밑면 AB 위에 평행육면체 CM, CN이 동일 높이로 있는데, 그중 위로 선 직선 AG, AF, LM, LN, CD, CE, BH, BK(의 끝점)들이 동일한 직선 FN, DK에 있다고 하자. 나는 주장한다. 입체 CM은 입체 CN과 같다.

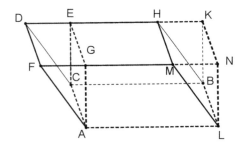

CH, CK 각각이 평행사변형이므로 CB가 DH, EK 각각과 같다[I-34]. 결국 DH도 EK와 같다. EH가 공히 빠졌다고 하자. 그래서 남은 DE가 남은 HK와 같다. 결국 삼각형 DCE도 삼각형 HBK와 같고[I-4, I-8], 평행사변형 DG도 평행사변형 HN과 같다[I-36]. 이제 똑같은 이유로 삼각형 AFG도 삼각형 MLN과 같다. 그런데 평행사변형 CF도 평행사변형 BM과, CG도 BN과 같다. 마주하니까 말이다[XI-24]. 그래서 두 삼각형 AFG, DCE, 세 평행사변형 AD, DG, CG로 둘러싸인 각기둥은 두 삼각형 MLN, HBK, 세 평행사변형 BM, HN, BN으로 둘러싸인 각기둥과 같다. 밑면은 평행사변형 AB이고 마주하는 면은 GEHM인 입체를 공히 보태자. 그래서 전체 평행육면체 CM이 전체 평행육면체 CN과 같다.

그래서 동일한 밑면 위에 동일한 높이로 있는데, 그중 위로 선 (직선들의 끝점들)이 동일한 직선들에 있는 평행육면체들은 서로 같다. 밝혀야 했던 바로 그것이다.

명제 30

동일한 밑면 위에 동일한 높이로 있는데 그중 위로 선 (직선들의 끝점들)이 동일한 직선들에 있지 않은 평행육면체들은 서로 같다.

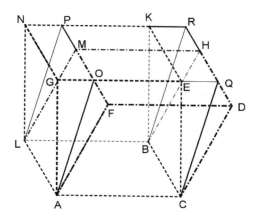

동일한 밑면 AB 위에 평행육면체 CM, CN이 동일 높이로 있는데, 그중 위로 선 직선 AF, AG, LM, LN, CD, CE, BH, BK(의 끝점)들이 동일한 직선들에 있지 않다고 하자. 나는 주장한다. 입체 CM은 입체 CN과 같다.

NK, DH가 연장되었다고 하고, R에서 서로 한데 모인다고 하고, FM, GE가 P, Q 쪽으로 연장되었다고 하고, AO, LP, CQ, BR이 이어졌다고 하자. 이제 밑면은 평행사변형 ACBL이고 마주하는 면은 FDHM인 입체 CM이, 밑면은 평행사변형 ACBL이고 마주하는 면은 OQRP인 입체 CP와 같다. 동일한 밑면 ACBL 위에 있고 동일한 높이인데 그중 위로 선 직선 AF, AO, LM, LO, CD, CQ, BH, BR(들의 끝점들)이 동일한 직선 FP, DR에 있으니까 말이다[XI-29]. 한편, 밑면은 평행사변형 ACBL이고 마주하는 면은 OQRP인 입체 CP가, 밑면은 평행사변형 ACBL이고 마주하는 면은 GEKN인 입체 CN과 같다. 다시, 동일한 밑면 ACBL 위에 있고 동일한 높이인데 그중 위로 선 직선 AG, AO, CE, CQ, LN, LP, BK, BR(의 끝점들)이 동일한 직선 GQ, NR에 있으니까 말이다. 결국 입체 CM이 입체 CN과 같다.

그래서 동일한 밑면 위에 동일한 높이로 있는데 그중 위로 선 (직선들의 끝점들)이 동일한 직선들에 있지 않은 평행육면체들은 서로 같다. 밝혀야 했던 바로 그것이다.

명제 31

같은 밑면들 위에 동일한 높이로 있는 평행육면체들은 서로 같다.

같은 밑면 AB, CD 위에 평행육면체 AE, CF가 동일 높이로 있다. 나는 주장한다. 입체 AE는 입체 CF와 같다.

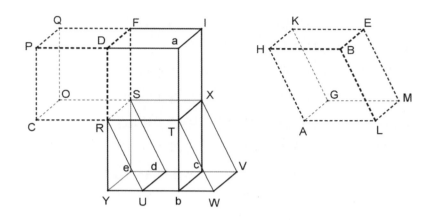

이제 위로 선 직선 HK, BE, AG, LM, PQ, DF, CO, RS가, 먼저, 밑면 AB, CD와 직각으로 있다고 하고, 직선 RT가 CR과 직선으로 연장되었다고 하고, 직선 RT에 대고 그 직선상의 점 R에서 각 ALB와 같은 각 TRU가 구성되었다고 하고[I-23], AL과는 RT가, LB와는 RU가 같게 놓인다고 하고, 밑변 RW도 입체 XU도 마저 채워졌다고 하자.

두 직선 TR, RU가 두 직선 AL, LB와 같고, 같은 각을 둘러싸므로 평행사변형 RW가 평행사변형 HL과 같고 또한 닮는다[VI-14]. 다시, AL은 RT와, LM은 RS와 같고 같은 각을 둘러싸므로 평행사변형 RX도 평행사변형 AM과 같고 또한 닮는다. 이제 똑같은 이유로 LE도 SU와 같고 또한 닮는다. 그래서 입체 AE의 세 평행사변형이 입체 XU의 세 평행사변형과 같고 또한 닮는다. 한편, (한 입체의) 세 (평행사변형)은 마주하는 세 (평행사변형)과 같고 또한 닮고, (다른 입체의) 세 (평행사변형)은 마주하는 세 (평행사변형)과 같고 또한 닮는다[XI-24]. 그래서 전체 평행육면체 AE가 전체 평행육면체 XU와 같다[XI-def-10].

DR, WU가 더 그어졌다고 하고, Y에서 서로 한데 모인다고 하고, T를 통

과하여 DY와 평행하게 aTb가 그어졌다고 하고, PD가 a로 연장되었다고
하고, 입체 YX, RI가 마저 채워졌다고 하자.

이제 밑면은 평행사변형 RX이고 마주하는 면은 Yc인 입체 XY가, 밑면은
평행사변형 RX이고 마주하는 면은 UV인 입체 XU와 같다. 동일한 밑면
RX 위에 동일한 높이로 있는데 그중 위로 선 직선 RY, RU, Tb, TW, Se,
Sd, Xc, XV가 동일한 직선 YW, eV 위에 있으니까 말이다[XI-29]. 한편,
입체 XU가 AE와 같다. 그래서 입체 XY도 입체 AE와 같다. 또 동일한 밑
면 RT 위에 있고 동일한 평행선 RT, YW 안에 있으니까 평행사변형
RUWT가 평행사변형 YT와 같고[I-35], 한편, AB와도 (같으니) RUWT는
CD와도 같으므로 평행사변형 YT가 CD와 같다. 그런데 DT는 다른 (평행
사변형)이다. 그래서 밑면 CD 대 DT가 YT 대 DT이다[V-7]. 또한 평행육
면체 CI가 마주하는 평면들과 평행하게 있는 평면 RF로 잘렸으므로, 밑면
CD 대 밑면 DT는 입체 CF 대 입체 RI이다[XI-25]. 이제 똑같은 이유로 평
행육면체 YI가 마주하는 평면들과 평행하게 있는 평면 RX로 잘렸으므로,
밑면 YT 대 밑면 TD는 입체 YX 대 입체 RI이다. 한편, 밑면 CD 대 DT는
YT 대 DT이다. 그래서 입체 CF 대 입체 RI는 입체 YX 대 RI이다. 그래서

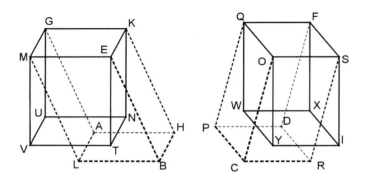

CF, YX 각각이 RI에 대하여 동일 비율을 갖는다[V-11]. 그래서 입체 CF가 입체 YX와 같다[V-9]. 한편 YX가 AE와 같다는 것이 밝혀졌다. 그래서 AE가 CF와 같다.

이제 위로 선 직선 AG, HK, BE, LM, CO, PQ, DF, RS가 밑면 AB, CD와 직각으로 있지 않다고 하자. 다시, 나는 주장한다. 입체 AE는 입체 CF와 같다.

점 K, E, G, M, Q, F, O, S로부터 아래 놓인 평면 위로 수직선 KN, ET, GU, MV, QW, FX, OY, SI가 그어졌다고 하고[XI-11], 점 N, T, U, V, W, X, Y, I에서 평면과 한데 모였다 하고, NT, NU, UV, TV, WX, WY, YI, IX가 이어졌다고 하자.

이제 입체 KV가 입체 QI와 같다. 밑면 KM, QS가 같고 또한 동일한 높이로 있는데 그중 위로 선 직선들이 그 밑면들과 직각으로 있기 때문이다. 한편, 입체 KV는 입체 AE와, QI는 CF와 같다. 동일한 밑면 위에 동일한 높이로 있는데 그중 위로 선 직선들이 동일한 직선들 위에 있지 않기 때문이다[XI-30]. 그래서 입체 AE가 입체 CF와 같다.

그래서 같은 밑면들 위에 동일한 높이로 있는 평행육면체들은 서로 같다. 밝혀야 했던 바로 그것이다.

명제 32

동일한 높이로 있는 평행육면체들은 서로에 대해 밑면들처럼 있다.

동일한 높이로 평행육면체 AB, CD가 있다고 하자. 나는 주장한다. 평행육면체 AB, CD는 서로에 대해 밑면들처럼 있다. 즉, 밑면 AE 대 밑면 CF는 입체 AB 대 입체 CD이다.

AE와 같은 FH가 FG에 평행하게 대어졌다 하고[I-45], 밑면 FH로부터 CD와 동일한 높이의 평행육면체 GK가 마저 채워졌다고 하자.

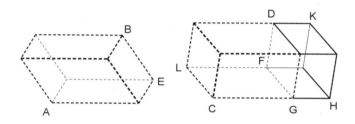

이제 입체 AB가 입체 GK와 같다. 같은 밑면 AE, FH 위에 동일한 높이로 있기 때문이다[XI-31]. 또한 평행육면체 CK가 마주하면 평면들과 평행하게 있는 평면 DG로 잘렸으므로, 밑면 CF 대 밑면 FH는 입체 CD 대 입체 DH이다[XI-25]. 그런데 밑면 FH는 밑면 AE와, 입체 GK는 입체 AB와 같다. 그래서 밑면 AE 대 밑면 CF는 입체 AB 대 입체 CD다.

그래서 동일한 높이로 있는 평행육면체들은 서로에 대해 밑면들처럼 있다. 밝혀야 했던 바로 그것이다.

명제 33

닮은 평행육면체들은 서로에 대해 상응하는 변들에 대하여 삼중 비율로 있다.

닮은 평행육면체 AB, CD가 있는데 AE가 CF와 상응한다고 하자. 나는 주장한다. 입체 AB 대 입체 CD는 AE 대 CF에 비하여 삼중 비율을 갖는다.

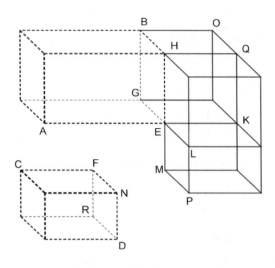

AE, GE, HE와 직선으로 EK, EL, EM이 연장되었다고 하고, CF와는 EK가, FN과는 EL이, 게다가 FR과는 EM이 같게 놓인다고 하고, 평행사변형 KL과 입체 KP가 마저 채워졌다고 하자.

두 직선 KE, EL이 두 직선 CF, FN과 같고, 입체 AB, CD의 닮음성 때문에 각 AEG가 CFN과 같은 한편, 각 KEL도 각 CFN과 같으므로 평행사변형 KL은 평행사변형 CN과 같[고 또한 닮는]다. 이제 똑같은 이유로 평행사변형 KM도 [평행사변형] CR과, 게다가 EP도 DF와 같고 또한 닮는다. 그래서 입체 KP의 세 평행사변형이 입체 CD의 세 평행사변형과 같고 또한 닮는다. 한편, (한 입체의) 세 (평행사변형)은 마주하는 세 (평행사변형)과 같고 또한 닮고, (다른 입체의) 세 (평행사변형)은 마주하는 세 (평행사변형)과 같고 또한 닮는다[XI-24]. 그래서 전체 입체 KP가 전체 입체 CD와 같고 또한 닮는다[XI-def-10].

평행사변형 GK가 마저 채워졌다고 하고, 평행사변형 밑면 GK, KL로부터

AB와 동일한 높이의 입체 EO, LQ가 마저 채워졌다고 하자.

입체 AB, CD의 닮음성 때문에 AE 대 CF는 EG 대 FN이고 EH 대 FR인데 [VI-def-1, XI-def-9], CF는 EK와, FN은 EL과, FR은 EM과 같으므로 AE 대 EK는 GE 대 EL이고도 HE 대 EM이다. 한편, AE 대 EK는 [평행사변형] AG 대 평행사변형 GK인데, GE 대 EL은 GK 대 KL이요, HE 대 EM은 QE 대 KM이다[VI-1]. 그래서 평행사변형 AG 대 GK는 GK 대 KL이고도 QE 대 KM이다. 한편, AG 대 GK는 입체 AB 대 입체 EO요, GK 대 KL은 입체 OE 대 입체 QL이요, QE 대 KM은 입체 QL 대 입체 KP이다[XI-32]. 그래서 입체 AB 대 EO는 EO 대 QL이고도 QL 대 KP이다. 그런데 네 크기가 연속 비례하면, 첫째 대 넷째가 (첫째) 대 둘째에 비하여 삼중 비율을 가진다[V-def-10]. 그래서 입체 AB 대 KP는 AB 대 EO에 비하여 삼중 비율을 갖는다. 한편, AB 대 EO는 평행사변형 AG 대 GK이고도 직선 AE 대 EK이다[VI-1]. 결국 입체 AB 대 KP는 AE 대 EK에 비하여 삼중 비율을 갖는다. 그런데 입체 KP는 입체 CD와, 직선 EK는 CF와 같다. 그래서 입체 AB 대 입체 CD는 그 입체의 상응하는 변 AE 대 상응하는 변 CF에 비하여 삼중 비율을 갖는다.

그래서 닮은 평행육면체들은 서로에 대해 상응하는 변들에 대하여 삼중 비율로 있다. 밝혀야 했던 바로 그것이다.

따름. 이제 이로부터 분명하다. 네 직선이 비례하면 첫째 직선 대 넷째 직선은 첫째 직선으로부터 (그려 넣은) 평행육면체 대 둘째로부터 닮고도 닮게 그려 넣어진 평행육면체이다. 첫째 대 넷째가 (첫째 대) 둘째에 비하여 삼중 비율을 갖기 때문이다.

명제 34

같은 평행육면체들에 대하여 밑면들은 높이들과 역으로 비례한다. 또한 밑면들이 높이
들과 역으로 비례하는, 그런 평행육면체들은 같다.

평행육면체 AB, CD가 같다고 하자. 나는 주장한다. 평행육면체 AB, CD
에 대하여 밑면들은 높이들과 역으로 비례하고, 밑면 EH 대 밑면 NQ는 입
체 CD의 높이 대 입체 AB의 높이이다.

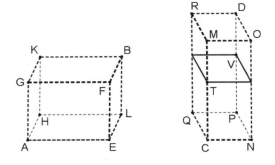

먼저, 위로 선 직선 AG, EF, LB, HK, CM, NO, PD, QR이 그 입체들의
밑면들과 직각으로 있다고 하자. 나는 주장한다. 밑면 EH 대 밑면 NQ는
CM 대 AG이다.

만약 밑면 EH와 밑면 NQ가 같은데 입체 AB도 입체 CD와 같다면 CM도
AG와 같을 것이다. 동일한 높이로 (있는) 평행육면체들은 서로에 대해 밑
면들처럼 있으니까 말이다[XI-32]. [(왜냐하면 다음과 같다.) 만약 같은 밑면
EH, NQ에 대하여 높이가 같지 않으면, 입체 AB가 CD와 같을 수 없다. 그런데 같
다고 전제했다. 그래서 높이 CM이 높이 AG와 같지 않을 수 없는 것이다.] 또한
밑면 EH 대 NQ는 CM 대 AG일 것이고, 평행육면체 AB, CD에 대하여 밑

변들이 높이들과 역으로 비례한다는 것은 분명하다.

이제 밑면 EH가 밑면 NQ와 같지 않고, 한편 EH가 크다고 하자. 그런데 입체 AB가 입체 CD와 같다. 그래서 CM도 AG보다 크다. [만약 그렇지 않다면, 다시, 입체 AB, CD가 같지 않을 것인데 같다고 전제했으니까 말이다.] AG 와 CT가 같게 놓인다고 하고, 밑면 NQ로부터 높이 CT의 평행육면체 VC 가 마저 채워졌다고 하자. 입체 AB가 입체 CD와 같은데, 그 (입체들) 말고 도 CV가 있거니와 같은 (크기)들이 동일한 (크기)에 대해 동일한 비율을 가 지므로[V-7], 입체 AB 대 입체 CV는 입체 CD 대 입체 CV이다. 한편 입체 AB 대 입체 CV는 입체 AB, CV가 등고이니까**209**[XI-32], 밑면 EH 대 밑면 NQ요, 입체 CD 대 입체 CV는 밑면 MQ 대 밑면 TQ이고도[XI-25] CM 대 CT이다[VI-1]. 그래서 밑면 EH 대 밑면 NQ는 MC 대 CT이다. 그런데 CT 가 AG와 같다. 그래서 밑면 EH 대 밑면 NQ는 MC 대 AG이다. 그래서 평 행육면체 AB, CD에 대하여 밑면들이 높이들과 역으로 비례했다.

이제 다시, 평행육면체 AB, CD에 대하여 밑면들이 높이들과 역으로 비례 했다고 하고 밑면 EH 대 밑면 NQ가 입체 CD의 높이 대 입체 AB의 높이 라고 하자. 나는 주장한다. 입체 AB가 입체 CD와 같다.

다시, 위로 선 직선들이 밑면들과 직각으로 있다고 하고, 만약 밑면 EH가 밑면 NQ와 같다면 밑면 EH 대 밑면 NQ는 입체 CD의 높이 대 입체 AB의 높이이므로, 입체 CD의 높이도 입체 AB의 높이와 같다. 그런데 같은 밑면 들 위에 동일한 높이로 (있는) 평행육면체들은 서로 같다[XI-31]. 그래서 입

••

209 원문은 ἰσοϋψῆ로 한 낱말이다. 제6권 명제 1이나 제11권 12권에서 '동일한 높이 αὐτὸ ὕψος' 라는 낱말도 쓴다. 원문 ἰσοϋψῆ가 한 낱말이라 이 낱말이 쓰인 곳은 다소 어색하지만 모 두 '등고'로 번역했다.

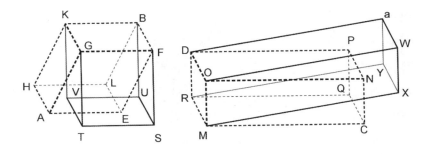

체 AB가 입체 CD와 같다.

이제 밑면 EH가 [밑면] NQ와 같지 않다고 하고 EH가 더 크다고 하자. 그 래서 입체 CD의 높이가 입체 AB의 높이보다, 즉 CM이 AG보다 크다. 다 시, AG와 같게 CT가 놓인다고 하고 입체 CV가 비슷하게 마저 채워졌다 고 하자. 밑면 EH 대 밑면 NQ는 MC 대 AG인데 AG가 CT와 같으므로, 밑 면 EH 대 밑면 NQ는 CM 대 CT이다. 한편, [밑면] EH 대 밑면 NQ는 입체 AB 대 입체 CV이다. 입체 AB, CV가 등고이니까 말이다[XI-32]. 그런데 CM 대 CT는 밑면 MQ 대 밑면 QT이고도[VI-1] 입체 CD 대 입체 CV이다 [XI-25]. 그래서 입체 AB 대 입체 CV가 입체 CD 대 입체 CV이다. 그래서 AB, CD 각각이 CV에 대하여 동일 비율을 갖는다. 그래서 입체 AB가 입체 CD와 같다[V-9]. [밝혀야 했던 바로 그것이다.]

이제 위로 선 직선 FE, BL, GA, KH, ON, DP, MC, RQ가 그 직선들의 밑 면들과 직각으로 있지 않다고 하고, 점 F, G, B, K, O, M, R, D로부터 EH, NQ를 통과하는 평면 위로 수직선들을 그었다고 하고, 점 S, T, U, V, W, X, Y, a에서 그 평면들과 한데 모였다고 하고, 입체 FV, OY가 마저 채워졌다고 하자. 나는 주장한다. 마찬가지로, 같게 있는 입체 AB, CD에 대하여 밑면들이 높이들과 역으로 비례하고 밑면 EH 대 밑면 NQ는 입체

CD의 높이 대 입체 AB의 높이이다.

입체 AB가 입체 CD와 같고, 한편 AB는 BT와 같다. 동일한 밑면 FK 위에 동일 높이로 있는데 [그중 위로 선 직선들의 끝점들이 동일한 직선들 위에 있지 않으니까] 말이다[XI-29, XI-30]. 한편 입체 CD는 DX와 같다. 다시, 동일한 밑면 RO 위에 동일 높이로 있는데 [그중 위로 선 (직선들의 끝점)들이 동일한 직선들 위에 있지 않으니까] 말이다. 그래서 입체 BT가 입체 DX와 같다. [그런데 높이들이 그 밑면들과 직각으로 있는 같은 평행육면체들에 대하여 밑면들이 높이들과 역으로 비례한다.] 그래서 밑면 FK 대 밑면 OR이 입체 DX의 높이 대 입체 BT의 높이이다. 그런데 밑면 FK는 밑면 EH와, 밑면 OR은 밑면 NQ와 같다. 그래서 밑면 EH 대 밑면 NQ가 입체 DX의 높이 대 입체 BT의 높이이다. 그런데 입체 DX, BT의 (높이와) DC, BA의 높이들이 (각각) 동일하다. 그래서 밑면 EH 대 밑면 NQ는 입체 DC의 높이 대 입체 AB의 높이이다. 그래서 평행육면체 AB, CD에 대하여 밑면들은 높이들과 역으로 비례했다.

이제 다시, 평행육면체 AB, CD에 대하여 밑면들이 높이들과 역으로 비례했다고 하고 밑면 EH 대 밑면 NQ는 입체 CD의 높이 대 입체 AB의 높이라고 하자. 나는 주장한다. 입체 AB는 입체 CD와 같다.

동일한 작도에서, 밑면 EH 대 밑면 NQ는 입체 CD의 높이 대 입체 AB의 높이인데 밑면 EH는 밑면 FK와, NQ는 OR과 같으므로, 밑면 FK 대 밑면 OR은 입체 CD의 높이 대 입체 AB의 높이이다. 그런데 입체 AB, CD의 (높이와) BT, DX의 높이들이 (각각) 동일하다. 그래서 밑면 FK 대 밑면 OR은 입체 DX의 높이 대 입체 BT의 높이이다. 그래서 평행육면체 BT, DX에 대하여 밑면들이 높이들과 역으로 비례했다. [그런데 평행육면체들에 대하여, 높이들이 그 입체들의 밑면들과 직각으로 있는데 밑면들이 높이들과 역으로 비례하는, 그런 입체들은 같다]. 그래서 입체 BT가 입체 DX와 같다. 한편, BT는 BA와 같다. 동일한 밑면 FK 위에 동일한 높이로 있는데 [그중 위로 선 직선들의 끝점들이 동일한 직선들 위에 있지 않으니까] 말이다[XI-29, XI-30]. 그런데 입체 DX가 입체 DC와 같다. [다시, 동일한 밑면 OR 위에 동일한 높이로 있고 동일한 직선들 안에 있지 않으니까] 말이다.

그래서 입체 AB가 입체 CD와 같다. 밝혀야 했던 바로 그것이다.

명제 35

두 평면각이 같다면, 그런데 그 각들의 꼭짓점들 위에서 뜬 직선들이, (평면각들을 만드는) 원래 직선들 사이의 각들과 각각 같은 각들을 둘러싸면서 위로 세워졌고, 뜬 직선들 위에서 임의의 점들이 잡혔고, 그 점들로부터 원래 각들이 있는 평면들로 수직선들을 긋고, 그 평면들에서 (그렇게) 생성된 점들로부터 원래 각들의 (끝점들)로 직선들이 연결되었다면, 그 직선들은 뜬 직선들 사이의 각들과 같은 각들을 둘러싼다.

같은 두 평면각 BAC, EDF가 있는데 점 A, D로부터 뜬 직선 AG, DM이 원래 직선들 사이의 각들과 각각 같은, (즉) MDE는 GAB와, MDF는 GAC와 같은 각들을 둘러싸면서 위로 세워졌다고 하고, 뜬 직선 AG, DM 위에서 임의의 점 G, M이 잡혔다고 하고, 그 점 G, M으로부터 BAC, EDF를 통과하는 평면들로 수직선 GL, MN이 그어졌다고 하고, L, N에서 그 평면들과 한데 모였다고 하고, LA, ND가 이어졌다고 하자. 나는 주장한다. 각 GAL은 각 MDN과 같다.

DM과 AH가 같게 놓인다고 하고, 점 H를 통과하여 GL과 평행하게 HK가 그어졌다고 하자. 그런데 GL은 BAC를 통과하는 평면으로 수직선이다. 그

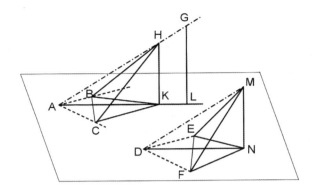

래서 HK가 BAC를 통과하는 평면으로 수직선이다[XI-8]. 점 K, N으로부터 직선 AC, DF, AB, DE 위로 수직선 KC, NF, KB, NE가 그어졌다고 하고 HC, CB, MF, FE가 이어졌다고 하자.

HA로부터의 (정사각형)이 HK, KA로부터의 (정사각형)들(의 합)과 같은데[I-47] KA로부터의 (정사각형)이 KC, CA로부터의 (정사각형)들(의 합)과 같으므로 HA로부터의 (정사각형)은 HK, KC, CA로부터의 (정사각형)들(의 합)과 같다. 그런데 HK, KC로부터의 (정사각형)들(의 합)과 HC로부터의 (정사각형)이 같다. 그래서 HA로부터의 (정사각형)이 HC, CA로부터의 (정사각형)들(의 합)과 같다. 그래서 각 HCA가 직각이다[I-48]. 이제 똑같은 이유로 각 DFM도 직각이다. 그래서 각 ACH가 DFM과 같다. 그런데 HAC도 MDF와 같다. 이제 MDF, HAC가 두 각과 각각 같은 두 각을 가지면서, 같은 각들 중 하나를 마주하며 한 변 MD와 같은 한 변 HA를 갖는 두 삼각형이다. 그래서 남은 변들도 각각 같은 남은 변들을 가질 것이다[I-26]. 그래서 AC가 DF와 같다. AB가 DE와 같다는 것도 이제 우리는 비슷하게 밝힐 수 있다. [(왜냐하면 다음과 같다.) 마찬가지로, HB, ME가 이어졌다고 하자. AH로부터

의 (정사각형)이 AK, KH로부터의 (정사각형)들(의 합)과 같은데 AK로부터의 (정
사각형)이 AB, BK로부터의 (정사각형)들(의 합)과 같으므로, AB, BK, KH로부터
의 (정사각형)들(의 합)이 AH로부터의 (정사각형)과 같다. 한편 BK, KH로부터의
(정사각형)들(의 합)과 BH로부터의 (정사각형)이 같다. 수직선 HK가 마주하는 면
위에 있기 때문에 각 HKB가 직각이니까 말이다. 그래서 AH로부터의 (정사각형)
이 AB, BH로부터의 (정사각형)들(의 합)과 같다. 그래서 각 ABH가 직각이다. 이
제 똑같은 이유로 각 DEM도 직각이다. 그런데 각 BAH가 EDM과 같다. (그렇게)
전제했으니까 말이다. AH가 DM과 같기도 하다. 그래서 AB가 DE와 같다.] AC가
DF와 같은데 AB가 DE와 같으니 이제 두 직선 CA, AB가 두 직선 FD, DE
와 같다. 한편, 각 CAB도 각 FDE와 같다. 그래서 밑변 BC가 밑변 EF와,
그리고 삼각형 (ACB)가 삼각형 (DFE)와, 그리고 남은 각들이 남은 각들과
같다[I-4]. 그래서 각 ACB가 DFE와 같다. 그런데 직각 ACK도 직각 DFN
과 같다. 그래서 남은 BCK가 남은 EFN과 같다. 이제 똑같은 이유로 CBK
도 FEN과 같다. 이제 BCK, EFN은, 두 각과 각각 같은 두 각을 가지면서,
같은 각들을 대며 한 변 EF와 같은 한 변 BC를 갖는 두 삼각형이다. 그래
서 남은 변들은 같은 남은 변들을 가질 것이다[I-26]. 그래서 CK가 FN과
같다. 그런데 AC도 DF와 같다. 두 직선 AC, CK가 두 직선 DF, FN과 같다.
직각들을 둘러싸기도 한다. 그래서 밑변 AK가 밑변 DN과 같다[I-4]. 또
AH가 DM과 같으므로 AH로부터의 (정사각형)이 DM으로부터의 (정사각형)
과 같다. 한편, AH로부터의 (정사각형)은 AK, KH로부터의 (정사각형)들(의
합)과 같다. AKH가 직각이니까 말이다[I-47]. 그런데 DM으로부터의 (정
사각형)은 DN, NM으로부터의 (정사각형)들(의 합)과 같다. DNM이 직각이
니까 말이다. 그래서 AK, KH로부터의 (정사각형)들(의 합)이 DN, NM으로
부터의 (정사각형)들(의 합)과 같은데 그중 AK로부터의 (정사각형)이 DN으

로부터의 (정사각형)과 같다. 그래서 남은 KH로부터의 (정사각형)이 NM으로부터의 (정사각형)과 같다. 그래서 HK가 MN과 같다. 또한 두 직선 HA, AK가 두 직선 MD, DN과 각각 같고 밑변 HK가 밑변 MN과 같다고 밝혀졌으므로, 각 HAK는 MDN과 같다[I-8].

그래서 두 평면각들이 같다면 또한 이 명제의, …기타 등등. [밝혀야 했던 바로 그것이다.]

따름. 이제 이로부터 다음은 분명하다. 두 평면각이 같다면, 그런데 뜬 직선들이 원래 직선들 사이의 각들과 각각 같은 각들을 둘러싸면서, 그 평면들 위에 같게 세워지면, 그 (세워진 직선들의 끝점)들로부터 원래 각들이 있던 그 평면들 위로 그어지는 수직선들은 서로 같다. 밝혀야 했던 바로 그것이다.

명제 36

세 직선이 비례하면, 그 세 직선들에서 (비롯된) 평행육면체는, 중항으로부터 (그려 넣은) 앞서 언급된 (평행육면체)와는 등각인 등변 평행육면체와 같다.

세 직선 A, B, C가 비례한다고 하자. (즉), A 대 B는 B 대 C이다. 나는 주장한다. A, B, C에서 (비롯된) 입체는, B로부터 (그려 넣은) 앞서 언급한 (입체)와는 등각인 등변 평행육면체와 같다.

DEG, GEF, FED로 둘러싸이는 E에서의 입체각이 제시된다고 하고, B와는 DE, GE, EF 각각이 같게, A와는 LM이 같게 놓인다고 하고, 평행육면체 EK가 마저 채워졌다고 하고, 직선 LM에 대고 그 직선상의 점 L에서 E

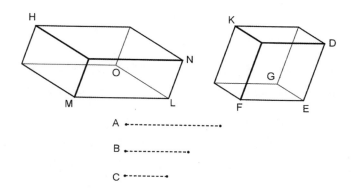

에서의 입체각과 같은 NLO, OLM, MLN으로 둘러싸인 입체각을 구성했다
고 하고[XI-23], B와 같게는 LO가, C와 같게는 LN이 놓인다고 하자.

A 대 B는 B 대 C인데, A는 LM과, B는 LO, ED 각각과, C는 LN과 같으므
로 LM 대 EF는 DE 대 LN이다. 또한 같은 각 NLM, DEF 주변에서 변들
이 역으로 비례하였다. 그래서 평행사변형 MN이 평행사변형 DF와 같다
[VI-14]. 또 두 평면 직선 각 DEF, NLM이 같고, 뜬 직선 LO, EG가 원래
직선들 사이의 각들과 각각 같은 각들을 둘러싸면서 그 (평면들) 위에 서로
같게 섰으므로, 점 G, O로부터 NLM, DEF를 통과하는 평면들 위로 수직
선들은 서로 같게 그어진다[XI-35 따름]. 결국 입체 LH, EK가 동일한 높이
로 있다. 그런데 같은 밑면들 위에 동일한 높이로 있는 평행육면체는 서로
같다[XI-31]. 그래서 입체 HL이 입체 EK와 같다. 또한 LH는 A, B, C에서
(비롯된) 입체요, EK는 B로부터 (그려 넣은) 입체이다.

그래서 A, B, C에서 (비롯된) 평행육면체가, B로부터 (그려 넣은) 앞서 언급한
(입체)와는 등각인 등변 평행육면체와 같다. 밝혀야 했던 바로 그것이다.

명제 37

네 직선이 비례하면, 그 직선들로부터 닮고도 닮게 그려 넣은 평행육면체들도 비례할 것이다. 또 그 직선들로부터 (그려 넣은) 닮고도 닮게 그려 넣은 평행육면체들이 비례하면 직선들 자체도 비례할 것이다.

네 직선 AB, CD, EF, GH가 비례한다고 하자. (즉), AB 대 CD는 EF 대 GH이다. 또 AB, CD, EF, GH로부터 닮고도 닮게 놓인 평행육면체 KA, LC, ME, NG가 그려 넣어졌다. 나는 주장한다. KA 대 LC는 ME 대 NG이다.

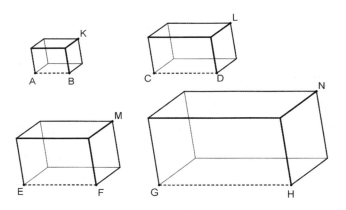

평행육면체 KA가 LC와 닮았으므로, KA 대 LC는 AB 대 CD에 비하여 삼중 비율을 갖는다[XI-33]. 이제 똑같은 이유로 ME 대 NG가 EF 대 GH에 비하여 삼중 비율을 갖는다. AB 대 CD는 EF 대 GH이기도 하다. 그래서 AK 대 LC는 ME 대 NG이다.[210]

••

210 여기서 유클리드는 $a:b$의 삼중 비율이 $x:y$이고 $c:d$의 삼중 비율이 $u:v$일 때 $a:b \cong c:d$이면 $x:y \cong u:v$이고 그 역도 성립한다는 사실을 증명 없이 받아들인다.

한편, 이제 입체 AK 대 입체 LC가 입체 ME 대 NG라고 하자. 나는 주장한다. 직선 AB 대 직선 CD는 EF 대 GH이다.

다시, KA 대 LC가 AB 대 CD에 비하여 삼중 비율을 갖고, KA 대 LC가 ME 대 NG이므로 AB 대 CD는 EF 대 GH이다.

그래서 네 직선이 비례하면 명제의, ⋯ 기타 등등. 밝혀야 했던 바로 그것이다.

명제 38

정육면체에 대하여 마주하는 평면의 변들이 이등분되는데, 그 교차들을 통과하여 (어떤) 평면들이 연장되었다면, 그 평면들의 공통 교차와 정육면체의 지름은 서로를 이등분한다.

정육면체 AF에 대하여 마주하는 평면 CF, AH의 변들이 점 K, L, M, N, O, Q, P, R에서 이등분되었는데 그 교차들을 통과하여 평면 KN, OR이 연장되었다고 하고, 평면들의 공통 교차는 US, 정육면체 AF의 지름은 DG라고

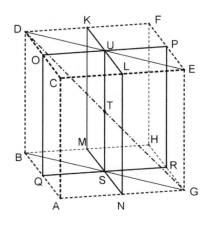

하자. 나는 주장한다. UT는 TS와, DT는 TG와 같다.

DU, UE, BS, SG가 이어졌다고 하자. DO가 PE와 평행하므로 엇각들 DOU, UPE가 서로 같다[I-29]. 또한 DO는 PE와, OU는 UP와 같고 같은 각을 둘러싸므로 밑변 DU가 (밑변) UE와 같고 삼각형 DOU가 삼각형 PUE와 같고 남은 각들도 남은 각들과 같다[I-4]. 그래서 각 OUD는 각 PUE와 같다. 이제 그런 이유로 DUE는 직선이다[I-14]. 이제 똑같은 이유로 BSG도 직선이고 BS가 SG와 같다. CA가 DB와 같고 평행인데 한편, CA가 EG와도 같고도 평행하므로 DB도 EG와 같고도 평행하다[XI-9]. 그 직선들을 직선 DE, BG가 잇기도 한다. 그래서 DE가 BG와 평행하다[I-33]. 그래서 엇각들이니까 각 EDT는 BGT와, DTU는 GTS와 같다[I-29]. 이제 (삼각형) DTU, GTS는, 두 각은 각각 같은 두 각을 갖고 같은 각들을 마주하는 한 변과 같은 한 변을, (즉) DE, BG의 절반이니까[I-15] GS와 같은 DU를 갖는 두 삼각형이다. (그래서) 남은 변들과 같은 남은 변들을 가질 것이다[I-26]. 그래서 DT는 TG와, UT는 TS와 같다.

그래서 정육면체에 대하여 마주하는 평면의 변들이 이등분되는데, 그 교차들을 통과하여 (어떤) 평면들이 연장되었다면, 그 평면들의 공통 교차와 정육면체의 지름은 서로를 이등분한다. 밝혀야 했던 바로 그것이다.

명제 39

두 각기둥이 등고라면, 또한 밑면으로 하나는 평행사변형을, 다른 것은 삼각형을 갖는데 평행사변형이 삼각형의 두 배라면, 각기둥들은 같을 것이다.

두 각기둥 ABCDEF, GHKLMN이 등고이고, 밑면으로 하나는 평행사변형 AF를, 다른 하나는 삼각형 GHK를 가지는데 평행사변형 AF가 삼각형 GHK의 두 배라고 하자. 나는 주장한다. 각기둥 ABCDEF는 각기둥 GHKLMN과 같다.

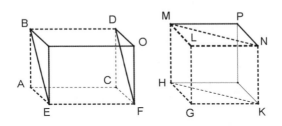

입체 AO, GP가 마저 채워졌다고 하자. 평행사변형 AF가 삼각형 GHK의 두 배인데 평행사변형 HK도 삼각형 GHK의 두 배이므로[I-34], 평행사변형 AF가 평행사변형 HK와 같다. 그런데 같은 밑면들 위에 동일한 높이로 있는 평행육면체들은 서로 같다[XI-31]. 그래서 입체 AO가 입체 GP와 같다. 또한 입체 AO의 절반은 각기둥 ABCDEF, 입체 GP의 절반은 각기둥 GHKLMN이다[XI-28]. 그래서 각기둥 ABCDEF가 각기둥 GHKLMN과 같다. 그래서 두 각기둥이 등고라면, 또한 밑면으로 하나는 평행사변형을 다른 것은 삼각형을 갖는데 평행사변형이 삼각형의 두 배라면 각기둥들은 같을 것이다. 밝혀야 했던 바로 그것이다.

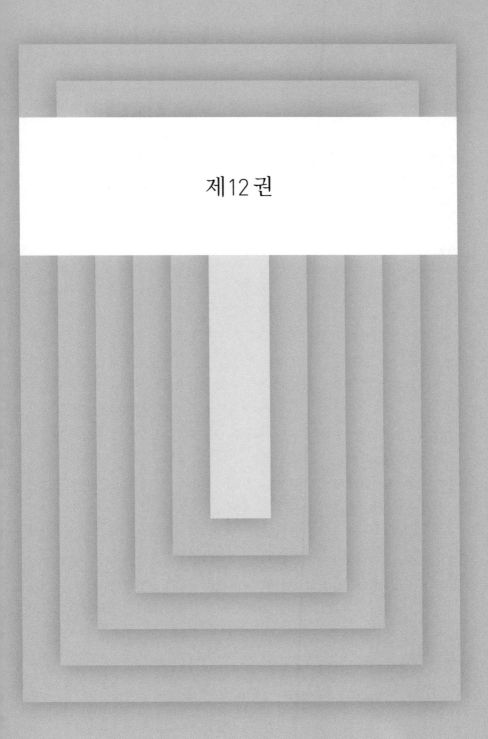

제12권

명제 1

원들 안의 닮은 내접 다각형들은 서로에 대해, 그 지름들로부터의 정사각형들처럼 있다.

원 ABC, FGH가 있다고 하고, 그 원들 안에 닮은 내접 다각형 ABCDE, FGHKL이 있는데 그 원들의 지름은 BM, GN이라고 하자. 나는 주장한다. BM으로부터의 정사각형 대 GN으로부터의 정사각형은 다각형 ABCDE 대 다각형 FGHKL이다.

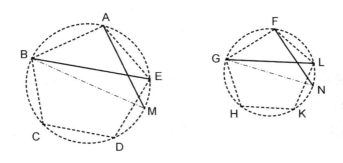

BE, AM, GL, FN이 이어졌다고 하자.

다각형 ABCDE가 다각형 FGHKL과 닮았으므로, 각 BAE가 GFL과 같고 BA 대 AE는 GF 대 FL이다[VI-def-1]. 이제 (삼각형) BAE, GFL은 한 각 BAE와 같은 한 각 GFL을 가지면서 같은 각들의 주변의 변들이 비례하는 두 삼각형이다. 그래서 삼각형 ABE가 삼각형 FGL과 등각이다[VI-6]. 그래서 각 AEB가 FLG와 같다. 한편, 같은 둘레들에 서 있으니까 AEB는 AMB와, FLG는 FNG와 같다[III-27]. 그래서 AMB가 FNG와 같다. 그런데 직각 BAM이 직각 GFN과 같기도 하다[III-31]. 그래서 남은 각도 남은 각과 같다[I-32]. 그래서 삼각형 ABM이 삼각형 FGN과 등각이다. 비례로, BM 대 GN은 BA 대 GF이다[VI-4]. 한편 BM 대 GN 비율의 이중 (비율)은 BM으로부터의 정사각형 대 GN으로부터의 정사각형의 (비율)이요, BA 대 GF 비율의 이중 (비율)은 다각형 ABCDE 대 다각형 FGHKL의 (비율)이다[VI-20]. 그래서 BM으로부터의 정사각형 대 GN으로부터의 정사각형은 다각형 ABCDE 대 다각형 FGHKL이다.

그래서 원들 안의 닮은 내접 다각형들은 서로에 대해, 그 지름들로부터의 정사각형들처럼 있다. 밝혀야 했던 바로 그것이다.

명제 2

원들은 서로에 대해, 그 지름들로부터의 정사각형들처럼 있다.[211]

원 ABCD, EFGH가 있다고 하고, 그 원들의 지름은 BD, FH라고 하자. 나는 주장한다. 원 ABCD 대 원 EFGH는 BD로부터의 정사각형 대 FH로부터의 정사각형이다.

∴∴

[211] (1) 제1권 명제 45와 제2권 명제 14에서 어떤 다각형이든 그것과 넓이가 같은 정사각형으로 작도된다는 사실을 보였다. 그러나 원에 대해서는 그렇게 하지 않고 두 원(Σ_1, Σ_2)의 비율이 두 지름(d_1, d_2)의 제곱에 비례한다고 말한다. 즉, $\Sigma_1 : \Sigma_2 = d_1^2 : d_2^2$인 것이다. 제5권의 정의3에서 '동종'의 의미가 명확하지 않지만 원의 넓이와 정사각형의 넓이가 동종이라고 본다면 제5권의 명제 16을 적용해서 $\Sigma_1 : d_1^2 = \Sigma_2 : d_2^2$이, 즉 원과 그 원의 지름에 올린 정사각형의 비율은 상수다. 남은 문제는 이것의 비율이 어떤 비율이냐인데 이 문제는 아르키메데스가 『원의 측정』 명제 2에서 (근사로) 11 대 14의 비율임을 밝힌다. (2) 원과 같은 정사각형은 유클리드 『원론』의 기하학, 즉 자와 컴퍼스의 기하학으로는 작도 불가능하다는 사실은 여러 정황상 고대 그리스에서부터 받아들여진 것 같다. 최종 증명은 1882년에야 독일의 수학자 린더만이 완성한다. (3) 이 증명과 이어지는 명제들에서 쓰인 증명법이 고대 그리스 버전의 적분학의 기초인 일명 소진법(Method of exhaustion)이다. (4) 제12권 명제 18에서 구들의 비율을 비교할 때는 정육면체들의 비율과 비교하는 것이 아니라 지름들의 비율에 비하여 삼중 비율(제5권 정의 10)이라고 말한다.

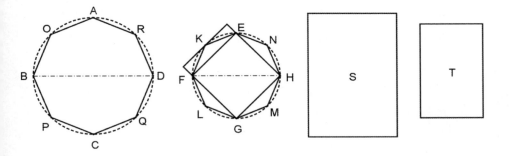

혹시 원 ABCD 대 (원) EFGH가 BD로부터의 정사각형 대 FH로부터의 (정사각형)이 아니라면, BD로부터의 (정사각형) 대 FH로부터의 (정사각형)은 원 ABCD 대 원 EFGH보다 작거나 큰 어떤 구역일 것이다. 먼저, 더 작은 (구역) S에 대한 (비율)이라고 하자. 원 EFGH 안으로 정사각형 EFGH가 내접했다고 하자[IV-6].

이제 내접 정사각형은 원 EFGH의 절반보다 크다. 점 E, F, G, H를 지나서 원의 접선들을 우리가 긋는다면 그 원 바깥으로 외접하는 정사각형의 절반이 정사각형 EFGH인데[212] 외접 정사각형의 반보다 원이 작으니까 말이다. 결국 내접 정사각형 EFGH가 원 EFGH의 절반보다는 크다.

점 K, L, M, N에서 둘레 EF, FG, GH, HE가 이등분되었다고 하고, EK, KF, FL, LG, GM, MH, HN, NE가 이어졌다고 하자.

삼각형 EKF, FLG, GMH, HNE 각각이 그 자신에 해당하는 원의 활꼴의 반보다 크다. 점 K, L, M, N을 지나 그 원의 접선들을 우리가 긋는다면, 그리고 직선 EF, FG, GH, HE 위로 평행사변형들을 채워 넣으면, 삼각형 EKF, FLG, GMH, HNE 각각이 그 자신에 해당하는 평행사변형의 절반인

∵

212 유클리드는 이 부분의 증명을 생략했다.

데, 한편 그 자신에 해당하는 활꼴이 평행사변형보다 작으니까 말이다. 결국 삼각형 EKF, FLG, GMH, HNE 각각은 그 자신에 해당하는 원의 활꼴의 반보다 크다.

이제 (그렇게 하고) 남은 둘레들을 이등분하면서, 직선들을 이으면서, 또한 똑같이 계속하면서, 원의 어떤 조각들을 마침내 남겨 놓게 될 터인데 (그 조각들의 합은) 원 EFGH가 구역 S를 초과하는 만큼의 초과분보다는 작을 것이다. 제시된 다른 두 크기에 대해, 큰 것에서 절반보다 큰 것이 빠지면, 또한 그렇게 하고 남은 크기로부터 절반보다 큰 것이 빠지면, 또한 이것이 계속해서 발생하면, 제시된 작은 크기보다 더 작은 어떤 크기가 남게 될 것이라고 이미 10권의 첫 번째 정리에서[213] 밝혀졌으니까 말이다[X-1]. 그렇게 남았다고 하고, 원 EFGH에 대하여 EK, KF, FL, LG, GM, MH, HN, NE 위의 활꼴들(의 합)이 원 EFGH가 구역 S를 초과하는 만큼의 초과분보다 작다고 하자. 그래서 남은 다각형 EKFLGMHN은 구역 S보다 크다. 또 다각형 EKFLGMHN과 닮은 다각형 AOBPCQDR이 원 ABCD에 내접했다고 하자. 그래서 BD로부터의 정사각형 대 FH로부터의 정사각형은 다각형 AOBPCQDR 대 다각형 EKFLGMHN이다[XII-1]. 한편 BD로부터의 정사각형 대 FH로부터의 정사각형은 원 ABCD 대 구역 S이기도 하다. 그래서 원 ABCD 대 구역 S는 다각형 AOBPCQDR 대 다각형 EKFLGMHN이다[V-11]. 그래서 교대로, 원 ABCD 대 그 원의 (내접) 다각형은 구역 S 대 다각형 EKFLGMHN이다[V-16]. 그런데 원 ABCD는 그 원의 (내접) 다각형보

∶

213 증명 과정에 다른 명제를 지정하여 인용하였다. 『원론』에서 드문 경우다. 영어의 theorem이 되는 θεώρημα라는 낱말을 썼다. 이 낱말은 제13권 명제 17과 제8권의 명제 19에서만 등장한다.

다 크다. 그래서 구역 S가 다각형 EKFLGMHN보다 크다[V-14]. 한편 작기도 하다. 이것은 불가능하다. 그래서 BD로부터의 정사각형 대 FH로부터의 (정사각형)은 원 ABCD 대 원 EFGH보다 작은 어떤 구역일 수는 없다. 이제 FH로부터의 (정사각형) 대 BD로부터의 (정사각형)이 원 EFGH 대 원 ABCD보다 작은 어떤 구역일 수 없다는 것도 비슷하게 우리는 밝힐 수 있다.

이제 나는 주장한다. BD로부터의 (정사각형) 대 FH로부터의 (정사각형)이 원 ABCD 대 원 EFGH보다 큰 어떤 구역일 수 없다.

혹시 가능하다면, (BD로부터의 정사각형 대 FH로부터의 정사각형이 원 ABCD 대 원 EFGH)보다 큰 (구역) S라고 하자. 그래서 거꾸로, FH로부터의 (정사각형) 대 DB로부터의 (정사각형)은 구역 S 대 원 ABCD이다[V-7 따름]. 한편, 구역 S 대 원 ABCD는 원 EFGH 대 원 ABCD보다 작은 어떤 구역이다[XII-2/3 보조 정리]. 그래서 FH로부터의 (정사각형) 대 BD로부터의 (정사각형)은 원 EFGH 대 원 ABCD보다 작은 어떤 구역이다[V-11]. 이것은 불가능하다는 것이 밝혀졌다. 그래서 BD로부터의 (정사각형) 대 FH로부터의 (정사각형)이 원 ABCD 대 원 EFGH보다 큰 어떤 구역일 수는 없다. 그런데 더 작은 구역에 대해서도 그럴 수 없다는 것이 밝혀졌다. 그래서 BD로부터의 정사각형 대 FH로부터의 (정사각형)이 원 ABCD 대 원 EFGH이다.

그래서 원들은 서로에 대해, 그 지름들로부터의 정사각형들처럼 있다. 밝혀야 했던 바로 그것이다.

보조 정리. 이제 나는 주장한다. 원 EFGH보다 크게 있는 구역 S에 대하여 구역 S 대 원 ABCD는 원 EFGH 대 원 ABCD보다 작은 어떤 구역이다.

구역 S 대 원 ABCD가 원 EFGH 대 구역 T이게 되었다고 하자. 나는 주장한다. 구역 T가 원 ABCD보다 작다.

구역 S 대 원 ABCD가 원 EFGH 대 구역 T이므로, 교대로, 구역 S 대 원 EFGH는 원 ABCD 대 구역 T이다[V-16]. 그런데 구역 S가 원 EFGH보다 크다. 그래서 원 ABCD가 구역 T보다 크다[V-14]. 결국 구역 S 대 원 ABCD는 원 EFGH 대 원 ABCD보다 작은 어떤 구역이다. 밝혀야 했던 바로 그것이다.

명제 3

삼각형의 밑면을 갖는 어떤 각뿔이든 서로 같고도 닮은 데다 전체 각뿔과도 닮은 두 각뿔과, 같은 두 각기둥으로 분리된다. 또 두 각기둥(의 합)은 전체 각뿔의 절반보다 크다.

밑면은 ABC, 꼭지는 점 D인 각뿔이 있다고 하자. 나는 주장한다. 각뿔 ABCD는 서로 같은 삼각형 밑면들을 갖고 전체 각뿔과 닮은 두 각뿔과, 같은 두 각기둥으로 분리된다. 또 두 각기둥(의 합)은 전체 각뿔의 절반보다 크다.

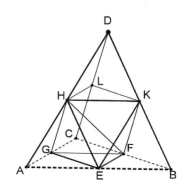

AB, BC, CA, AD, DB, DC가 점 E, F, G, H, K, L에서 이등분되었다고 하고 HE, EG, GH, HK, KL, LH, KF, FG가 이어졌다고 하자.

AE는 EB와, AH는 DH와 같으므로 EH가 DB와 평행하다[VI-2]. 이제 똑같은 이유로 HK도 AB와 평행하다. 그래서 HEBK가 평행사변형이다. 그래서 HK가 EB와 같다[I-34]. 한편, EB는 EA와 같다. 그래서 AE도 HK와 같다. 그런데 AH도 HD와 같다. 이제 두 직선 EA, AH가 두 직선 KH, HD와 각각 같다. 또한 각 EAH가 각 KHD와 같다[I-29]. 그래서 밑변 EH가 밑변 KD와 같다[I-4]. 그래서 삼각형 AEH는 삼각형 HKD와 같고 또한 닮았다[I-4]. 똑같은 이유로 삼각형 AHG는 삼각형 HLD와 같고 또한 닮았다.

또한 서로 닿는 두 직선 EH, HG가 동일 평면에 있지 않은 서로 닿는 두 직선 KD, DL과 평행하게 있으므로 같은 각들을 둘러쌀 것이다[XI-10]. 그래서 각 EHG가 각 KDL과 같다. 또한 두 직선 EH, HG가 두 직선 KD, DL과 각각 같고, 각 EHG가 각 KDL과 같으므로 밑변 EG가 밑변 KL과 같다[I-4]. 그래서 삼각형 EHG가 삼각형 KDL과 같고 또한 닮았다. 이제 똑같은 이유로 삼각형 AEG도 삼각형 HKL과 같고 또한 닮았다. 그래서 밑면은 삼각형 AEG이고 꼭지는 점 H인 각뿔은 밑면은 삼각형 HKL이고 꼭지는 점 D인 각뿔과 같고 또한 닮았다[XI-def-10].

또한 HK가 삼각형 ADB의 변들 중 하나인 AB에 평행하게 그어졌으므로 삼각형 ADB는 삼각형 DHK와 등각이고[I-29], 비례하는 변들을 갖는다. 그래서 삼각형 ADB가 삼각형 DHK와 닮았다[VI-def-1]. 이제 똑같은 이유로 삼각형 DBC도 삼각형 DKL과, ADC도 DLH와 닮았다. 또한 서로 닿는 두 직선 BA, AC가 동일 평면에 있지 않은 서로 닿는 두 직선 KH, HL과 평행하게 있으므로, 같은 각들을 둘러쌀 것이다[XI-10]. 그래서 각 BAC가 각 KHL과 같다. BA 대 AC는 KH 대 HL이기도 하다. 그래서 삼각형

ABC가 삼각형 HKL과 닮았다[VI-6]. 그래서 밑면은 삼각형 ABC이고 꼭지는 점 D인 각뿔은, 밑면은 삼각형 HKL이고 꼭지는 점 D인 각뿔과 닮았다 [XI-def-9]. 한편, 밑면은 삼각형 HKL이고 꼭지는 점 D인 각뿔은, 밑면은 삼각형 AEG이고 꼭지는 점 H인 각뿔과 닮았다고 밝혀졌다. [결국 밑면은 삼각형 ABC이고 꼭지는 점 D인 각뿔은, 밑면은 삼각형 AEG이고 꼭지는 점 H인 각뿔과 닮았다.] 그래서 각뿔 AEGH, HKLD 각각은 전체 각뿔 ABCD와 닮았다.

또 BF가 FC와 같으므로 평행사변형 EBFG가 삼각형 GFC의 두 배이다[I-41]. 두 각기둥이 등고라면, 그리고 밑면으로 하나는 평행사변형, 다른 하나는 삼각형을 갖는다면, 그런데 평행사변형이 삼각형의 두 배라면, 그 각기둥들은 같으므로[XI-39] 두 삼각형 BKF, EHG와 세 평행사변형 EBFG, EBKH, HKFG로 둘러싸인 각기둥은, 두 삼각형 GFC, HKL과 세 평행사변형 KFCL, LCGH, HKFG로 둘러싸인 각기둥과 같기도 하다. 밑면이 평행사변형 EBFG인데 마주하는 것이 직선 HK인 각기둥과, 밑면이 삼각형 GFC인데 마주하는 것이 삼각형 HKL인 각기둥들 각각은, 밑면은 삼각형 AEG, HKL, 꼭지는 점 H, D인 각뿔들 각각보다 크다는 것 또한 분명하다.

직선 EF, EK를 이을 때 밑면은 평행사변형 EBFG이고 마주하는 것은 직선 HK인 각기둥이, 밑면은 삼각형 EBF이고 꼭지는 점 K인 각뿔보다 크기 때문이다. 한편, 밑면은 삼각형 EBF이고 꼭지는 점 K인 각뿔은, 밑면은 삼각형 AEG이고 꼭지는 점 H인 각뿔과 같다. 같고도 닮은 평면들로 둘러싸이니까 말이다. 결국 밑면은 평행사변형 EBFG이고 마주하는 것은 직선 HK인 각기둥도, 밑면은 삼각형 AEG이고 꼭지는 점 H인 각뿔보다 크다. 그런데 밑면은 평행사변형 EBFG이고 마주하는 것은 직선 HK인 각기둥은, 밑면은 삼각형 GFC이고 마주하는 것은 삼각형 HKL인 각기둥과 같다. 그런데 밑면은 삼각형 AEG이고 꼭지는 점 H인 각뿔은, 밑면은 삼각형 HKL 이고 꼭지는 점 D인 각뿔과 같다. 그래서 언급된 두 각기둥(의 합)은, 밑면 은 삼각형 AEG, HKL, 꼭지는 점 H, D인 언급한 두 각뿔(의 합)보다 크다. 그래서 밑면은 삼각형 ABC이고 꼭지는 점 D인 전체 각뿔은, 서로 같고도 [닮은 데다 전체 각뿔과도] 닮은 두 각뿔과 같은 두 각기둥으로 분리되고, 두 각기둥(의 합)은 전체 각뿔의 절반보다 크다. 밝혀야 했던 바로 그것이다.

명제 4

삼각형 밑면을 갖는 두 각뿔이 동일한 높이로 있고, 그 각뿔들 각각이 서로 같고도 전체 와 닮은 각뿔 두 개와 같은 각기둥 두 개로 분리되었다면, 한 각뿔의 밑면 대 다른 각뿔 의 밑면은, 한 각뿔 안의 모든 각기둥들(의 합) 대 다른 각뿔 안의 같은 개수의 모든 각 기둥들(의 합)일 것이다.

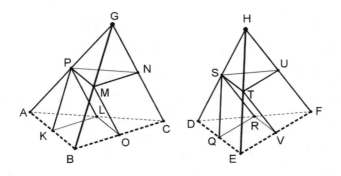

밑면은 삼각형 ABC, DEF이고 꼭지는 점 G, H를 갖는 두 각뿔이 동일한 높이로 있다고 하고 그 각뿔들 각각이 서로 같고도 전체와 닮은 각뿔 두

개와 같은 각기둥 두 개로 분리되었다고 하자[XII-3]. 나는 주장한다. 밑면 ABC 대 밑면 DEF는, 각뿔 ABCG 안의 모든 각기둥들(의 합) 대 각뿔 DEFH 안의 같은 개수의 모든 각기둥들(의 합)이다.

BO는 OC와, AL은 LC와 같으므로, LO가 AB와 평행하고 삼각형 ABC가 삼각형 LOC와 닮았다[XII-3]. 이제 똑같은 이유로 삼각형 DEF도 삼각형 RVF와 닮았다. 또한 BC는 CO의, EF는 FV의 두 배이므로 BC 대 CO는 EF 대 FV이다. 또한 BC, CO로부터는 닮고도 닮게 놓인 직선 (도형) ABC, LOC가, EF, FV로부터는 닮고도 닮게 놓인 [직선 도형] DEF, RVF가 그려 넣어졌다. 그래서 삼각형 ABC 대 삼각형 LOC가 삼각형 DEF 대 삼각형 RVF이다[VI-22]. 그래서 교대로, 삼각형 ABC 대 삼각형 DEF는 [삼각형] LOC 대 삼각형 RVF이다[V-16].

한편, 삼각형 LOC 대 삼각형 RVF가, 밑면은 삼각형 LOC이고 마주하는 것은 PMN인 각기둥 대 밑면은 삼각형 RVF이고 마주하는 것은 STU인 각 기둥이다[XII-4/5 보조 정리]. 그래서 삼각형 ABC 대 삼각형 DEF도, 밑면은 삼각형 LOC이고 마주하는 것은 PMN인 각기둥 대 밑면은 삼각형 RVF 이고 마주하는 것은 STU인 각기둥이다. 그런데 언급된 각기둥들은 서로에 대해, 밑면은 평행사변형 KBOL이고 마주하는 것은 직선 PM인 각기둥 대 밑면은 평행사변형 QEVR이고 마주하는 것은 직선 ST인 각기둥이다[XI-39, XII-3]. 그래서 (밑면 ABC 대 밑면 DEF가), 밑면은 평행사변형 KBOL이 고 마주하는 것은 PM인 것과 밑면은 LOC이고 마주하는 것은 PMN인 것, 그 두 각기둥(의 합) 대 밑면은 평행사변형 QEVR이고 마주하는 것은 ST인 것과 밑면은 삼각형 RVF이고 마주하는 것은 STU인 것, 그 두 각기둥(의 합)이기도 하다[V-12]. 그래서 밑면 ABC 대 밑면 DEF가 언급된 두 각기둥 (의 합) 대 언급된 두 각기둥(의 합)인 것이다.

비슷하게, 만약 각뿔 PMNG, STUH가 두 각기둥과 두 각뿔로 분리된다면, 밑면 PMN 대 밑면 STU는 각뿔 PMNG 안의 두 각기둥(의 합) 대 각뿔 STUH 안의 두 각기둥(의 합)이기도 하다. 한편, 밑면 PMN 대 밑면 STU는 밑면 ABC 대 밑면 DEF이다. 삼각형 PMN, STU 각각이 LOC, RVF 각각과 같으니까 말이다. 그래서 밑면 ABC 대 밑면 DEF가 네 각기둥(의 합) 대 네 기둥(의 합)이다[V-12]. 그런데 마찬가지로 우리가 남은 각뿔들을 두 각뿔과 두 각기둥으로 분리한다면, 밑면 ABC 대 밑면 DEF는 각뿔 ABCG 안의 모든 각기둥들(의 합) 대 각뿔 DEFH 안의 같은 개수의 모든 각기둥들(의 합)일 것이다. 밝혀야 했던 바로 그것이다.

보조 정리. 삼각형 LOC 대 삼각형 RVF가, 밑면은 삼각형 LOC이고 마주하는 것은 PMN인 각기둥 대 밑면은 삼각형 RVF이고 마주하는 것은 STU인 각기둥인데 (이 사실은) 다음과 같이 보여야 한다.

동일한 그림에서 G, H로부터 면 ABC, DEF로 (그은) 수직선들을 상상하자. 등고인 각뿔들이라고 가정했으니 분명히 같게 될 것이다. 두 직선은, (즉) GC와 G로부터 (그은) 수직선은 평행한 평면 ABC, PMN으로 잘리므로, 동일한 비율들로 잘리게 될 것이다[XI-17]. 또한 GC는 평면 PMN에 의해 N에서 이등분된다. 그래서 G로부터 평면 ABC로 (그은) 수직선도 평면 PMN에 의해 이등분될 것이다. 이제 똑같은 이유로 H로부터 평면 DEF로 (그은) 수직선도 평면 STU에 의해 이등분될 것이다. G, H로부터 면 ABC, DEF로 (그은) 수직선들은 같기도 하다. 그래서 삼각형 PMN, STU로부터 ABC, DEF로 (그은) 수직선들은 같다. 그래서 밑면은 삼각형 LOC, RVF이고 마주하는 것은 PMN, STU인 각기둥들은 등고이다. 결국 언급된 각기둥들로부터 그려 넣어진 평행육면체도 등고이고 서로에 대해 밑면들처럼 있다[XI-32]. 그래서 그 (입체들의) 절반들도 (그렇다. 즉,) 밑면 LOC 대 밑면 RVF는, 언급된 각기둥들이 서로에 대해 (갖는 비율)이다. 밝혀야 했던 바로 그것이다.

명제 5

동일한 높이로 있고 삼각형 밑면들을 갖는 각뿔들은 서로에 대해 그 밑면들처럼 있다.

밑면들은 삼각형 ABC, DEF, 꼭지들은 점 G, H인 각뿔들이 동일한 높이로 있다고 하자. 나는 주장한다. 밑면 ABC 대 밑면 DEF가 각뿔 ABCG 대 각뿔 DEFH이다.

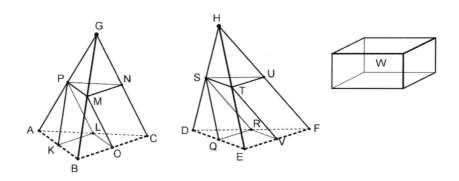

혹시 밑면 ABC 대 밑면 DEF가 각뿔 ABCG 대 각뿔 DEFH가 아니라면, 밑면 ABC 대 밑면 DEF는, 각뿔 ABCG 대 각뿔 DEFH보다 작은 어떤 입체이거나 또는 큰 입체일 것이다. 먼저 더 작은 어떤 입체 W에 대한 (비율)이라고 하고, 각뿔 DEFH가 서로 같고도 전체와 닮은 두 각뿔과, 같은 두 각기둥으로 분리되었다고 하자.

이제 두 각기둥(의 합)은 전체 각뿔의 반보다 크다[XII-3]. 또한 분리에서 발생한 각뿔들이 다시 비슷하게 분리되었고, 각뿔 DEFH가 입체 W를 초과하는 만큼의 초과분보다 작은 어떤 각뿔들이 남게 될 때까지 이것이 계속 발생한다고 하자[X-1]. (그렇게 해서 각뿔이) 남았고 (그것이) 예를 들어 DQRS, STUH라고 하자. 그래서 각뿔 DEFH 안에 남은 각기둥들(의 합)은 입체 W보다 크다. 각뿔 ABCG도 비슷하게 분리되었고 각뿔 DEFH와 같은 개수라고 하자. 그래서 밑면 ABC 대 밑면 DEF가 각뿔 ABCG 안에 (남은) 각기둥들(의 합) 대 각뿔 DEFH 안에 (남은) 각기둥들(의 합)이다[XII-4]. 한편, 밑면 ABC 대 밑면 DEF는 각뿔 ABCG 대 입체 W이기도 하다. 그래서 각뿔 ABCG 대 각 입체 W가 각뿔 ABCG 안에 (남은) 각기둥들(의 합) 대 각뿔 DEFH 안에 (남은) 각기둥들(의 합)이다[V-11]. 그래서 교대로, 각뿔 ABCG 대 그것 안에 (남은) 각기둥들(의 합)이 입체 W 대 각뿔 DEFH 안에 (남은) 각기둥들(의 합)이다[V-16]. 그런데 각뿔 ABCG는 그것 안에 (남은) 각기둥들(의 합)보다 크다. 그래서 입체 W도 각뿔 DEFH 안에 (남은) 각기둥들(의 합)보다 크다[V-14]. 한편, 작기도 하다. 이것은 불가능하다. 그래서 밑면 ABC 대 밑면 DEF는, 각뿔 ABCG 대 각뿔 DEFH보다 작은 어떤 입체일 수 없다. 이제 밑면 DEF 대 밑면 ABC가, 각뿔 DEFH 대 각뿔 ABCG보다 작은 어떤 입체일 수 없다는 것도 비슷하게 밝혀질 수 있다.

이제 나는 주장한다. 밑면 ABC 대 밑면 DEF가, 각뿔 ABCG 대 각뿔 DEFH보다 큰 어떤 입체일 수 없다.

혹시 가능하다면, (밑면 ABC 대 밑면 DEF가, 각뿔 ABCG 대 각뿔 DEFH)보다 큰 입체 W라고 하자. 그래서 거꾸로, 밑면 DEF 대 밑면 ABC가 입체 W 대 각뿔 ABCG이다[V-7 따름]. 그런데 입체 W 대 각뿔 ABCG는, 이전에 밝혀진 것처럼[XII-2/3 보조 정리], 각뿔 DEFH 대 각뿔 ABCG보다 작은 어떤 (입체)이다. 그래서 밑면 DEF 대 밑면 ABC는, 각뿔 DEFH 대 각뿔 ABCG보다 작은 어떤 (입체)이다[V-11]. 이것은 있을 수 없다고 밝혀졌다. 그래서 밑면 ABC 대 밑면 DEF가, 각뿔 ABCG 대 각뿔 DEFH보다 큰 어떤 입체일 수 없다. 그런데 더 작은 입체에 대해서도 그럴 수 없다는 것이 밝혀졌다. 그래서 밑면 ABC 대 밑면 DEF가 각뿔 ABCG 대 각뿔 DEFH이다. 밝혀야 했던 바로 그것이다.

명제 6

동일한 높이로 있고 다각형 밑면을 갖는 각뿔들은 서로에 대해 그 밑면들처럼 있다.

밑면들은 다각형 ABCDE, FGHKL, 꼭지들은 점 M, N인 각뿔들이 동일한 높이로 있다고 하자. 나는 주장한다. 밑면 ABCDE 대 밑면 FGHKL은 각뿔 ABCDEM 대 각뿔 FGHKLN이다.

AC, AD, FH, FK가 이어졌다고 하자.

두 각뿔 ABCM, ACDM은 삼각형 밑면들과 같은 높이를 가지므로 서로에 대해 밑면들처럼 있다[XII-5]. 그래서 밑면 ABC 대 밑면 ACD는 각뿔

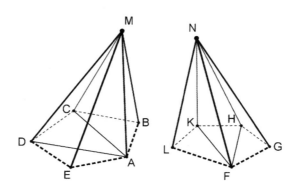

ABCM 대 각뿔 ACDM이다. 또한 결합되어, 밑면 ABCD 대 밑면 ACD가 각뿔 ABCDM 대 각뿔 ACDM이다[V-18]. 한편, 밑면 ACD 대 밑면 ADE 는 각뿔 ACDM 대 각뿔 ADEM이다[XII-5]. 그래서 같음에서 비롯해서, 밑면 ABCD 대 밑면 ADE는 각뿔 ABCDM 대 각뿔 ADEM이다[V-22]. 또한 다시, 결합되어, 밑면 ABCDE 대 밑면 ADE는 각뿔 ABCDEM 대 각뿔 ADEM이다. 밑면 FGHKL 대 밑면 FGH는 각뿔 FGHKLN 대 각뿔 FGHN 이라는 것도 이제 비슷하게 밝혀질 수 있다. 또한 두 각뿔 ADEM, FGHN 이 삼각형 밑면과 같은 높이를 가지므로, 밑면 ADE 대 밑면 FGH가 각뿔 ADEM 대 각뿔 FGHN이다[XII-5]. 한편, 밑면 ADE 대 밑면 ABCDE 는 각뿔 ADEM 대 각뿔 ABCDEM이다. 그래서 같음에서 비롯해서, 밑면 ABCDE 대 밑면 FGH가 각뿔 ABCDEM 대 각뿔 FGHN이다. 더군다나 밑면 FGH 대 밑면 FGHKL은 각뿔 FGHN 대 각뿔 FGHKLN이기도 하다. 그래서 같음에서 비롯해서, 밑면 ABCDE 대 밑면 FGHKL은 각뿔 ABCDEM 대 각뿔 FGHKLN이다. 밝혀야 했던 바로 그것이다.

명제 7

삼각형 밑면을 갖는 모든 각기둥은, 삼각형 밑면을 갖는 서로 같은 세 각뿔로 분리된다.
밑면은 삼각형 ABC이고 마주하는 것은 DEF인 각기둥이 있다고 하자. 나는 주장한다. 각기둥 ABCDEF는 삼각형 밑면을 갖는 서로 같은 세 각뿔로 분리된다.

BD, EC, CD가 이어졌다고 하자.

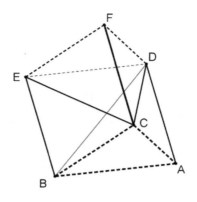

ABED는 평행사변형인데 그 지름은 BD이므로 삼각형 ABD가 삼각형 EBD와 같다[I-34]. 그래서 밑면은 삼각형 ABD이고 꼭지는 점 C인 각뿔이, 밑면은 삼각형 DEB이고 꼭지는 점 C인 각뿔과 같다[XII-5]. 한편, 밑면은 삼각형 DEB이고 꼭지는 점 C인 각뿔은, 밑면은 삼각형 EBC이고 꼭지는 점 D인 각뿔과 동일하다. 동일한 면들로 둘러싸였으니까 말이다. 그래서 밑면은 삼각형 ABD이고 꼭지는 점 C인 각뿔이, 밑면은 삼각형 EBC이고 꼭지는 점 D인 각뿔과 같다. 다시, FCBE는 평행사변형인데 그 지름은 CE이므로, 삼각형 CEF가 삼각형 CBE와 같다[I-34]. 그래서 밑면은 삼각형 BCE이고 꼭지는 점 D인 각뿔이, 밑면은 삼각형 ECF이고 꼭지는 점 D인 각뿔과 같다[XII-5]. 그런데 밑면은 삼각형 BCE이고 꼭지는 점 D인 각뿔이, 밑면은 삼각형 ABD이고 꼭지는 점 C인 각뿔과 같다고 밝혀졌다. 그래서 밑면은 삼각형 CEF이고 꼭지는 점 D인 각뿔이, 밑면은 삼각형 ABD이고 꼭지는 점 C인 각뿔과 같다. 그래서 각기둥 ABCDEF는 삼각형 밑면을 갖는 서로 같은 세 각뿔로 분리되었다.

또 밑면은 삼각형 ABD이고 꼭지는 점 C인 각뿔이, 밑면은 삼각형 CAB이고 꼭지는 점 D인 각뿔과 동일하다. 동일한 면들로 둘러싸였으니까 말이다. 그런데 밑면은 삼각형 ABD이고 꼭지는 점 C인 각뿔은, 밑면은 삼각형 ABC이고 마주하는 것은 DEF인 각기둥의 삼분의 일이라는 것이 밝혀졌고, 그래서 밑면은 삼각형 ABC이고 꼭지는 점 D인 각뿔도, 동일한 밑면은 삼각형ABC이고 마주하는 것은 DEF를 갖는 각기둥의 삼분의 일이다.[214]

따름. 이제 이로부터 명백하다. 모든 각뿔은 같은 높이이고도 동일(한 다각형) 밑면을 갖는 각기둥의 삼분의 일이다. [왜냐하면, 각기둥의 밑면이 어떤 다른 직선 도형을 갖는다면, 마주하는 것도 똑같은 것을 가질 터이고 삼각형 밑면들을 갖는 각기둥들로 분리될 것이고, 전체 밑면 대 (밑면) 각각은 …] 밝혀야 했던 바로 그것이다.

명제 8

삼각형 밑면을 갖고 닮은 각뿔들은 상응하는 변들에 대하여 삼중 비율로 있다.

밑면들은 ABC, DEF, 꼭지들은 점 G, H인 닮고도 닮게 놓인 각뿔들이 있다고 하자. 나는 주장한다. 각뿔 ABCG 대 각뿔 DEFH는 BC 대 EF에 비하여 삼중 비율을 갖는다.

∵

214 (1) 유클리드는 '몇분의 일'을 표현할 때 대체로 '몇분의 일인 부분'이라는 말을 쓰지만 줄여서 '몇분의 일'이라고도 쓴다. 우리는 두 경우 모두 '몇분의 일'로 번역한다 (2) 이 논의는 3세기 고대 중국의 류휘가 『구장산술』에 주석을 하면서 각뿔의 부피를 찾는 논의와 흡사하다. 류휘의 방법에 대해서는 Wagner, D. B. "An early Chinese derivation of the volume of a pyramid: Liu Hui, third century A.D." *Historia Mathematica*, Volume 6, Issue 2, May 1979, pp. 164~188 참조.

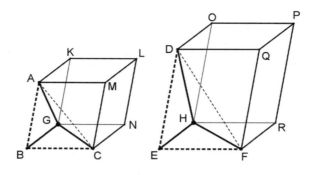

평행육면체 BGML, EHQP가 마저 채워졌다고 하자.

각뿔 ABCG가 각뿔 DEFH와 닮았으므로, 각 ABC는 각 DEF와, GBC는 HEF와, ABG는 DEH와 같고, AB 대 DE는 BC 대 EF이고 BG 대 EH이기도 하다[XI-def-9]. 또한 AB 대 DE는 BC 대 EF이고 같은 각을 둘러싸는 변들이 비례하므로 평행사변형 BM이 평행사변형 EQ와 닮았다. 이제 똑같은 이유로 BN은 ER과, BK는 EO와 닮았다. 그래서 세 (평행사변형) MB, BK, BN이 세 (평행사변형) EQ, EO, ER과 닮았다. 한편, 세 (평행사변형) MB, BK, BN은 마주하는 것과 같고 또한 닮았고, EQ, EO, ER은 마주하는 것과 같고 또한 닮았다[XI-24]. 그래서 입체 BGML, EHQP는 같은 개수의 닮은 면들로 둘러싸여 있다. 그래서 입체 BGML은 입체 EHQP와 닮았다[XI-def-9]. 그런데 닮은 평행육면체들은 상응하는 변들에 대하여 삼중 비율로 있다[XI-33]. 그래서 입체 BGML 대 입체 EHQP는 상응하는 변 BC 대 상응하는 변 EF에 비하여 삼중 비율을 갖는다. 그런데 입체 BGML 대 입체 EHQP는 각뿔 ABCG 대 각뿔 DEFH이다. 그 각기둥은 평행육면체의 반이면서[XI-28] 각뿔의 세 배인 까닭에[XII-7] 각뿔은 그 입체의 육분의 일이기 때문이다. 그래서 각뿔 ABCG 대 각뿔 DEFH는 BC 대 EF에 비하여 삼중 비율을 갖는다. 밝혀야 했던 바로 그것이다.

따름. 이제 이로부터 명백하다. 다각형 밑면을 갖는 닮은 각뿔들은 서로에 대해 상응하는 변들에 대하여 삼중 비율로 있다. 그것들을 그 안에 있는 삼각형 밑면들을 갖는 각뿔들로 분리하면서, 그 밑면들의 닮은 다각형들도, 전체와 상응하고 같은 개수인 닮은 삼각형들로 분리되어, 하나에서 삼각형 밑면을 갖는 각뿔 하나 대 다른 하나에서 삼각형 밑면을 갖는 각뿔 하나는 삼각형 밑면들을 갖는 각뿔들(의 합) 대 삼각형 밑면들을 갖는 각뿔들(의 합), 즉 다각형 밑면을 갖는 각뿔 그 자체 대 다각형 밑면을 갖는 각뿔이니까 말이다[V-12]. 그런데 삼각형 밑면을 갖는 각뿔 대 삼각형 밑면을 갖는 각뿔은 상응하는 변들에 대해 삼중 비율로 있으므로, 다각형 밑면을 갖는 (각뿔) 대 다각형 밑면을 갖는 (각뿔)은 변 대 변에 비하여 삼중 비율을 갖는다. 밝혀야 했던 바로 그 것이다.

명제 9

삼각형 밑면을 갖고 같은 각뿔들에 대하여 밑면들은 높이들과 역으로 비례한다. 또 삼각형 밑면을 갖는 각뿔들 중 밑면들이 높이들과 역으로 비례하는 각뿔들은 같다.

밑면은 삼각형 ABC, DEF를, 꼭지는 점 G, H를 갖는 같은 각뿔들이 있다고 하자. 나는 주장한다. 각뿔 ABCG, DEFH에 대하여 밑면들은 높이들과 역으로 비례하고, 밑면 ABC 대 밑면 DEF는 각뿔 DEFH의 높이 대 각뿔 ABCG의 높이이다.

평행육면체 BGML, EHQP가 마저 채워졌다고 하자.

각뿔 ABCG가 각뿔 DEFH와 같고, 각뿔 ABCG의 여섯 배는 입체 BGML

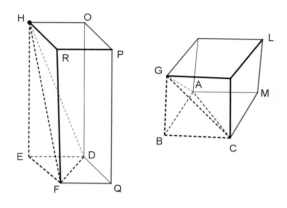

이고, 각뿔 DEFH의 여섯 배는 입체 EHQP이므로 입체 BGML이 입체 EHQP와 같다. 그런데 같은 평행육면체에 대하여 밑면들은 높이들과 역으로 비례한다[XI-34]. 그래서 밑면 BM 대 밑면 EQ가 입체 EHQP의 높이 대 입체 BGML의 높이이다. 한편, 밑면 BM 대 EQ는 삼각형 ABC 대 삼각형 DEF이다[I-34]. 그래서 삼각형 ABC 대 삼각형 DEF가 입체 EHQP의 높이 대 입체 BGML의 높이이다[V-11]. 한편, 입체 EHQP의 높이는 각뿔 DEFH의 높이와 동일하고, 입체 BGML의 높이는 각뿔 ABCG의 높이와 동일하다. 그래서 밑면 ABC 대 밑면 DEF는 각뿔 DEFH의 높이 대 각뿔 ABCG의 높이이다. 그래서 각뿔 ABCG, DEFH에 대하여 밑면들은 높이들과 역으로 비례한다.

이제 한편, 각뿔 ABCG, DEFH에 대하여 밑면들이 높이들과 역으로 비례한다고 하고, 밑면 ABC 대 밑면 DEF는 각뿔 DEFH의 높이 대 각뿔 ABCG의 높이라고 하자. 나는 주장한다. 각뿔 ABCG가 각뿔 DEFH와 같다.

동일한 작도에서, 밑면 ABC 대 밑면 DEF는 각뿔 DEFH의 높이 대 각뿔 ABCG의 높이인 한편, 밑면 ABC 대 밑면 DEF는 평행사변형 BM 대 평행사변형 EQ이므로[I-34], 평행사변형 BM 대 평행사변형 EQ가 각뿔 DEFH 의 높이 대 각뿔 ABCG의 높이이다[V-11]. 한편, 각뿔 DEFH의 높이는 입체 EHQP의 높이와 동일하고, 각뿔 ABCG의 높이는 입체 BGML의 높이와 동일하다. 그래서 밑면 BM 대 밑면 EQ가 입체 EHQP의 높이 대 입체 BGML의 높이이다. 그런데 평행육면체들 중 밑면들이 높이들과 역으로 비례하는, 그런 (입체)들은 같다[XI-34]. 그래서 평행육면체 BGML이 평행육면체 EHQP와 같다. 또한 BGML의 육분의 일은 각뿔 ABCG, 평행육면체 EHQP의 육분의 일은 각뿔 DEFH이다. 그래서 각뿔 ABCG가 각뿔 DEFH 와 같다.

그래서 삼각형 밑면을 갖고 같은 각뿔들에 대하여 밑면들은 높이들과 역으로 비례한다. 또 삼각형 밑면을 갖는 각뿔들 중 밑면들이 높이들과 역으로 비례하는 각뿔들은 같다. 밝혀야 했던 바로 그것이다.

명제 10

모든 원뿔은 동일한 밑면과 그 원뿔과 같은 높이를 갖는 원기둥의 삼분의 일이다.

원뿔이 원기둥과 동일한 밑면인 원 ABCD와 같은 높이를 갖는다고 하자. 나는 주장한다. 원뿔은 원기둥의 삼분의 일이다. 즉, 원기둥은 원뿔의 세 배이다.[215]

만약 원기둥이 원뿔의 세 배가 아니라면 원기둥은 원뿔의 세 배보다 크거

∴

[215] 이 명제는 입체 도형에 대한 명제인데도 평면 도형에 대한 명제인 제12권 명제 2보다 보조 그림이 더 단순하다. 증명의 논증과 언어의 사용도 이 앞의 명제들에 비해서 미묘하게 다르다.

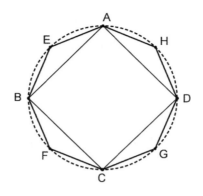

나 세 배보다 작을 것이다. 먼저 세 배보다 크다고 하고, 원 ABCD 안으로 정사각형 ABCD가 내접했다고 하자[IV-6]. 이제 정사각형 ABCD는 원 ABCD의 절반보다 크다. 또한 정사각형 ABCD로부터 원기둥과 등고인 각기둥을 일으켜 세웠다고 하자. 이제 일으켜 세워진 각기둥은 원기둥의 절반보다 크다. (이유는 다음과 같다.) 원 ABCD 바깥으로 우리가 정사각형을 외접하면[IV-7] 원 ABCD 안으로 내접한 정사각형은 외접 (정사각형)의 절반이고, 동일한 (정사각형)들로부터 일으켜 세워진 평행육면체들은 등고인 각기둥들인데 동일한 높이들로 있는 평행육면체들은 서로에 대해 밑면들처럼 있다[XI-32]. 그래서 정사각형 ABCD 위에 일으켜 세워진 각기둥은 원 ABCD 바깥으로 외접하는 정사각형으로부터 일으켜 세워진 각기둥의 절반이다. 또한 원기둥은 원 ABCD 바깥으로 외접하는 정사각형으로부터 일으켜 세워진 각기둥보다 작다. 그래서 원기둥과 등고인 정사각형 ABCD 로부터 일으켜 세워진 각기둥은 원기둥의 절반보다 크다.

(이제) 둘레 AB, BC, CD, DA가 점 E, F, G, H에서 이등분되었다고 하고, AE, EB, BF, FC, CG, GD, DH, HA가 이어졌다고 하자. 그래서 삼각형 AEB, BFC, CGD, DHA 각각은, 앞에서 보였듯이[XII-2], 그 자신에 해당

하는 원 ABCD의 활꼴의 절반보다 크다. 삼각형 AEB, BFC, CGD, DHA 각각 위에 원기둥과 등고인 각기둥들을 일으켜 세웠다고 하자. 그래서 일으켜 세워진 각기둥들 각각이 그 자신에 해당하는, 원기둥 조각의 절반 부분보다 크다. (이유는 다음과 같다.) 점 E, F, G, H를 지나 우리가 AB, BC, CD, DA와 평행한 직선들을 긋는다면, 그리고 AB, BC, CD, DA 위에 평행사변형들을 다 채운다면, 또한 그것들로부터 원기둥과 등고인 평행육면체를 일으켜 세운다면, 일으켜 세워진 (평행육면체)들 각각의 절반들은 삼각형 AEB, BFC, CGD, DHA 위의 각기둥들이다. 원기둥의 조각들은 일으켜 세워진 평행육면체들보다 작기도 하다. 결국 삼각형 AEB, BFC, CGD, DHA 위의 각기둥들이 그 자신에 해당하는, 원기둥 조각들의 절반보다 크다.

이제 남은 둘레들을 이등분하며, 직선들을 이으며, 삼각형들 각각 위에 원기둥과 등고인 각기둥들을 일으켜 세우며, 그렇게 계속 해가면서, 원기둥이 원뿔의 세 배를 초과하는 만큼의 초과분보다 작을, 원기둥의 어떤 조각들(의 합)**216**을 남기게 될 것이다[X-1]. 남았고, AE, EB, BF, FC, CG, GD, DH, HA 위에 있다고 하자. 그래서 밑면은 다각형 AEBFCGDH이고, 높이는 원기둥과 동일한 남은 각기둥은 원뿔의 세 배보다 크다. 한편, 밑면은 다각형 AEBFCGDH이고, 높이는 원기둥과 동일한 각기둥은, 밑면은 다각

••

216 원문의 뜻은 잘려나간 후에 남은 파편 또는 조각들이다. 그 조각들의 부피의 합이 '원뿔의 부피에서 원기둥의 삼분의 일의 부피를 뺀 만큼'보다 작아질 때까지 잘라낸 것이다. 제12권 명제 2에서 원을 다각형으로 잘라낼 때는 '활꼴'이라는 표현을 썼다. 그리고 활꼴의 원문은 '원의 부분 또는 조각(τμῆμα)'이라는 뜻이다. 원문은 단순히 τμῆμα가 아니라 강조된 표현인 ἀπότμημα이다. 그래서 잘라내는 행위와 잘린 후 남은 것들을 강조하기 위해 '조각'으로 번역한다.

형 AEBFCGDH, 높이는 원뿔과 동일한 각뿔의 세 배이다[XII-7 따름]. 그래서 밑면은 다각형 AEBFCGDH이고 높이는 원뿔과 동일한 각뿔이, 밑면으로 원 ABCD를 갖는 원뿔보다 크다. 한편 작기도 하다. 그것으로 에워싸이니까 말이다. 이것은 불가능하다. 그래서 원기둥은 원뿔의 세 배보다 클 수 없다.

이제 나는 주장한다. 원기둥이 원뿔의 세 배보다 작을 수도 없다.

혹시 가능하다면, 원기둥이 원뿔의 세 배보다 작다고 하자. 그래서 거꾸로, 원뿔은 원기둥의 삼분의 일보다 크다. 원 ABCD 안으로 정사각형 ABCD가 내접했다고 하자[IV-6]. 그래서 정사각형 ABCD가 원 ABCD의 절반보다 크다. 또한 원뿔과 동일한 꼭지를 가지는 각뿔을 정사각형 ABCD로부터 일으켜 세웠다고 하자. 그래서 일으켜 세워진 각뿔은 원뿔의 절반보다 크다. (이유는 다음과 같다.) 원 바깥으로 우리가 정사각형을 외접하면[IV-7], 우리가 앞에서 보았듯이 [XII-2], 정사각형 ABCD는 원 바깥으로 외접한 정사각형의 절반일 것이다. 또한 그 정사각형들 위에 원뿔과 등고이면서 각기둥들이라 불리는, 평행육면체를 우리가 일으켜 세우면, 정사각형 ABCD로부터 일으켜 세워진 (각기둥)은 원 바깥으로 외접한 정사각형으로부터 일으켜 세워진 (각)의 절반일 것이다. (그것들은) 서로에 대해 밑면들처럼 있으니까 말이다[XI-32]. 결국 (그것들의) 삼분의 일들도 그렇다. 그래서 밑면이 정사각형 ABCD인 각뿔이 원 바깥으로 외접한 정사각형으로부터 일으켜 세워진 각뿔의 절반이다[XII-7 따름]. 또한 원 바깥으로 외접한 정사각형으로부터 일으켜 세워진 각뿔은 원뿔보다 크다. 그것을 에워싸니까 말이다. 그래서 밑면이 정사각형 ABCD인데 꼭지는 원뿔과 동일한 각뿔은 그 원뿔의 반보다 크다.

(이제) 둘레 AB, BC, CD, DA가 점 E, F, G, H에서 이등분된다고 하고,

AE, EB, BF, FC, CG, GD, DH, HA가 이어졌다고 하자. 그래서 삼각형 AEB, BFC, CGD, DHA 각각은, 그 자신에 해당하는, 원 ABCD의 활꼴의 절반보다 크다. 삼각형 AEB, BFC, CGD, DHA 각각 위에 원뿔과 동일한 꼭지를 갖는 각뿔들을 일으켜 세웠다고 하자. 그래서 일으켜 세워진 각뿔들 각각은, (앞에서 논의했던) 그 방식 그대로, 그 자신에 해당하는 원뿔의 조각의 절반보다 크다.

이제 남은 둘레들을 이등분하며, 직선들을 이으며, 삼각형들 각각 위에 원뿔과 동일한 꼭지를 갖는 각뿔들을 일으켜 세우며, 그렇게 계속 해가면서, 원뿔이 원기둥의 삼분의 일을 초과하는 만큼의 초과분보다 작을, 원뿔의 어떤 조각들(의 합)을 남기게 될 것이다[X-1]. 남았고, AE, EB, BF, F C, CG, GD, DH, HA 위에 있다고 하자. 그래서 밑면은 다각형 AEBFCGDH이고 원뿔과 동일한 꼭지인 남은 각뿔은 원기둥의 삼분의 일보다 크다. 한편, 밑면은 다각형 AEBFCGDH이고 꼭지는 원뿔과 동일한 각뿔은, 밑면은 다각형 AEBFCGDH, 높이는 원기둥과 동일한 각기둥의 삼분의 일이다 [XII-7 따름]. 그래서 밑면은 다각형 AEBFCGDH, 높이는 원기둥과 동일한 각기둥은 밑면이 원 ABCD인 원기둥보다 크다. 한편 작기도 하다. 그것으로 에워싸이니까 말이다. 이것은 불가능하다. 그래서 원기둥은 원뿔의 세 배보다 작지 않다. 세 배보다 크지도 않다는 것이 밝혀졌다. 그래서 원기둥은 원뿔의 세 배이다. 결국 원뿔은 원기둥의 삼분의 일이다.

그래서 모든 원뿔은 동일 밑면과 그 원뿔과 같은 높이를 갖는 원기둥의 삼분의 일이다. 밝혀야 했던 바로 그것이다.

명제 11

동일한 높이로 있는 원뿔들과 원기둥들은 서로에 대해 그 밑면들처럼 있다.

밑면들은 원 ABCD, EFGH, 축들은 KL, MN, 밑면들의 지름은 AC, EG인 원뿔과 원기둥 들이 동일한 높이로 있다고 하자. 나는 주장한다. 원 ABCD 대 원 EFGH가 원뿔 AL 대 원뿔 EN이다.

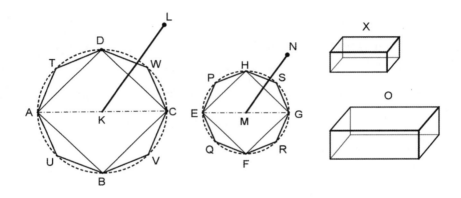

혹시 그렇지 않다면, 원 ABCD 대 원 EFGH가 원뿔 AL 대 원뿔 EN보다 작은 어떤 입체이거나 큰 어떤 입체일 것이다. 먼저 더 작은 입체 O에 대한 (비율)이라고 하고, 입체 O가 원뿔 EN보다 작은 바로 그만큼과 입체 X가 같다고 하자. 그래서 원뿔 EN은 입체 O, X 들(의 합)과 같다. 원 EFGH 안으로 정사각형 EFGH가 내접했다고 하자[IV-6]. 그래서 정사각형은 원의 절반보다 크다. 정사각형 EFGH로부터 원뿔과 등고인 각뿔을 일으켜 세우자. 그래서 일으켜 세운 각뿔은 원뿔의 절반보다 크다. 왜냐하면 원 바깥으로 정사각형을 외접하고[IV-7] 그 (정사각형)으로부터 원뿔과 등고인 각뿔을 일으켜 세우면, 서로에 대해 밑면들처럼 있으니까[XII-6] 내접한 각뿔이 외접한 (각뿔)의 절반인데 원뿔이 외접 각뿔보다 작기 때문이다. 둘레 EF, FG, GH, HE가 점 P, Q, R, S에서 이등분되었다고 하고, HP, PE, EQ, QF, FR, RG, GS, SH가 이어졌다고 하자. 그래서 삼각형 HPE, EQF, FRG, GSH 각각은 그 자신에 해당하는 원 ABCD의 활꼴의 절반보다 크다. 삼각형 HPE, EQF, FRG, GSH 각각 위에 원뿔과 등고인 각뿔들을 일으켜 세웠다고 하자. 그래서 일으켜 세워진 각뿔들 각각이 그 자신에 해당하는 원뿔 조각의 절반보다 크다.

이제 남은 둘레들을 이등분하며, 직선들을 이으며, 삼각형들 각각 위에 원뿔과 등고인 각뿔들을 일으켜 세우며, 그렇게 계속 해가면서, 입체 X보다 작을 원뿔의 어떤 조각들(의 합)을 남기게 될 것이다[X-1]. 남았고, HPE, EQF, FRG, GSH 위에 있다고 하자. 그래서 밑면이 다각형 HPEQFRGS인데, 높이는 원뿔과 동일한, 남은 각뿔은 입체 O보다 크다. 또한 원 ABCD 안으로 다각형 HPEQFRGS와 닮고도 닮게 놓인 다각형 DTAUBVCW가 내접했다고 하고 그 (다각형) 위에 원뿔 AL과 등고인 각뿔을 일으켜 세웠다고 하자.

AC로부터의 (정사각형) 대 EG로부터의 (정사각형)이 다각형 DTAUBVCW 대 다각형 HPEQFRGS이고[XII-1], AC로부터의 (정사각형) 대 EG로부터의 (정사각형)이 원 ABCD 대 원 EFGH이므로[XII-2], 원 ABCD 대 원 EFGH가 다각형 DTAUBVCW 대 다각형 HPEQFRGS이기도 하다. 그런데 원 ABCD 대 원 EFGH는 원뿔 AL 대 입체 O인데, 다각형 DTAUBVCW 대 다각형 HPEQFRGS는, 밑면은 다각형 DTAUBVCW이고 꼭지는 점 L인 각뿔 대 밑면은 다각형 HPEQFRGS이고 꼭지는 점 N인 각뿔이다[XII-6]. 그래서 원뿔 AL 대 입체 O는, 밑면은 다각형 DTAUBVCW이고 꼭지는 점 L인 각뿔 대 밑면은 다각형 HPEQFRGS이고 꼭지는 점 N인 각뿔이다[V-11].

그래서 교대로, 원뿔 AL 대 그 원뿔 안의 각뿔은, 입체 O 대 원뿔 EN 안의 각뿔이다[V-16]. 그런데 원뿔 AL은 그 안의 각뿔보다 크다. 그래서 입체 O 도 원뿔 EN 안의 각뿔보다 크다[V-14]. 한편 작기도 하다. 이것은 있을 수 없다. 그래서 원 ABCD 대 원 EFGH가 원뿔 AL 대 원뿔 EN보다 작은 어떤 입체일 수 없다. 이제 원 EFGH 대 원 ABCD가 원뿔 EN 대 원뿔 AL보다 작은 어떤 입체일 수 없다는 것도 비슷하게 우리는 밝힐 수 있다.

이제 나는 주장한다. 원 ABCD 대 원 EFGH가 원뿔 AL 대 원뿔 EN보다 큰 어떤 입체일 수 없다.

혹시 가능하다면, (원 ABCD 대 원 EFGH가, 원뿔 AL 대 원뿔 EN보다) 큰 입체 O라고 하자. 그래서 거꾸로, 원 EFGH 대 원 ABCD는 입체 O 대 원뿔 AL 이다[V-7 따름]. 한편, 입체 O 대 원뿔 AL은, 원뿔 EN 대 원뿔 AL보다 작은 어떤 입체이다[XII-2/3 보조 정리]. 그래서 원 EFGH 대 원 ABCD가, 원 뿔 EN 대 원뿔 AL보다 작은 어떤 입체이다. 이것은 불가능하다고 밝혀졌 다. 그래서 원 ABCD 대 원 EFGH가, 원뿔 AL 대 원뿔 EN보다 큰 어떤 입 체일 수 없다. 그런데 더 작은 입체에 대해서도 그럴 수 없다는 것이 밝혀 졌다. 그래서 원 ABCD 대 원 EFGH는 원뿔 AL 대 원뿔 EN이다.

한편, 원뿔 대 원뿔이 원기둥 대 원기둥이다. 각각이 각각보다 세 배이니 까 말이다[XII-10]. 그래서 원 ABCD 대 원 EFGH가 (원뿔들과) 등고인 그 원 위의 원기둥들(이 서로에 대해 갖는 비율)이다.

그래서 동일한 높이로 있는 원뿔들과 원기둥들은 서로에 대해 그 밑면들 처럼 있다. 밝혀야 했던 바로 그것이다.

명제 12

닮은 원뿔들과 원기둥들은 서로에 대해 그 밑면에 있는 지름들에 대하여 삼중 비율로 있다.

밑면은 원 ABCD, EFGH, 그 밑면의 지름은 BD, FH, 그 원뿔들과 원기둥들의 축들은 KL, MN인 닮은 원뿔들과 원기둥들이 있다고 하자. 나는 주장한다. 밑면은 원 ABCD이고 꼭지는 점 L인 원뿔 대 밑면은 원 EFGH이고 꼭지는 점 N인 원뿔은, 지름 BD 대 FH에 비하여 삼중 비율을 갖는다.

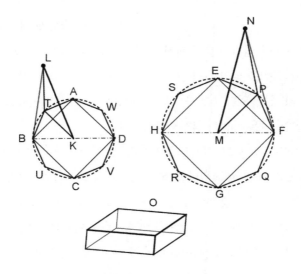

혹시 원뿔 ABCDL 대 원뿔 EFGHN이 지름 BD 대 FH에 비하여 삼중 비율을 갖지 않는다면, 원뿔 ABCDL 대 원뿔 EFGHN보다 작은 어떤 입체 또는 큰 입체가 삼중 비율을 가질 것이다. 먼저 더 작은 입체 O에 대한 (비율)이라고 하고 원 EFGH에 정사각형 EFGH가 내접했다고 하자[IV-6]. 그래서

정사각형 EFGH가 원 EFGH의 절반보다 크다. 또한 정사각형 EFGH 위에 원뿔과 꼭지가 동일한 각뿔을 일으켜 세우자. 그래서 일으켜 세운 각뿔은 원뿔의 절반보다 크다. 둘레 EF, FG, GH, HE가 점 P, Q, R, S에서 이등분 되었다고 하고, EP, PF, FQ, QG, GR, RH, HS, SE가 이어졌다고 하자. 그래서 삼각형 EPF, FQG, GRH, HSE 각각은 그 자신에 해당하는 원 EFGH 의 활꼴의 절반보다 크다. 또한 삼각형 EPF, FQG, GRH, HSE 각각 위에 원뿔과 동일한 꼭지를 갖는 각뿔들을 일으켜 세웠다고 하자. 그래서 일으 켜 세운 각뿔들 각각이 그 자신에 해당하는 원뿔 조각의 절반보다 크다. 이제 남은 둘레들을 이등분하며, 직선들을 이으며, 삼각형들 각각 위에 원 뿔과 동일한 꼭지를 갖는 각뿔들을 일으켜 세우며, 그렇게 계속 해가면서, 원뿔 EFGHN이 입체 O를 초과하는 만큼의 초과분보다 작을, 원뿔의 어 떤 조각들(의 합)을 남기게 될 것이다[X-1]. 남았고, EP, PF, FQ, QG, GR, RH, HS, SE 위에 있다고 하자. 그래서 밑면은 다각형 EPFQGRHS이고 꼭 지는 점 N인, 남은 각뿔은 입체 O보다 크다.

원 ABCD에 안으로도 다각형 EPFQGRHS와 닮고도 닮게 놓인 다각 형 ATBUCVDW가 내접했다고 하고, 그 다각형 ATBUCVDW 위에 원 뿔과 동일한 꼭지를 갖는 각뿔을 일으켜 세웠다고 하고, 밑면은 다각형 ATBUCVDW이고 꼭지는 점 L인 각뿔을 둘러싸는 삼각형들 중 하나가 LBT, 밑면은 다각형 EPFQGRHS이고 꼭지는 점 N인 각뿔을 둘러싸는 삼 각형들 중 하나는 NFP라 하고, KT, MP가 이어졌다고 하자.

원뿔 ABCDL이 원뿔 EFGHN과 닮았으므로 BD 대 FH는 축 KL 대 축 MN 이다[XI-def-24]. 그런데 BD 대 FH가 BK 대 FM이다. 그래서 BK 대 FM 도 KL 대 MN이다. 또한 교대로, BK 대 KL이 FM 대 MN이다[V-16]. 같 은 각 BKL, FMN 주위의 변들이 비례한다. 그래서 삼각형 BKL이 삼각형

FMN과 닮았다[VI-6]. 다시, BK 대 KT가 FM 대 MP이고 같은 각 BKT, FMP 주위의 변들이 비례한다. 각 BKT가 중심 K에서 네 직각 중 어느 부분이든 각 FMP도 중심 M에서 네 직각 중 동일한 부분이니까 말이다. 그래서 같은 각들 주위에서 변들이 비례하므로 삼각형 BKT는 삼각형 FMP와 닮았다[VI-6]. 다시, BK 대 KL이 FM 대 MN이라고 밝혀졌는데, BK는 KT와, FM은 PM과 같으므로 TK 대 KL이 PM 대 MN이다. (그 각들이) 직각이니까 같은 각 TKL, PMN의 주위의 변들도 비례한다. 그래서 삼각형 LKT가 삼각형 NMP와 닮았다[VI-6]. 또 삼각형 LKB, NMF의 닮음성 때문에 LB 대 BK가 NF 대 FM인데, 삼각형 BKT, FMP의 닮음성 때문에 KB 대 BT가 MF 대 FP이므로[VI-1], 같음에서 비롯해서, LB 대 BT는 NF 대 FP이다[V-22].

다시, 삼각형 LTK, NPM의 닮음성 때문에 LT 대 TK가 NP 대 PM인데, 삼각형 TKB, PMF의 닮음성 때문에 KT 대 TB가 MP 대 PF이므로, 같음에서 비롯해서, LT 대 TB가 NP 대 PF이다. 그런데 TB 대 BL이 PF 대 FN이라고 밝혀졌다. 그래서 같음에서 비롯해서, TL 대 LB가 PN 대 NF이다. 그래서 삼각형 LTB, NPF의 변들이 비례한다. 그래서 삼각형 LTB, NPF는 등각이다[VI-5]. 결국 닮았다[VI-def-1]. 그래서 밑면은 삼각형 BKT이고 꼭지는 점 L인 각뿔도 밑면은 삼각형 FMP이고 꼭지는 점 N인 각뿔과 닮았다. 같은 개수의 닮은 평면들로 둘러싸이니까 말이다[XI-def-9]. 그런데 삼각형 밑면들을 갖는 닮은 각뿔들은 상응하는 변들에 대하여 삼중 비율로 있다[XII-8]. 그래서 각뿔 BKTL 대 각뿔 FMPN이 BK 대 FM에 비하여 삼중 비율을 갖는다.

이제 A, W, D, V, C, U로부터 K로, 또한 E, S, H, R, G, Q로부터 M으로 이으면서, 삼각형들 각각 위에 원뿔들과 동일한 꼭지를 갖는 각뿔들을 일으켜 세우면서, 유사 순서의 각뿔들 각각 대 유사 순서의 각뿔들 각각은 상응하는 변 BK 대 상응하는 변 FM에 비하여, 즉 BD 대 FH에 비하여 삼 중 비율을 갖는다는 것을 비슷하게 우리는 밝힐 수 있다. 또한 앞 (크기)들 중 하나 대 뒤 (크기)들 하나는 앞 (크기)들 전체 대 뒤 (크기)들 전체이다[V-12]. 그래서 각뿔 BKTL 대 각뿔 FMPN은, 밑면은 다각형 ATBUCVDW이고 꼭지는 점 L인 전체 각뿔 대 밑면은 EPFQGRHS이고 꼭지는 점 N인 전체 각뿔이다. 결국 밑면은 다각형 ATBUCVDW이고 꼭지는 점 L인 각뿔 대 밑면은 EPFQGRHS이고 꼭지는 점 N인 각뿔은 BD 대 FH에 비하여 삼 중 비율을 갖는다. 그런데 밑면은 원 ABCD이고 꼭지는 점 L인 원뿔은, 입 체 O에 대해 BD 대 FH에 비하여 삼중 비율을 갖는, 그런 원뿔이라고 가정 했다. 그래서 밑면은 원 ABCD이고 꼭지는 점 L인 원뿔 대 입체 O는, 밑면 은 [다각형] ATBUCVDW이고 꼭지는 점 L인 각뿔 대 밑면은 EPFQGRHS 이고 꼭지는 점 N인 각뿔이다. 그래서 교대로, 밑면은 원 ABCD이고 꼭지 는 점 L인 원뿔 대 밑면은 다각형 ATBUCVDW이고 꼭지는 점 L인 각뿔은, 입체 O 대 밑면은 EPFQGRHS이고 꼭지는 점 N인 각뿔이다[V-16]. 그런 데 언급한 원뿔은 그 원뿔 안의 각뿔보다 크다. 그 (각뿔)을 에워싸니까 말 이다. 그래서 입체 O가, 밑면은 EPFQGRHS이고 꼭지는 점 N인 각뿔보다 크다. 한편 작기도 하다. 이것은 불가능하다. 그래서 밑면은 원 ABCD이고 꼭지는 [점] L인 원뿔 대 밑면은 EFGH이고 꼭지는 점 N인 원뿔보다 작은 어떤 입체가 BD 대 FH에 비하여 삼중 비율일 수 없다. 이제 원뿔 EFGHN 대 원뿔 ABCDL보다 작은 어떤 입체가 FH 대 BD에 비하여 삼중 비율일 수 없다는 것도 우리는 비슷하게 밝힐 수 있다.

이제 나는 주장한다. 원뿔 ABCDL 대 원뿔 EFGHN보다 큰 어떤 입체가 BD 대 FH에 비하여 삼중 비율일 수 없다.

혹시 가능하다면, 더 큰 입체 O에 대한 (비율)이라고 하자. 그래서 거꾸로 입체 O 대 원뿔 ABCDL이 FH 대 BD에 비하여 삼중 비율을 갖는다[V-7 따름]. 그런데 입체 O 대 원뿔 ABCDL은, 원뿔 EFGHN 대 원뿔 ABCDL 보다 작은 어떤 입체이다[XII-2/3 보조 정리]. 그래서 원뿔 EFGHN 대 원뿔 ABCDL보다 작은 어떤 입체가 FH 대 BD에 비하여 삼중 비율을 갖는다. 이것은 불가능하다고 밝혀졌다. 그래서 원뿔 ABCDL 대 원뿔 EFGHN보 다 큰 어떤 입체가 BD 대 FH에 비하여 삼중 비율일 수 없다. 그런데 더 작 은 것에 대해서도 그럴 수 없다는 것이 밝혀졌다. 그래서 원뿔 ABCDL 대 원뿔 EFGHN이 BD 대 FH에 비하여 삼중 비율이다.

그런데 원뿔 대 원뿔이 원기둥 대 원기둥이다. 원뿔과 동일한 밑면 위에 있고 그 원뿔과 등고인 원기둥은 그 원뿔보다 세 배이니까 말이다[XII-10]. 그래서 원기둥 대 원기둥도 BD 대 FH에 비하여 삼중 비율이다.

그래서 닮은 원뿔들과 원기둥들은 서로에 대해 그 밑면에 있는 지름들에 대하여 삼중 비율로 있다. 밝혀야 했던 바로 그것이다.

명제 13

원기둥이, 마주하는 평면들과 평행한 평면으로 잘린다면, 원기둥 대 원기둥은 축 대 축 이다.

원기둥 AD가, 마주하는 두 평면 AB, CD와 평행한 평면 GH로 잘렸다고 하고, 평면 GH가 점 K에서 축과 만난다고 하자. 나는 주장한다. 원기둥 BG 대 원기둥 GD는 축 EK 대 축 KF다.

축 EF가 양쪽으로, (즉) 점 L, M으로 연장되었다고 하고, 몇 개이든 축 EK

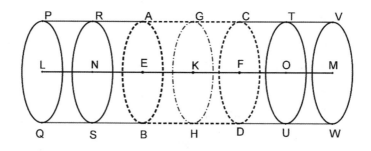

와 같게는 EN, NL이, 축 FK와 같게는 FO, OM이 같은 개수로 제시되고, 밑면이 PQ, VW인, 축 LM상의 원뿔 PW를 상상하자. 점 N, O를 지나 AB, CD와, 그리고 원기둥 PW의 밑면들과 평행한 평면들이 연장되었다고 하고, 중심 N, O 주위로 원 RS, TU가 만들어진다고 하자.

축 LN, NE, EK가 서로 같으므로 원기둥 QR, RB, BG는 서로에 대해 밑면들처럼 있다[XII-12]. 그런데 밑면들이 같다. 그래서 원기둥 QR, RB, BG는 서로 같다. 축 LN, NE, EK가 서로 같은데 원기둥 QR, RB, BG도 서로 같고, (축) 개수도 (원기둥) 개수와 같으므로, 축 KL이 축 EK의 몇 곱절이든 원기둥 QG도 GB의 그만큼의 곱절이다. 똑같은 이유로 축 MK가 축 KF의 몇 곱절이든 원기둥 WG도 GD의 그만큼의 곱절이다. 축 KL이 축 KM과 같으면 원기둥 QG도 원기둥 GW와 같은데, 축이 축보다 크면 원기둥도 원기둥보다 크고, 축이 축보다 작으면 원기둥도 원기둥보다 작다. 이제 축 EK, KF, 원기둥 BG, GD인 네 크기 중 축 EK와 원기둥 BG에 대하여는 축 LK와 원기둥 QG가, 축 KF와 원기둥 GD에 대하여는 축 KM과 원기둥 GW가 같은 곱절로 잡혔고, 축 KL이 축 KM을 초과하면 원기둥 QG도 원기둥 GW를 초과하고, 같으면 같고, 작으면 작다고 밝혀졌다. 그래서 축 EK 대 축 KF는 원기둥 BG 대 원기둥 GD이다. 밝혀야 했던 바로 그것이다.

명제 14

같은 밑면 위에 있는 원뿔들과 원기둥들은 서로에 대해 그 높이들처럼 있다.

같은 밑면 원 AB, CD 위에 원기둥 EB, FD가 있다고 하자. 나는 주장한다. 원기둥 EB 대 원기둥 FD는 축 GH 대 축 KL이다.

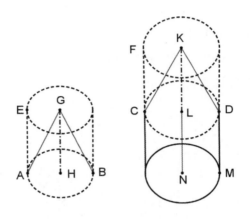

점 N까지 축 KL이 연장되었다고 하고 축 GH와 LN이 같게 놓인다고 하고, 축 LN 주위로 원기둥 CM을 상상하자. 원기둥 EB, CM이 동일한 높이로 있으므로 서로에 대해 밑면들처럼 있다[XII-11]. 그런데 밑면들이 서로 같다. 그래서 원기둥 EB, CM도 같다. 원기둥 FM이 마주하는 평면들과 평행한 평면 CD로 잘리므로 원기둥 CM 대 원기둥 FD는 축 LN 대 축 KL이다[XII-13]. 그런데 원기둥 CM은 원기둥 EB와, 축 LN은 축 GH와 같다. 그래서 원기둥 EB 대 원기둥 FD는 축 GH 대 축 KL이다. 그런데 원기둥 EB 대 원기둥 FD는 원뿔 ABG 대 원뿔 CDK이다[XII-10]. 그래서 축 GH 대 축 KL이 원뿔 ABG 대 원뿔 CDK이고, 원기둥 EB 대 원기둥 FD이다. 밝혀야 했던 바로 그것이다.

명제 15

같은 원뿔들과 원기둥들에 대하여 밑면들은 높이들에 역으로 비례한다. 또한 밑면들이 높이들에 역으로 비례하는, 그런 원뿔들과 원기둥들은 같다.

밑면들은 원 ABCD, EFGH, 그 지름들은 AC, EG, 그 원뿔들 또는 원기둥들의 높이이기도 한 축들은 KL, MN인, 같은 원뿔들과 원기둥들이 있다 하고, 원기둥 AO, EP가 마저 채워졌다고 하자. 나는 주장한다. 원기둥 AO, EP에 대하여 밑면들은 높이들과 역으로 비례한다. (즉), 밑면 ABCD 대 밑면 EFGH는 높이 MN 대 높이 KL이다.

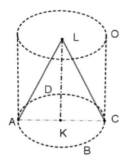
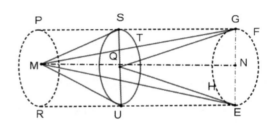

높이 LK 대 높이 MN은 같거나 같지 않다. 먼저 같다고 하자. 그런데 원기둥 AO도 원기둥 EP와 같다. 그런데 동일 높이로 있는 원뿔들과 원기둥들은 서로에 대해 밑면들처럼 있다[XII-11]. 그래서 밑면 ABCD가 밑면 EFGH와 같다. 결국 역으로 비례하기도 한다. (즉), 밑면 ABCD 대 밑면 EFGH가 높이 MN 대 높이 KL이다.

한편, 이제는 높이 LK가 높이 MN과 같지 않고, MN이 크다 하고, 높이 MN에서 KL과 같은 QN이 빠졌다고 하고, 원기둥 EP가 점 Q를 지나 평면

EFGH, PR과 평행한 평면 TUS로 잘렸다고 하고, 밑면은 원 EFGH, 높이는 NQ에서 (비롯한) 원기둥 ES를 상상하자.

원기둥 AO가 원기둥 EP와 같으므로, 원기둥 AO 대 원기둥 ES가 원기둥 EP 대 원기둥 ES이다[V-7]. 한편 원기둥 AO 대 원기둥 ES는 밑면 ABCD 대 밑면 EFGH이다. 원기둥 AO, ES가 동일한 높이로 있으니까 말이다[XII-11]. 그런데 원기둥 EP 대 원기둥 ES는 높이 MN 대 높이 QN이다. 마주하는 평면들과 평행한 평면으로 원기둥 EP가 잘렸으니까 말이다[XII-13]. 그래서 밑면 ABCD 대 밑면 EFGH가 높이 MN 대 높이 QN이다[V-11]. 그런데 높이 QN이 높이 KL과 같다. 그래서 밑면 ABCD 대 밑면 EFGH가 높이 MN 대 높이 KL이다. 그래서 원기둥 AO, EP에 대하여 밑면들은 높이들과 역으로 비례한다.

한편 이제 원기둥 AO, EP에 대하여 밑면들은 높이들과 역으로 비례한다고 하자. (즉), 밑면 ABCD 대 밑면 EFGH가 높이 MN 대 높이 KL이다. 나는 주장한다. 원기둥 AO는 원기둥 EP와 같다.

동일한 작도에서, 밑면 ABCD 대 밑면 EFGH가 높이 MN 대 높이 KL인데 높이 KL이 높이 QN과 같으므로, 밑면 ABCD 대 밑면 EFGH가 높이 MN 대 높이 QN이다. 한편, 동일한 높이로 있으니까, 밑면 ABCD 대 밑면 EFGH는 원기둥 AO 대 원기둥 ES요[XII-11], 높이 MN 대 [높이] QN은 원기둥 EP 대 원기둥 ES이다[XII-13]. 그래서 원기둥 AO 대 ES는 원기둥 EP 대 (원기둥) ES이다[V-11]. 그래서 원기둥 AO가 원기둥 EP와 같다[V-9]. 원뿔에서도 마찬가지다. 밝혀야 했던 바로 그것이다.

명제 16

동일한 중심 주위에 있는 두 원에 대하여 큰 원 안에, 작은 원에는 접촉하지[217] 않는, 등변이고도 짝수변인 다각형을 내접하기.

동일한 중심 K 주위에 두 원 ABCD, EFGH가 주어졌다고 하자. 이제 큰 원 ABCD 안에, 작은 원 EFGH에는 접촉하지 않는, 등변이고도 짝수변인 다각형을 내접하게 해야 한다.

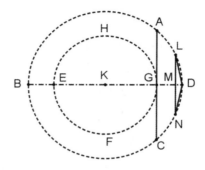

중심 K를 지나 직선 BKD가 그어졌다고 하고, 점 G로부터 직선 BD와 직각으로 GA가 그어졌다고 하고 C까지 더 그어졌다고 하자. 그래서 AC가 원 EFGH를 접한다[III-16 따름]. 이제 둘레 BAD가 이등분되면서 (또) 그 절반이 이등분(되고) 그렇게 계속 해가면서 우리는 AD보다 작은 둘레를 남길 것이다[X-1]. 남았고, LD라고 하고, L로부터 BD로 수직선 LM이 그어졌다고 하고[I-12], N까지 더 그어졌다고 하고, LD, DN이 이어졌다고 하

∴

217 이 명제와 이어지는 두 명제에서 낱말 ψαύω가 나온다. 이 세 명제에서만 쓰이고 뜻은 '접촉하다, 건드리다'이다. 제3권의 정의 2. 명제 11의 주석 참조.

자. 그래서 LD가 DN과 같다[III-3, I-4]. LN이 AC와 평행한데[I-28] AC가 원 EFGH를 접하므로 LN은 원 EFGH를 접할 수 없다. 이제 우리가 직선 LD와 같은 직선들을 원 ABCD 안으로 계속해서 맞춰 넣는다면 원 ABCD 안에, 작은 원 EFGH에 접촉하지 않는, 등변이고도 짝수변인 다각형이 내 접할 것이다. 해야 했던 바로 그것이다.

명제 17

동일 중심 주위의 두 구에 대하여, 큰 구 안으로 작은 구의 표면 어디도 접촉하지 않는 다면체를 내접하게 하기.

동일 중심 A의 두 구를 상상하자. 이제 큰 구 안으로, 작은 구의 표면 어디 도 접촉하지 않는 다면체를 내접하게 해야 한다.[218]

중심을 지나는 어떤 평면으로 구들이 잘렸다고 하자. 이제 단면은 원일 것 이다. 왜냐하면 고정된 지름과 회전하는 반원에 대하여 구가 생성되는데 [XI-def-14], 결국 우리가 반원이 어느 위치에 (있다고) 상상하든 그 (반원) 을 지나 연장되는 평면은 구의 표면상에 원을 만들 것이기 때문이다. (그

∴

218 제12권 명제 2는 평면에서 원 대 원의 비율에 대한 성질이다. 증명을 위해서 원에 원하는 만큼 근사하는 다각형의 존재가 필요했다(유클리드에게 존재함은 작도 가능함이다). 유클 리드는 그런 다각형의 예로 정다각형을 들었다. 즉, 원은 정다각형이 하나 정해지면 호를 계속 이등분하면서(제3권 명제 30) 원하는 만큼 원에 근사하는 정다각형을 작도할 수 있 다. 그러나 구는 이것이 불가능하다. 유클리드 『원론』의 마지막 명제인 제13권의 18 다음에 '정다면체 다섯 개 말고는 다른 정다면체는 없다'라는 부가 명제가 붙었다. 따라서 구의 경 우에는 원의 경우와 다른 길로 갈 수밖에 없다. 유클리드는 원하는 만큼 구에 내접하는 다 면체를 작도할 수 있음을 보여주는 길을 선택했다.

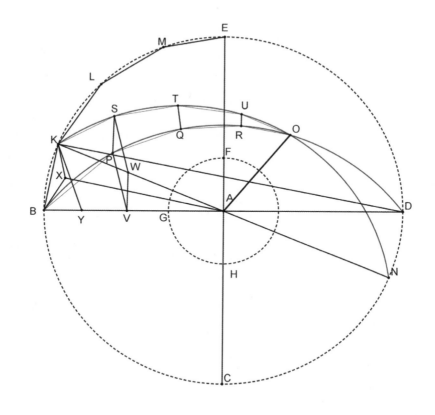

원들이) 최대이기도 하다는 것은 분명하다. 왜냐하면 분명히 반원과 원의 지름이기도 한 구의 지름은 원 또는 구 안을 지나는 어떤 (다른) [직선]들보다 크기 때문이다[III-15]. 큰 구 안에서는 원이 BCDE, 작은 구 안에서는 원이 FGH라고 하고, 그것들 중 두 지름 BD, CE가 서로 직각으로 그어졌다고 하고, 동일 중심 주위의 두 원 BCDE, FGH에 대하여 더 큰 원 안에, 작은 원에는 접촉하지 않는, 등변이고도 짝수변인 다각형이 내접했는데[XII-16] 그 변들이 사분원 BE 안에서는 BK, KL, LM, ME라 하고, KA가

N까지 더 그어졌다고 하고, 점 A로부터 원 BCDE와 직각으로 AO가 일으
켜 세워졌고, 점 O에서 구의 표면과 만난다고 하고, AO와, BD, KN 각각
을 지나 평면들이 연장되었다고 하자. 이제 앞서 언급한 대로 구의 표면상
에 최대 원들을 이룰 것이다. 지름 BD, KN에 반원 BOD, KON인 (최대 원
들을) 만든다고 하자.

OA가 원 BCDE의 평면과 직각이므로 OA를 지나는 모든 평면들은 원
BCDE의 평면과 직각이다[XI-18]. 결국 반원 BOD, KON도 원 BCDE의 평
면과 직각이다. 반원 BED, BOD, KON은 같기도 하다. 같은 지름 BD, KN
에 있으니까 말이다[III-def-1]. 사분원 BE, BO, KO도 서로 같다. 그래서
사분원 BE 안에 다각형의 변들이 몇 개 있든 사분원 BO, KO 안에도 직
선 BK, KL, LM, ME와 같은 직선들이 그만큼 있다. 내접했고 BP, PQ, QR,
RO, KS, ST, TU, UO라고 하고, SP, TQ, UR이 이어졌다고 하고, P, S로부
터 원 BCDE의 평면으로 수직선들이 그어졌다고 하자[XI-11]. 이제 (그 수직
선들은) 평면 BD, KN(과 원 BCDE의 평면)들의 공통 단면들 위로 떨어질 것
이다. 왜냐하면 BOD, KON의 평면들도 원 BCDE의 평면과 직각이기 때문
이다[XI-def-4]. 떨어지고 PV, SW라고 하고, WV가 이어졌다고 하자.

같은 반원 BOD, KON 안에서 끊긴 (둘레) BP, KS가 같고[III-28], 그어진
PV, SW가 수직선들이므로 PV는 SW와, BV는 KW와 같다[III-27, I-26].
그런데 전체 BA가 전체 KA와 같다. 그래서 남은 VA도 WA와 같다. 그래
서 BV 대 VA가 KW 대 WA이다. 그래서 WV는 KB와 평행이다[VI-2]. 또
한 PV, SW 각각이 원 BCDE의 평면과 직각으로 있으므로 PV는 SW와 평
행하다[XI-6]. 그것과 같다는 것도 밝혀졌다. 그래서 WV, SP는 같고 평행
하다[I-33]. WV가 SP와 평행한데 WV가 KB와 평행하므로 SP도 KB와 평
행하다[XI-9]. BP, KS는 그것들을 잇기도 한다. 그래서 사변형 KBPS는 한

평면에 있다. 왜냐하면 두 직선이 평행하고 그 직선들 각각 위에서 임의의 점들이 잡히면, 그 두 점을 잇는 직선은 그 평행 직선들과 동일 평면 안에 있기 때문이다[XI-7]. 이제 똑같은 이유로, 사변형 SPQT, TQRU도 한 평면에 있다. 또한 삼각형 URO도 한 평면에 있다[XI-2]. 이제 점 P, S, Q, T, R,

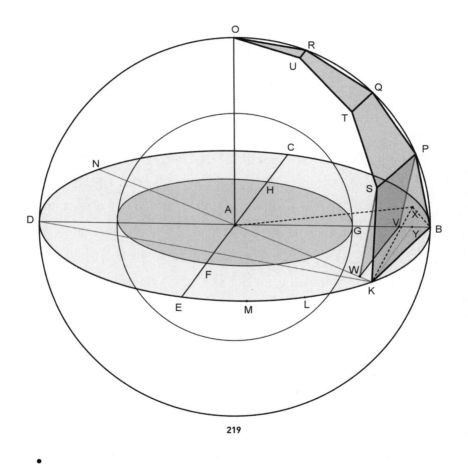

219

••

219 이 도형은 원문에 없다. 이해를 돕기 위해 역자가 추가했다. 사실 Y는 V와 겹친다.

U로부터 A로 잇는 직선들을 우리가 상상한다면, 둘레 BO, KO 사이에, 밑면들은 사변형 KBPS, SPQT, TQRU와 삼각형 URO이고 꼭지는 점 A인 각뿔들에서 (비롯한) 어떤 다면체 도형이 구성될 것이다. 그런데 변 KL, LM, ME에서도, 게다가 남은 세 사분원에서도 우리가 BK에서처럼 같은 작도를 한다면, 밑면은 앞서 언급된 사변형들과 삼각형 URO와 그것들과 유사하게 놓인 (사변형들과 삼각형들)이고 꼭지는 점 A인 각뿔들로 이루어진, 구 안으로 내접하는 어떤 다면체가 구성될 것이다.

나는 주장한다. 앞서 언급된 다면체는, 그 위에 원 FGH가 있는 표면을 따라 (어디서도), 작은 구를 접하지 않는다.

점 A로부터 평면 KBPS로 수직선 AX가 그어졌다고 하고, 점 X에서 그 평면과 만난다고 하고[XI-11], XB, XK가 이어졌다고 하자.

AX가 사변형 KBPS의 평면과 직각이므로, 그 (수직선을) 만나고 사변형의 평면 안에 있는 모든 직선들과 직각이다[XI-def-3]. 그래서 AX는 BX, XK 각각과 직각이다. 또한 AB가 AK와 같으므로 AB로부터의 (정사각형)도 AK로부터의 (정사각형)과 같다. AB로부터의 (정사각형)과 AX, XB로부터의 (정사각형)들(의 합)이 같기도 하다. X에서 직각이니까 말이다[I-47]. 그런데 AK로부터의 (정사각형)과는 AX, XK로부터의 (정사각형)들(의 합)이 같다. 그래서 AX, XB로부터의 (정사각형)들(의 합)이 AX, XK로부터의 (정사각형)들(의 합)과 같다. AX로부터의 (정사각형)이 공히 **빠졌다**고 하자. 그래서 남은 BX로부터의 (정사각형)이 남은 XK로부터의 (정사각형)과 같다. 그래서 BX가 XK와 같다. X로부터 P, S까지 이은 직선들이 BX, XK 각각과 같다는 것도 이제 우리는 비슷하게 밝힐 수 있다. 그래서 중심은 X로, 간격은 XB, XK 중 하나로 원이 그려지면 (그 원)은 P, S를 지나고, 사변형 KBPS는 원 안에 있을 것이다.

KB가 WV보다 큰데 WV는 SP와 같으므로 KB가 SP보다 크다. 그런데 KB는 KS, BP 각각과 같다. 그래서 KS, BP 각각은 SP보다 크다. 사변형 KBPS가 원 안에 있고 KB, BP, KS가 (서로) 같고, PS는 (그 직선들보다) 작고, BX가 원의 중심에서 (나온 간격)이므로 KB로부터의 (정사각형)이 BX로부터의 (정사각형)의 두 배보다 크다. K로부터 BV로 수직선 KY가 그어졌다고 하자. BD가 DY의 두 배보다 작고, BD 대 DY가 DB, BY로 (둘러싸인 직각 평행사변형) 대 DY, YB로 (둘러싸인 직각 평행사변형)이므로, BY로부터의 (정사각형)이 그려 넣어지고 YD 위에 (직각) 평행사변형이 마저 채워지면서 DB, BY로 (둘러싸인 직각 평행사변형)은 DY, YB로 (둘러싸인 직각 평행사변형)의 두 배보다 작다. 이어진 KD에 대하여 DB, BY로 (둘러싸인 직각 평행사변형)은 BK로부터의 (정사각형)과, DY, YB로 (둘러싸인 직각 평행사변형)은 KY로부터의 (정사각형)과 같기도 하다[III-31, VI-8 따름].

그래서 KB로부터의 (정사각형)이 KY로부터의 (정사각형)의 두 배보다 작다. 한편, KB로부터의 (정사각형)은 BX로부터의 (정사각형)의 두 배보다 크다. 그래서 KY로부터의 (정사각형)이 BX로부터의 (정사각형)보다 크다. 또한, BA가 KA와 같으므로, BA로부터의 (정사각형)이 AK로부터의 (정사각형)과 같다. BA로부터의 (정사각형)과는 BX, XA로부터의 (정사각형)들(의 합)이, KA로부터의 (정사각형)과는 KY, YA로부터의 (정사각형)들(의 합)이 같기도 하다[I-47]. 그래서 BX, XA로부터의 (정사각형)들(의 합)은 KY, YA로부터의 (정사각형)들(의 합)과 같은데 그중 KY로부터의 (정사각형)이 BX로부터의 (정사각형)보다 크다. 그래서 남은 YA로부터의 (정사각형)이 XA로부터의 (정사각형)보다 작다. 그래서 AX가 AY보다 크다. 그래서 AX는 AG보다 더 크다. 또한 AX는 다면체의 밑면 중 하나 위로 (떨어진 수직선)이요, AG는 작은 구의 표면으로 (떨어지는 수직선)이다. 결국 그 다면체는 작은 구의 표면 어디도 접촉할 수 없다.

그래서 동일 중심 주위의 두 구에 대하여, 큰 구 안으로 작은 구의 표면 어디도 접촉하지 않는 다면체가 내접했다. 해야 했던 바로 그것이다.

따름. 그런데 구 BCDE 안으로 (내접하는) 다면체와 닮은 다면체가 다른 구 안에 내접한다면, 구 BCDE 안으로 (내접하는) 다면체가 다른 구 안으로 (내접하는) 다면체에 대해 (갖는 비율은) 구 BCDE의 지름이 다른 구의 지름에 대해 (갖는) 비율에 비하여 삼중 비율을 갖는다. 왜냐하면 입체들이 동수이고 동위인 각뿔들로 분리되면서[220] 그 각뿔들은 닮을 것이다. 그런데 닮은 각뿔들은 서로 상응하는 변들에 대하여 삼중 비율을 갖는다[XII-8 따름]. 그래서 밑면은 사변형 KBPS이고 꼭지는 점 A인 각뿔 대 다른 구 안에서 동위인 각뿔은, 상응하는 변 대 상응하는 변에 비하여, 즉 중심 A 주위의 구의 중심에서 (나온 간격) AB 대 다른 구의 중심에서 (나온 간격)에 비하여 삼중 비율을 갖는다. 중심 A 주위의 구 안에 (있는 각뿔들) 중 각뿔 각각 대 다른 구 안에 (있는 각뿔들) 중 동위인 각뿔 각각도 AB 대 다른 구의 중심에서 (나온 간격)에 비하여 삼중 비율을 가질 것이다. 또한 앞 (크기)들 중 하나 대 뒤 (크기)들 하나는 앞 (크기)들 전체 대 뒤 (크기)들 전체이다[V-12]. 결국 중심 A 주위의 구 안에 (있는) 전체 다면체 대 다른 구 안에 (있는) 전체 다면체는 AB 대 다른 구의 중심에서 (나온 간격)에 비하여, 즉 지름 BD 대 다른 구의 지름에 비하여 삼중 비율을 가질 것이다.

∵

220 중심을 꼭지로 두고 무수히 많은 각뿔들을 만든다는 생각이다. 아르키메데스의 『구와 원기둥』에서 구의 부피를 구할 때 그 생각이 나온다.

명제 18

구들은 서로에 대해, 자기 지름들에 대하여 삼중 비율로 있다.

구 ABC, DEF를 상상하고 그것들의 지름이 BC, EF(라고 하)자. 나는 주장한다. 구 ABC 대 구 DEF는 BC 대 EF에 비하여 삼중 비율을 갖는다.

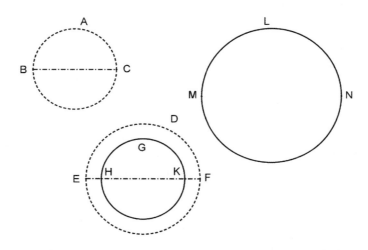

혹시 구 ABC 대 구 DEF가 BC 대 EF에 비하여 삼중 비율을 갖지 않는다면, 구 ABC 대 구 DEF보다 작은 어떤 구 또는 큰 어떤 구가 BC 대 EF에 비하여 삼중 비율을 가질 것이다. 먼저, 작은 구 GHK에 대한 (비율)을 갖는다고 하고, GHK와 동일한 중심 주위의 DEF를 상상하고, 더 큰 구 DEF 안으로 작은 구 GHK의 표면 어디도 접촉하지 않는 다면체가 내접했다고 하자[XII-17]. 그런데 구 DEF 안의 다면체와 닮은 다면체가 구 ABC 안으로도 내접했다고 하자. 그래서 구 ABC 안의 다면체 대 DEF 안의 다면체는 BC 대 EF에 비하여 삼중 비율을 갖는다[XII-17 따름]. 그런데 구 ABC

대 구 GHK도 BC 대 EF에 비하여 삼중 비율을 갖는다. 그래서 구 ABC 대 구 GHK가 구 ABC 안의 다면체 대 DEF 안의 다면체이다. 그래서 교대로, 구 ABC 대 그 구 안의 다면체가 구 GHK 대 DEF 안의 다면체이다[V−16]. 그런데 구 ABC는 그 안의 다면체보다 크다. 그래서 구 GHK도 DEF 안의 다면체보다 크다[V−14]. 한편, 작기도 하다. 그 다면체로 에워싸이니까 말이다. 그래서 구 ABC 대 구 DEF보다 작은 어떤 구가 BC 대 EF에 비하여 삼중 비율을 가질 수는 없다. 구 DEF 대 구 ABC보다 작은 어떤 구가 EF 대 BC에 비하여 삼중 비율을 가질 수 없다는 것도 이제 우리는 비슷하게 밝힐 수 있다.

이제 나는 주장한다. 구 ABC 대 구 DEF보다 큰 어떤 구가 BC 대 EF에 비하여 삼중 비율을 가질 수 없다.

혹시 가능하다면, 더 큰 구 LMN에 대한 (비율)을 갖는다고 하자. 그래서 거꾸로, 구 LMN 대 구 ABC가 지름 EF 대 지름 BC에 비하여 삼중 비율을 가진다. 그런데 구 LMN 대 구 ABC는 구 DEF 대 구 ABC보다 작은 어떤 구이다. 앞에서 밝혔듯이 LMN이 DEF보다 크니까 말이다. 그래서 구 DEF 대 구 ABC보다 작은 어떤 구가 EF 대 BC에 비하여 삼중 비율을 가진다. 이것은 불가능하다고 밝혀졌다. 그래서 구 ABC 대 구 DEF보다 큰 어떤 구가 BC 대 EF에 비하여 삼중 비율을 가질 수는 없다. 그런데 더 작은 구에 대한 (비율)일 수도 없다고 밝혀졌다.

그래서 구 ABC 대 구 DEF는 BC 대 EF에 비하여 삼중 비율을 가진다. 밝혀야 했던 바로 그것이다.

제13권

명제 1

직선이 극단과 중항인 비율로 잘리면, 큰 선분은 전체 직선의 절반을 붙여 잡아서, (전체 직선의) 절반으로부터의 정사각형보다 제곱근으로[221] 다섯 배이다.

직선 AB가 점 C에서 극단과 중항인 비율로 잘렸다고 하고,[222] 큰 선분이 AC라고 하고, 직선 CA와 직선으로 직선 AD가 연장되었다고 하고, AB의 절반(과 같은) AD가 놓인다고 하자. 나는 주장한다. CD로부터의 (정사각형)은 DA로부터의 (정사각형)의 다섯 배이다.

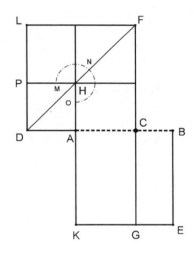

AB, DC로부터 정사각형 AE, DF가 그려 넣어졌다고 하고[I-46], DF에 그 도형이 마저 그려졌다고 하고,[223] FC가 G까지 더 그어졌다고 하자.

••

221 제10권 1–2와 명제 13/14 보조정리의 주석 참조.
222 유클리드는 제6권 명제 30에서 비례론의 기초 위에 '주어진 직선이 극단과 중항인 비율'로 자르는 작도를 보였다. 한편, 제2권 명제 11에서는 넓이론의 언어로 이 작도를 보였다.
223 제2권 명제 7의 주석 참조.

AB가 점 C에서 극단과 중항인 비율로 잘렸으므로, ABC들[224]로 (둘러싸인 직각 평행사변형)이 AC로부터의 (정사각형)과 같다[VI-def-3, VI-17]. 또 ABC들로 (둘러싸인 직각 평행사변형)은 CE요, AC로부터의 (정사각형)은 FH이다. 그래서 CE가 FH와 같다. 또한 BA가 AD의 두 배인데 BA는 KA와, AD는 AH와 같으므로, KA가 AH의 두 배이다. 그런데 KA 대 AH는 CK 대 CH이다[VI-1]. 그래서 CK가 CH의 두 배이다. 그런데 LH, HC 들(의 합)도 CH의 두 배이다[I-43]. 그래서 KC가 LH, HC 들(의 합)과 같다. 그런데 CE가 HF와 같다고 밝혀졌다. 그래서 전체 정사각형 AE가 그노몬 MNO와 같다. 또한 BA가 AD의 두 배이므로, BA로부터의 (정사각형)은 AD로부터의 (정사각형)의, 즉 AE가 DH의 네 배이다. 그런데 AE가 그노몬 MNO와 같다. 그래서 그노몬 MNO가 AP의 네 배이다. 그래서 전체 DF가 AP의 다섯 배이다. 또한 DF는 DC로부터의 (정사각형), AP는 DA로부터의 (정사각형)이므로, CD로부터의 (정사각형)은 DA로부터의 (정사각형)의 다섯 배이다. 그래서 직선이 극단과 중항인 비율로 잘리면, 큰 선분은 전체 직선의 절반을 붙여 잡아서, (전체 직선의) 절반으로부터의 정사각형보다 제곱근으로 다섯 배이다. 밝혀야 했던 바로 그것이다.

명제 2

직선이 그 자신의 (어떤) 선분보다 제곱근으로 다섯 배이면, 언급한 선분의 두 배(인 직선)은 극단과 중항인 비율로 잘리면서 (그중) 큰 선분은 원래 직선에서 남은 부분이다.

∵

224 이 기호는 AB, BC라는 뜻이다. 제10권 명제 59 이후 몇 번 나왔다.

직선 AB가 그 자신의 선분 AC보다 제곱근으로 다섯 배인데 AC의 두 배가 CD라고 하자. 나는 주장한다. CD는 극단과 중항인 비율로 잘리면서 (그 중) 큰 선분은 CB이다.

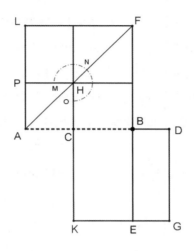

AB, CD 중 각각으로부터 정사각형 AF, CG가 그려 넣어졌다고 하고[I-46], AF 안에 그 도형이 마저 그려졌다고 하고, BE가 더 그어졌다고 하자.

BA로부터의 (정사각형)이 AC로부터의 (정사각형)의 다섯 배이므로, AF가 AH의 다섯 배이다. 그래서 그노몬 MNO가 AH의 네 배이다. 또한 DC가 CA의 두 배이므로, DC로부터의 (정사각형)이 CA로부터의 (정사각형)의, 즉 CG가 AH의 네 배이다. 그런데 그노몬 MNO가 AH의 네 배라는 것이 밝혀졌다. 그래서 그노몬 MNO가 CG와 같다. 또한 DC가 CA의 두 배인데, DC는 CK와, AC는 CH와 같으므로, [KC도 CH의 두 배이고] KB도 BH의 두 배이다[VI-1]. 그런데 LH, HB 들(의 합)이 HB의 두 배이다[I-43]. 그래서 KB가 LH, HB 들(의 합)과 같다. 그런데 그노몬 전체가 CG 전체와 같다는 것이 밝혀졌다. 그래서 남은 HF가 (남은) BG와 같다. 또한 CD가 DG와 같으니까 BG는 CDB들로 (둘러싸인 직각 평행사변형)인데 HF는 CB로부터의 (정사각형)이다. 그래서 CDB들로 (둘러싸인 직각 평행사변형)이 CB로부터의 (정사각형)과 같다. 그래서 DC 대 CB는 CB 대 BD이다[VI-17]. 그런데 DC가 CB보다 크다[XIII-2/3 보조 정리]. 그래서 CB도 BD보다 크다[V-14]. 그래서 직선 CD는 극단과 중항인 비율로 잘리면서 (그중) 큰 선분이 CB이다. 그래서 직선이 그 자신의 (어떤) 선분보다 제곱으로 다섯 배이면, 언급한 선분의 두 배(인 직선)은 극단과 중항인 비율로 잘리면서, (그중) 큰 선분은 원래 직선에서 남은 부분이다. 밝혀야 했던 바로 그것이다.

보조 정리. 그런데 AC의 두 배가[225] BC보다 크다는 것은 다음과 같이 보일 수 있다.

혹시 아니라면, 가능하다면, CA의 두 배가 BC라고 하자. 그래서 BC로부터의 (정사각형)이 CA로부터의 (정사각형)의 네 배이다. 그래서 BC, CA로부터의 (정사각형)들(의 합)은 CA로부터의 (정사각형)의 다섯 배이다. 그런데 BA로부터의 (정사각형)도 CA로부터의 (정사각형)의 다섯 배라고 가정했다. 그래서 BA로부터의 (정사각형)이 BC, CA로부터의 (정사각형)들(의 합)과 같다. 이것은 불가능하다[II-4]. 그래서 CB가 AC의 두 배일 수 없다. 이제 CB가 AC의 두 배보다 작을 수 없다는 것도 우리는 비슷하게 밝힐 수 있다. 훨씬 말이 안 되니까 말이다.

그래서 AC의 두 배가 CB보다 크다. 밝혀야 했던 바로 그것이다.

∴

225 본문에서는 DC인데 여기서는 AC의 두 배라고 표현했다. 헤이베르는 이 보조 정리가 원본이 아닐 것이라고 추정했다.

명제 3

직선이 극단과 중항인 비율로 잘리면, 작은 선분은 큰 선분의 반을 붙여 잡아서, 큰 선분의 반으로부터의 정사각형보다 제곱근으로 다섯 배이다.

어떤 직선 AB가 점 C에서 극단과 중항인 비율로 잘렸다고 하고, 큰 선분이 AC라고 하고, CA가 D에서 이등분되었다고 하자. 나는 주장한다. BD로부터의 (정사각형)은 DC로부터의 (정사각형)의 다섯 배이다.

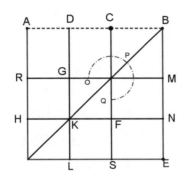

AB로부터 정사각형 AE가 그려 넣어졌다고 하고[I-46], 두 번 그 도형이 마저 그려졌다고 하자.

AC가 DC의 두 배이므로, AC로부터의 (정사각형)이 DC로부터의 (정사각형)의, 즉 RS가 FG의 네 배이다. ABC들로 (둘러싸인 직각 평행사변형)이 AC로부터의 (정사각형)이고[VI-def-3, VI-17], ABC들로 (둘러싸인 직각 평행사변형)이 CE이므로 CE가 RS와 같다. 그런데 RS는 FG의 네 배이다. 그래서 CE도 FG의 네 배이다. 다시, AD가 DC와 같으므로 HK도 KF와 같다. 결국 정사각형 GF도 정사각형 HL과 같다. 그래서 GK가 KL과, 즉 MN이 NE

와 같다. 결국 MF도 FE와 같다. 한편, MF는 CG와 같다. 그래서 CG도 FE 와 같다. CN을 공히 보태자. 그래서 그노몬 OPQ가 CE와 같다. 한편, CE 가 GF의 네 배라는 것이 밝혀졌다. 그래서 그노몬 OPQ가 정사각형 FG의 네 배이다. 그래서 그노몬 OPQ와 정사각형 FG의 (합)이 FG의 다섯 배이 다. 한편, 그노몬 OPQ와 정사각형 FG는 (정사각형) DN이다. 또한 DN은 DB로부터의 (정사각형), GF는 DC로부터의 (정사각형)이다. 그래서 DB로부 터의 (정사각형)이 DC로부터의 (정사각형)의 다섯 배이다. 밝혀야 했던 바로 그것이다.

명제 4

직선이 극단과 중항인 비율로 잘리면, 전체로부터의 정사각형과 작은 선분으로부터의 정사각형은 함께 합쳐져서, 큰 선분으로부터의 정사각형의 세 배이다.

직선 AB가 있다고 하고, 점 C에서 극단과 중항인 비율로 잘렸다고 하고, 큰 선분이 AC라 하자. 나는 주장한다. AB, BC로부터의 (정사각형)들(의 합)

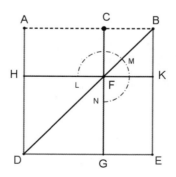

은 CA로부터의 (정사각형)의 세 배이다.

AB로부터 정사각형 ADEB가 그려 넣어졌다고 하고[I-46], 그 도형이 마저 그려졌다고 하자.

AB가 점 C에서 극단과 중항인 비율로 잘렸고 큰 선분이 AC이므로, ABC 들로 (둘러싸인 직각 평행사변형)이 AC로부터의 (정사각형)과 같다[VI-def-3, VI-17]. 또한 ABC들로 (둘러싸인 직각 평행사변형)은 AK요, AC로부터의 (정사각형)은 HG이다. 그래서 AK가 HG와 같다. 또 AF가 FE와 같으므로[I-43], CK를 공히 보태자. 그래서 전체 AK가 전체 CE와 같다. 그래서 AK, CE(들의 합)이 AK의 두 배이다. 한편, AK, CE 들(의 합)은 그노몬 LMN과 정사각형 CK (의 합)이다. 그래서 그노몬 LMN과 정사각형 CK(의 합)이 AK의 두 배이다. 더군다나 AK가 HG와 같다는 것도 밝혀졌다. 그래서 그노몬 LMN과 [정사각형 CK(의 합)이 HG의 두 배이다. 결국 그노몬 LMN과] 정사각형 CK, HG 들(의 합)이 정사각형 HG의 세 배이다. 또한 그노몬 LMN과 정사각형 CK, HG 들(의 합)은 전체 AE와 CK(의 합)인데 그것들은 AB, BC로부터의 정사각형들(의 합)이고, GH는 AC로부터의 (정사각형)이다. 그래서 AB, BC 로부터의 정사각형들(의 합)이 AC로부터의 (정사각형)의 세 배이다. 밝혀야 했던 바로 그것이다.

명제 5

직선이 극단과 중항인 비율로 잘리고, 큰 선분과 같은 직선이 그 직선에 보태어지면, (그렇게 해서 생긴 새로운) 전체 직선은 극단과 중항인 비율로 잘리었고 큰 선분은 원래 그 직선이다.

직선 AB가 점 C에서 극단과 중항인 비율로 잘렸다고 하고, 큰 선분을 AC 라 하고, AC와 같게 직선 AD가 [놓인다고] 하자. 나는 주장한다. 직선 DB 는 점 A에서 극단과 중항인 비율로 잘렸고 큰 선분은 원래 직선 AB이다.

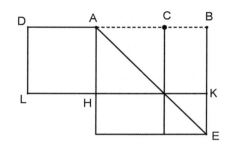

AB로부터 정사각형 AE가 그려 넣어졌다고 하고, 그 도형이 마저 그려졌 다고 하자.

AB가 점 C에서 극단과 중항인 비율로 잘렸으므로, ABC들로 (둘러싸인 직 각 평행사변형)은 AC로부터의 (정사각형)과 같다[VI-def-3, VI-17]. 또한 ABC들로 (둘러싸인 직각 평행사변형)은 CE요, AC로부터의 (정사각형)은 CH 이다. 그래서 CE가 HC와 같다. 한편, CE와는 HE가[I-43], HC와는 DH가 같다. 그래서 DH도 HE와 같다. [HB를 공히 보태자.] 그래서 전체 DK가 전 체 AE와 같다. 또한 AD가 DL과 같으니까 DK는 BD, DA로 (둘러싸인 직각 평행사변형)인데 AE는 AB로부터의 (정사각형)이다. 그래서 BDA들로 (둘러 싸인 직각 평행사변형)이 AB로부터의 (정사각형)과 같다. 그래서 DB 대 BA 가 BA 대 AD이다[VI-17]. 그런데 DB가 BA보다 크다. 그래서 BA도 AD 보다 크다[V-14].

그래서 직선 DB는 점 A에서 극단과 중항인 비율로 잘렸고 큰 선분은 원래 직선 AB이다. 밝혀야 했던 바로 그것이다.

명제 6

유리 직선이 극단과 중항인 비율로 잘리면, 선분들 각각은 아포토메라고 불리는 무리 직선이다.

유리 직선 AB가 있다고 하고, 점 C에서 극단과 중항인 비율로 잘렸다고 하고, 큰 선분이 AC라 하자. 나는 주장한다. AC, CB 각각은 아포토메라고 불리는 무리 직선이다.

D   A   C   B

BA가 연장되었다고 하고, BA의 절반인 AD가 놓인다고 하자.

직선 AB가 점 C에서 극단과 중항인 비율로 잘렸고, AB의 절반인 AD가 큰 선분 AC에 보태어지므로 CD로부터의 (정사각형)이 DA로부터의 (정사각형)의 다섯 배이다[XIII-1]. 그래서 CD로부터의 (정사각형) 대 DA로부터의 (정사각형)은 수 대 수인 비율을 갖는다. 그래서 CD로부터의 (정사각형)이 DA로부터의 (정사각형)과 공약이다[X-6]. 그런데 DA로부터의 (정사각형)이 유리 (구역)이다. 유리 직선 AB의 절반인 AD는 유리 직선이니까 말이다. 그래서 CD로부터의 (정사각형)도 유리 (구역)이다[X-def-4]. 그래서 CD도 유리 직선이다. 또한 CD로부터의 (정사각형) 대 DA로부터의 (정사각형)이 정사각수 대 정사각수인 비율을 갖지 않는다. 그래서 CD는 DA와 선형으로는 비공약이다[X-9]. 그래서 CD, DA가 유리 직선이고 제곱으로만 공약인 직선들이다. 그래서 AC는 아포토메이다[X-73].

다시, AB가 극단과 중항인 비율로 잘렸고, 큰 선분이 AC이므로 AB, BC로 (둘러싸인 직각 평행사변형)이 AC로부터의 (정사각형)과 같다[VI-def-3, VI-

17]. 그래서 아포토메 AC로부터의 (정사각형)이 유리 직선 AB에 평행하게 대어지면서 BC를 너비로 만든다. 그런데 아포토메로부터의 (정사각형)은 유리 직선에 평행하게 대어지면서 너비를 첫 번째 아포토메 직선으로 만든 다[X-97]. 그래서 CB는 첫 번째 아포토메이다. CA가 아포토메라는 것도 밝혀졌다.

그래서 유리 직선이 극단과 중항인 비율로 잘리면, 선분들 각각은 아포토 메라고 불리는 무리 직선이다. 밝혀야 했던 바로 그것이다.

명제 7

등변 오각형에 대하여 이웃하거나 이웃하지 않은 세 각이 같으면 그 오각형은 등각 오 각형일 것이다.

등변 오각형 ABCDE에 대하여, 먼저, A, B, C에서 이웃하는 세 각이 서로 같다고 하자. 나는 주장한다. 오각형 ABCDE는 등각 (오각형)이다.

AC, BE, FD가 이어졌다고 하자.

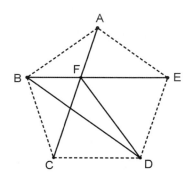

두 직선 CB, BA가 두 직선 BA, AE와 각각 같고 각 CBA가 각 BAE와 같으므로, 밑변 AC가 밑변 BE와 같고, 삼각형 ABC도 삼각형 ABE와 같고, 같은 변들이 마주하는 남은 각들도 남은 각들과, (즉) BCA는 BEA와, ABE는 CAB와 같다[I-4]. 결국 변 AF도 변 BF와 같다[I-6]. 그런데 전체 AC가 전체 BE와 같다는 것도 밝혀졌다. 그래서 남은 FC도 남은 FE와 같다. 그런데 CD가 DE와 같다. 이제 두 직선 FC, CD가 두 직선 FE, ED와 같다. 또한 그 직선들의 밑변은 공히 FD이다. 그래서 각 FCD가 각 FED와 같다[I-8]. 그런데 각 BCA가 AEB와 같다는 것도 밝혀졌다. 그래서 BCD 전체 각도 AED 전체 각과 같다. 한편, BCD 전체 각이 A, B에서의 각들 (각각)과 같다고 가정했다. 그래서 AED도 A, B에서의 각들 (각각)과 같다. 이제 각 CDE도 A, B, C에서의 각들 (각각)과 같다는 것을 우리는 비슷하게 밝힐 수 있다. 그래서 오각형 ABCDE는 등각 (오각형)이다.

한편, 이제 이웃하는 각들이 아니라고 하고, 한편 점 A, C, D에서의 각들이 같다고 하자. 나는 주장한다. 유사하게 오각형 ABCDE는 등각 (오각형)이다. BD가 이어졌다 하자.

두 직선 BA, AE가 두 직선 BC, CD와 같고 같은 각들을 둘러싸므로, 밑변 BE가 밑변 BD와 같고, 삼각형 ABE가 삼각형 BCD와 같고, 같은 변들이 마주하는 남은 각들도 남은 각들과 같다[I-4]. 그래서 각 AEB가 CDB와 같다. 그런데 각 BED도 BDE와 같다. 변 BE가 변 BD와 같기 때문이다[I-5]. 그래서 전체 각 AED가 전체 CDE와 같다. 한편 CDE가 A, C에서의 각들 (각각)과 같다고 가정했다. 그래서 각 AED도 A, C에서의 각들 (각각)과 같다. 이제 똑같은 이유로 ABC도 A, C, D에서의 각들 (각각)과 같다. 그래서 오각형 ABCDE는 등각 (오각형)이다. 밝혀야 했던 바로 그것이다.

명제 8

등변이고도 등각인 오각형에 대하여 (어떤) 직선들이 이웃하는 두 각을 마주한다면, (그 두 직선은) 극단과 중항인 비율로 교차하고, 그중 큰 선분들은 그 오각형의 변들과 같다.

등변이고도 등각인 오각형 ABCDE에 대하여 직선 AC, BE가 점 H에서 교차하면서 이웃하는 A, B에서의 두 각을 마주한다고 하자. 나는 주장한다. 그 직선들 각각이 점 H에서 극단과 중항인 비율로 잘렸고 그중 큰 선분들은 오각형의 변들과 같다.

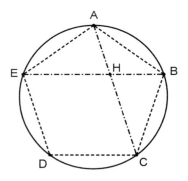

오각형 ABCDE 바깥으로 원 ABCDE가 외접했다고 하자[IV-14].

두 직선 EA, AB가 두 직선 AB, BC와 같고, 같은 각을 둘러싸므로 밑변 BE가 밑변 AC와 같고, 삼각형 ABE가 삼각형 ABC와 같고, 같은 변을 마주하는 남은 각들이 남은 각들과 각각 같다[I-4]. 그래서 각 BAC가 ABE와 같다. 그래서 각 AHE가 BAH의 두 배이다[I-32]. 그런데 EAC도 BAC의 두 배이다. 둘레 EDC가 둘레 CB의 두 배이기 때문이다[III-28, VI-33]. 그래서 각 HAE가 AHE와 같다. 결국 직선 HE도 EA와, 즉 AB와 같다[I-6].

또한 직선 BA가 AE와 같으므로, 각 ABE도 AEB와 같다[I-5]. 한편 ABE가 BAH와 같다는 것도 밝혀졌다. 그래서 BEA가 BAH와 같다. 두 삼각형 ABE와 ABH에 대하여 각 ABE가 공통이다. 그래서 남은 각 BAE가 남은 각 AHB와 같다[I-32]. 그래서 삼각형 ABE가 삼각형 ABH와 등각이다. 비례로, EB 대 BA가 AB 대 BH이다[VI-4]. 그런데 BA가 EH와 같다. 그래서 BE 대 EH가 EH 대 HB이다. 그런데 BE가 EH보다 크다. 그래서 EH도 HB보다 크다[V-14]. 그래서 BE가 H에서 극단과 중항인 비율로 잘렸고 큰 선분 HE가 오각형의 변과 같다. 이제 AC도 H에서 극단과 중항인 비율로 잘렸고 큰 선분 CH가 오각형의 변과 같다는 것을 우리는 비슷하게 밝힐 수 있다. 밝혀야 했던 바로 그것이다.

명제 9

동일한 원에 내접하는 (도형)들 중 육각형의 변과 십각형의 변이 한데 합쳐지면, 전체 직선은 극단과 중항인 비율로 잘려 있고 그중 큰 선분은 육각형의 변이다.[226]

원 ABC가 있다고 하고, 원 ABC에 내접하는 도형들 중 십각형의 변은 BC, 육각형의 변은 CD라 하고, (그 직선들이) 직선으로 있다고 하자. 나는 주장한다. 전체 직선 BD는 극단과 중항인 비율로 잘려 있고, 그중 큰 선분은 CD이다.

∴

226 (1) 등변이고도 등각인 육각형, 십각형인데 간단히 육각형, 십각형으로 표현했다. 이어지는 증명과 명제에서도 마찬가지다. (2) 정육각형의 작도는 제4권 명제 15에 있으나 정십각형의 작도는 명시되지 않았다. 제4권 명제 11과 12에서 정오각형의 작도가 있고 제3권의 명제 30에 호의 이등분 작도가 있다.

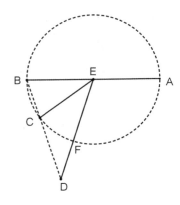

원의 중심인 점 E가 잡혔다고 하고[III-1], EB, EC, ED가 이어졌다고 하고, BE가 A로 더 그어졌다고 하자.

등변 십각형의 변이 BC이므로, 둘레 ACB는 둘레 BC의 다섯 배이다. 그래서 둘레 AC가 CB의 네 배이다. 그런데 둘레 AC 대 CB는 각 AEC 대 CEB이다[VI-33]. 그래서 각 AEC가 CEB의 네 배이다. 각 EBC가 ECB와 같으므로[I-5], 각 AEC는 ECB의 두 배이다[I-32]. 직선 EC, CD 각각이 원 ABC 안으로 [내접하는] 육각형의 변과 같으니까[IV-15 따름] 직선 EC가 CD와 같으므로, 각 CED가 각 CDE와 같기도 하다[I-5]. 그래서 각 ECB가 EDC의 두 배이다[I-32]. 한편, ECB의 두 배가 AEC라고 밝혀졌다. 그래서 AEC가 EDC의 네 배이다. 그런데 AEC가 BEC의 네 배라고도 밝혀졌다. 그래서 EDC가 BEC와 같다. 그런데 두 삼각형에 대하여, (즉) BEC와 BED에 대하여 각 EBD가 공통이다. 그래서 남은 BED가 ECB와 같다[I-32]. 그래서 삼각형 EBD가 삼각형 EBC와 등각이다. 그래서 비례로, DB 대 BE가 EB 대 BC이다[VI-4]. 그런데 EB가 CD와 같다. 그래서 BD 대 DC는 DC 대 CB이다. 그런데 BD가 DC보다 크다. 그래서 DC가 CB보다 크다[V-14]. 그래서 직선 DB가 [C에서] 극단과 중항인 비율로 잘려 있고, 그중 큰 선분은 DC이다. 밝혀야 했던 바로 그것이다.

명제 10

원에 등변 오각형이 내접하면, 그 오각형의 변은 제곱근으로, 그 원 안으로 내접하는 것들 중 육각형의 (변)과 십각형의 (변 모두)이다.[227]

원 ABCDE가 있다고 하고, 원 ABCDE에 등변 오각형 ABCDE가 내접했다고 하자[IV-11]. 나는 주장한다. 오각형 ABCDE의 변은 원 ABCDE에 내접하는 것들 중 육각형의 변과 십각형의 변에 대하여 제곱근 직선이다.

원의 중심인 점 F가 잡혔다고 하고[III-1], AF가 이어지면서 점 G까지 더 그어졌다고 하고, FB가 이어졌다고 하고, F로부터 AB로 수직선 FH가 그어졌다고 하고[I-12], K까지 더 그어졌다고 하고, AK, KB가 이어졌다고 하고, 다시, 점 F로부터 AK로 수직선 FL이 그어졌다고 하고, M까지 더 그어졌다고 하고, KN이 이어졌다고 하자.

둘레 ABCG가 둘레 AEDG와 같은데 그중 ABC가 AED와 같으므로, 남은 둘레 CG가 남은 GD와 같다. 그런데 CD가 오각형의 (변이다). 그래서 CG는 십각형의 (변이다). FA가 FB와 같고, FH가 (AB로) 수직선이므로 각 AFK도 KFB와 같다[I-5, I-26]. 결국 둘레 AK도 KB와 같다[III-26]. 그래서 둘레 AB가 둘레 BK의 두 배이다. 그래서 직선 AK가 십각형의 변이다. 이제

•••

227 제10권 명제 13/14 보조 정리의 용어로는 '오각형의 변은 육각형의 (변)과 십각형의 (변)에 대한 대한 제곱근 직선'이다. 즉 정오각형, 정육각형, 정십각형의 변을 각각 s_5, s_6, s_{10}로 쓸 때 세 변은 $s_5^2 = s_6^2 + s_{10}^2$로 서로 관계한다.

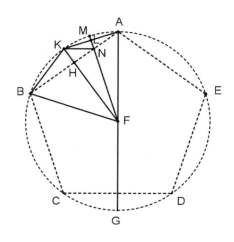

똑같은 이유로 (둘레) AK가 KM의 두 배이기도 하다. 둘레 AB가 둘레 BK의 두 배인데 둘레 CD가 둘레 AB와 같으므로, 둘레 CD도 둘레 BK의 두 배이다. 그런데 둘레 CD는 CG의 두 배이기도 하다. 그래서 둘레 CG가 둘레 BK와 같다. 한편, BK가 KM의 두 배이다. KA도 그러하기 때문이다. 그래서 (둘레) CG가 KM의 두 배이다. 더군다나 둘레 CB도 둘레 BK의 두 배이다. 둘레 CB가 BA와 같으니까 말이다. 그래서 전체 둘레 GB도 BM의 두 배이다. 결국 각 GFB도 각 BFM의 두 배이다[VI-33]. 그런데 GFB는 FAB의 두 배이기도 하다. FAB가 ABF와 같으니까 말이다. 그래서 BFN이 FAB와 같다.

그런데 두 삼각형에 대하여, (즉) ABF와 BFN에 대하여 각 ABF가 공통이다. 그래서 남은 (각) AFB가 남은 BNF와 같다[I-32]. 그래서 삼각형 ABF가 삼각형 BFN과 등각이다. 그래서 비례로, 직선 AB 대 BF가 FB 대 BN이다[VI-4]. 그래서 ABN들로 (둘러싸인 직각 평행사변형)이 BF로부터의 (정사각형)과 같다[VI-17]. 다시 AL이 LK와 같은데, LN이 공통이고 직각으로

(있으므로), 밑변 KN이 밑변 AN과 같다[I-4]. 그래서 각 LKN이 LAN과 같다. 한편, LAN은 KBN과 같다[III-29, I-5]. 그래서 LKN도 KBN과 같다. 두 삼각형에 대하여, (즉) AKB와 AKN에 대하여 A에서의 각이 공통이기도 하다. 그래서 남은 (각) AKB가 남은 KNA와 같다[I-32]. 그래서 삼각형 KBA가 삼각형 KNA와 등각이다. 그래서 비례로, 직선 BA 대 AK가 KA 대 AN이다[VI-4]. 그래서 BAN들로 (둘러싸인 직각 평행사변형)이 AK로부터의 (정사각형)과 같다[VI-17]. 그런데 ABN들로 (둘러싸인 직각 평행사변형)이 BF로부터의 (정사각형)과 같다는 것도 밝혀졌다. 그래서 BAN들로 (둘러싸인 직각 평행사변형)과 함께한 ABN들로 (둘러싸인 직각 평행사변형)은, 이것은 AB로부터의 (정사각형)인데[II-2], AK로부터의 (정사각형)과 함께한 BF로부터의 (정사각형)과 같다. 또한 BA는 오각형의 변, BF는 육각형의 (변)[IV-15 따름], AK는 십각형의 (변)이다.

그래서 원 안으로 등변 오각형이 내접하면, 그 오각형의 변은 제곱급으로, 그 원 안으로 내접하는 것들 중 육각형의 (변)과 십각형의 (변 모두)이다. 밝혀야 했던 바로 그것이다.

명제 11

유리 지름을 갖는 원 안으로 등변 오각형이 내접하면, 그 오각형의 변은 마이너라고 불리는 무리 직선이다.

유리 지름을 갖는 원 ABCDE 안으로 등변 오각형 ABCDE가 내접했다고 하자[IV-11]. 나는 주장한다. 오각형 [ABCDE]의 변은 마이너라고 불리는 무리 직선이다.

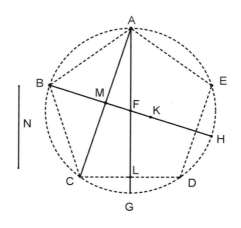

원의 중심인 점 F가 잡혔다고 하고[III-1], AF, FB가 이어졌다고 하고, 점 G, H로 더 그어졌다고 하고, AC가 이어졌다고 하고, FK가 AF의 사분의 일로 놓인다고 하자[VI-9].

그런데 AF가 유리 직선이다. 그래서 FK도 유리 직선이다. 그런데 BF도 유리 직선이다. 그래서 전체 BK는 유리 직선이다. 둘레 ACG가 둘레 ADG와 같은데 그중 ABC가 AED와 같으므로, 남은 CG가 남은 GD와 같다. 우리가 AD를 이으면, L에서의 각들은 직각으로, CD는 CL의 두 배로 귀결된다[I-4]. 이제 똑같은 이유로 M에서의 각들도 직각이고, AC가 CM의 두 배이다. 각 ALC가 AMF와 같은데 두 삼각형에 대하여, (즉) ALC와 AMF에 대하여 LAC가 공통이므로, 남은 ACL이 남은 MFA와 같다[I-32]. 그래서 삼각형 ACL이 삼각형 AMF와 등각이다. 그래서 비례로, LC 대 CA가 MF 대 FA이다[VI-4]. 앞의 직선들의 두 배들도 (그렇다). 그래서 LC의 두 배 대 CA가 MF의 두 배 대 FA이다. 그런데 MF의 두 배 대 FA는 MF 대 FA의 절반이다. 그래서 LC의 두 배 대 CA가 MF 대 FA의 절반이다. 뒤의 직선들의 절반도 (그렇다). 그래서 LC의 두 배 대 CA의 절반이 MF 대 FA의 사분의 일이다. LC의 두 배는 DC요, CA의 절반은 CM이요, FA의 사분의 일은 FK이다. 그래서 DC 대 CM이 MF 대 FK이다.

결합되어, 함께 합쳐진 DCM 대 CM도 MK 대 KF이다[V-18]. 그래서 함께 합쳐진 DCM으로부터의 (정사각형) 대 CM으로부터의 (정사각형)이 MK로부터의 (정사각형) 대 KF으로부터의 (정사각형)이다. 오각형의 두 변을 마주하는 직선에 대하여, 그러니까 AC에 대하여, 극단과 중항인 비율로 잘리면서 (잘린 선분들 중) 큰 선분은 오각형의 변과, 즉 DC와 같은데[XIII-8], 큰 선분은 전체 직선의 절반을 붙여 잡아서, 전체 직선의 절반으로부터의 (정사각형)보다 제곱근으로 다섯 배이고[XIII-1], 전체 AC의 절반이 CM이므로, 한 직선처럼 (잡은) DCM으로부터의 (정사각형)은 CM으로부터의 (정사각형)의 다섯 배이다. 그런데 한 직선처럼 (잡은) DCM으로부터의 (정사각형) 대 CM으로부터의 (정사각형)이 MK로부터의 (정사각형) 대 KF로부터의 (정사각형)이라고 밝혀졌다. 그래서 MK로부터의 (정사각형)이 KF로부터의 (정사각형)의 다섯 배이다.

그런데 KF로부터의 (정사각형)이 유리 (구역)이다. 지름이 유리 직선이니까 말이다. 그래서 MK로부터의 (정사각형)도 유리 (구역)이다. 그래서 MK가 [제곱으로만] 유리 직선이다. 또한 BF가 FK의 네 배이므로, BK가 KF의 다섯 배이다. 따라서 BK로부터의 (정사각형)이 KF로부터의 (정사각형)의 스물다섯 배이다. 그런데 MK로부터의 (정사각형)이 KF로부터의 (정사각형)의 다섯 배이다. 그래서 BK로부터의 (정사각형)이 KM으로부터의 (정사각형)의 다섯 배이다. 그래서 BK로부터의 (정사각형) 대 KM으로부터의 (정사각형)이 정사각수 대 정사각수의 비율을 갖지 않는다. 그래서 BK가 KM과 선형으로는 비공약이다[X-9]. 그것들 각각은 유리 직선이기도 하다. 그래서 유리 직선 BK, KM은 제곱으로만 공약이다. 그런데 유리 직선으로부터 전체와 제곱으로만 공약인 유리 직선이 빠지면 남은 직선은 아포토메인 무리 직선이다 [X-73]. 그래서 MB가 아포토메이며 MK는 그 직선에 들어맞는 직선이다.

이제 나는 주장한다. 네 번째 (아포토메)이기도 하다.

이제 BK로부터의 (정사각형)이 KM으로부터의 (정사각형)보다 큰, 바로 그만큼과 N으로부터의 정사각형이 같다고 하자. 그래서 BK가 KM보다, N으로부터의 (정사각형)만큼 제곱근으로 크다. 또한 KF가 FB와 (선형) 공약이므로, 결합하여, KB도 FB와 (선형) 공약이다[X-15]. 한편, BF가 BH와 (선형) 공약이다. 그래서 BK도 BH와 (선형) 공약이다[X-12]. 또한 BK로부터의 (정사각형)이 KM으로부터의 (정사각형)의 다섯 배이므로, BK로부터의 (정사각형) 대 KM으로부터의 (정사각형)은 5 대 일인 비율을 갖는다. 그래서 뒤바꿔서, BK로부터의 (정사각형) 대 N으로부터의 (정사각형)이, 5 대 4로[V-19 따름], 정사각(수) 대 정사각(수)의 비율을 갖지 않는다. 그래서 BK가 N과 (선형) 비공약이다[X-9]. 그래서 전체 BK는 들어맞는 직선 KM보다, 그 자신과 (선형) 비공약인 직선으로부터의 (정사각형)만큼 제곱근으로 크고, 전체 BK가 제시된 유리 직선 BH와 (선형) 공약이므로, MB는 네 번째 아포토메이다 [X-def-3-4]. 그런데 유리 직선과 네 번째 아포토메 직선 사이에 둘러싸인 직각 (평행사변형)은 무리 (구역)이고, 그 (구역)의 제곱근 직선은 마이너라 불리는 무리 직선이다[X-94]. 그런데 HBM들로 (둘러싸인 직각 평행사변형)의 제곱근 직선은 AB이다. AH가 이어지면서 삼각형 ABH가 삼각형 ABM과 등각이게 되고[VI-8] HB 대 BA가 AB 대 BM이기 때문이다[VI-4].[228]

그래서 오각형의 변 AB가 마이너라 불리는 무리 직선이다. 밝혀야 했던 바로 그것이다.

••

[228] 이 마지막 증명 부분은 제10권 명제 32와 명제 33 사이의 보조 정리와 흡사하다.

명제 12

원 안으로 등변 삼각형이 내접하면, 그 삼각형의 변은 그 원의 중심에서 (원까지 뻗은 직선)보다 제곱으로 세 배이다.[229]

원 ABC가 있다고 하고, 그 원 안으로 등변 삼각형 ABC가 내접했다고 하자[IV-2]. 나는 주장한다. 삼각형 ABC의 한 변은 원 ABC의 중심에서 (원까지 뻗은 직선)보다 제곱으로 세 배이다.

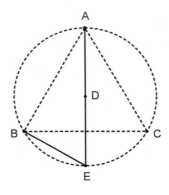

원 ABC의 중심 D가 잡혔다고 하고[III-1], AD가 이어지면서 E까지 더 그어졌다고 하고, BE가 이어졌다고 하자.

삼각형 ABC가 등변이므로, 둘레 BEC가 원의 둘레 ABC의 삼분의 일이다.

∴∴

229 삼각형의 변으로부터의 정사각형이 반지름으로부터의 정사각형의 세 배라는 뜻이다. 제10권의 무리 직선 이론에 따르면 원의 반지름이 유리 직선일 때 내접 정삼각형의 한 변은 유리 직선이되, 제곱으로만 공약이다(정의 1의 3). 즉, 반지름과 정삼각형의 변 자체를 재는 공통 척도는 없지만 그 두 직선에 정사각형을 그려 넣으면 그 도형(의 넓이)는 공통 척도가 있다.

그래서 둘레 BE는 원의 둘레의 육분의 일이다. 그래서 직선 BE가 육각형의 (변)이다. 그래서 중심에서 (원까지 뻗은 직선) DE와 같다[IV-15 따름]. 또한 AE가 DE의 두 배이므로, AE로부터의 (정사각형)은 ED로부터의 (정사각형)의, 즉 BE로부터의 (정사각형)의 네 배이다. 그런데 AE로부터의 (정사각형)이 AB, BE로부터의 (정사각형)들(의 합)과 같다[III-31, I-47]. 그래서 AB, BE로부터의 (정사각형)들(의 합)이 BE로부터의 (정사각형)의 네 배이다. 그래서 분리해내서, AB로부터의 (정사각형)이 BE로부터의 (정사각형)의 세 배이다. 그런데 BE가 DE와 같다. 그래서 AB로부터의 (정사각형)이 DE로부터의 (정사각형)의 세 배이다.

그래서 원 안으로 등변 삼각형이 내접하면, 그 삼각형의 변은 [그 원의] 중심에서 (원까지 뻗은 직선)보다 제곱으로 세 배이다. 밝혀야 했던 바로 그것이다.

명제 13

정사면체를[230] 구성하기. 그리고 주어진 구로 (그것을) 감싸기. 그리고 구의 지름은 정사면체의 변보다 제곱으로 일과 이분의 일 (배)임을 보이기.[231]

∷

230 원문은 제13권의 정의 12의 '각뿔'이라고 나와 있다. 각뿔의 원문은 πυραμίς이다.

231 (1) 이 명제 13부터 명제 17까지 정다면체를 구성하고 그 정다면체를 구로 감싼 후 그 정다면체의 변과 구의 지름의 공약성 여부 또는 비공약성의 정도를 탐색한다. 제1권부터 시작해서 이 명제들 이전까지 등장했던 주요 장면들이 통합하면서 대서사시의 대미를 장식한다. 차례대로 4, 8, 6, 20, 12의 정다면체가 나온다. (2) 이 명제 13부터 명제 17까지의 증명 중간에 있는 입체 도형은 원본에는 없고 가독성을 위해 번역자가 추가해 넣은 그림이다. (3) 제10권의 무리직선 이론에 따르면 구의 지름이 유리 직선일 때 정사면체의 한 변도 유

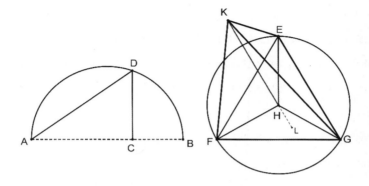

주어진 구의 지름 AB가 제시된다고 하고, AC가 CB의 두 배가 되도록 점 C에서 잘렸다고 하자[VI-9]. AB 위에 반원 ADB가 그려졌다고 하고, 점 C로부터 AB와 직각으로 CD가 그어졌다고 하고[I-11], DA가 이어졌다고 하자. 또한 DC와 같은, 중심에서 (원까지 뻗은 직선)을 갖는 원 EFG가 제시된다고 하고, 원 EFG에 등변 삼각형 EFG가 내접했다고 하자[IV-2]. 또한 원의 중심인 점 H가 잡혔다고 하고[III-1], EH, HF가 이어졌다고 하자. 점 H로부터 원 EFG의 평면과 직각으로 HK가 일으켜 세워졌다고 하고[XI-12], HK로부터 직선 AC와 같은 HK가 빠졌다고 하고[232][I-3], KE, KF, KG가 이어졌다고 하자.

KH가 원 EFG의 평면으로 직각이므로, 원 EFG의 평면 안에 있는 그 직선과 닿는 모든 직선들로 직각을 이룰 것이다[XI-def-3]. 그런데 HE, HF, HG 각각이 그 직선에 닿는다. 그래서 HK가 HE, HF, HG 각각으로 직각이다. 또한 AC는 HK와, CD는 HE와 같고 직각들을 둘러싸므로, 밑변 DA

⁝

리 직선이되, 구의 지름에 비해 제곱으로만 공약이다. 이어지는 명제에서 정팔면체와 정육면체도 그렇다. 그러나 정이십면체와 정십이면체의 변은 무리직선의 범주에 속한다.

232 바로 앞의 K는 평면과 직각으로 올린 방향만 뜻하고 여기 K는 거리까지 지정한다.

가 밑변 KE와 같다[I-4]. 이제 똑같은 이유로 KF, KG 각각도 DA와 같다. 그래서 세 직선 KE, KF, KG가 서로 같다. 또한 AC가 CB의 두 배이므로, AB가 BC의 세 배이다. 그런데 AB 대 BC는, 뒤이어 밝혀지듯이,[233] AD로부터의 (정사각형) 대 DC로부터의 (정사각형)이다. 그래서 AD로부터의 (정사각형)이 DC로부터의 (정사각형)의 세 배이다. 그런데 FE로부터의 (정사각형)도 EH로부터의 (정사각형)의 세 배이고[XIII-12], DC가 EH와 같다. 그래서 DA가 EF와 같다. 한편, DA가 KE, KF, KG 각각과 같다고 밝혀졌다. 그래서 EF, FG, GE 각각도 KE, KF, KG 각각과 같다. 그래서 네 삼각형 EFG, KEF, KFG, KEG가 등변이다. 그래서 밑면은 삼각형 EFG이고, 꼭지는 점 K인 정사면체가 등변 삼각형들 넷에서 구성되었다.

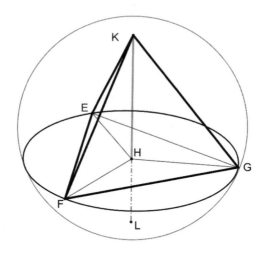

233 이 명제의 증명에 이어지는 보조 정리를 말한다. 이런 표현도 그동안 『원론』에서 없었다.

이제 그 (정사면체)를 주어진 구로 감싸야 하고, 구의 지름이 정사면체의 변보다 제곱으로 일과 이분의 일 (배)임을 보여야 한다.

직선 HL이 직선 KH와 직선으로 연장되었다고 하고, CB와 같게 HL이 놓인다고 하자[I-3]. AC 대 CD가 CD 대 CB인데[VI-8 따름], AC는 KH와, CD는 HE와, CB는 HL과 같으므로 KH 대 HE가 EH 대 HL이다. 그래서 KH, HL로 (둘러싸인 직각 평행사변형)이 EH로부터의 (정사각형)과 같다[VI-17]. 또한 각 KHE, EHL 각각이 직각이다. 그래서 KL 위에 그려진 반원이 E도 통과해 갈 것이다. [왜냐하면 우리가 EL을 이으면 삼각형 ELK가 삼각형 ELH, EHK 각각과 등각이 되므로 각 LEK가 직각이 되기 때문이다[VI-8, III-31].] 이제 고정된 KL에 대하여 반원이 회전하여 움직이기 시작한 그 자리로 되돌아오면, FL, LG가 이어지면서, 또한 F, G에서의 각들이 마찬가지로 직각이 되면서, 점 F, G도 통과해 갈 것이다. 또한 정사면체가 주어진 구로 감싸였을 것이다. 구의 지름 KL이 주어진 구의 지름 AB와 같으니까 말이다. 왜냐하면 AC와 같게는 KH가, CB와 같게는 HL이 놓이기 때문이다.

이제 나는 주장한다. 구의 지름이 정사면체의 변보다 제곱으로 일과 이분의 일 배이다.

AC가 CB의 두 배이므로, AB가 BC의 세 배이다. 그래서 뒤바꿔서, BA는 AC의 일과 이분의 일 (배)이다. 그런데 BA 대 AC가 BA로부터의 (정사각형) 대 AD로부터의 (정사각형)이다. [왜냐하면, DB가 이어지면서 삼각형 DAB, DAC의 닮음성 때문에, BA 대 AD가 DA 대 AC이고, (비례하는 세 크기에 대하여) 첫째 대 셋째는 첫째로부터의 (정사각형) 대 둘째로부터의 (정사각형)이기 때문이다[VI-19 따름].] 그래서 BA로부터의 (정사각형) 대 AD로부터의 (정사각형)의 일과 이분의 일 (배)이다. 또한 BA는 주어진 구의 지름, AD는 정사면체의 한 변이다.

그래서 구의 지름이 정사면체의 변보다 (제곱으로) 일과 이분의 일 (배)이다. 밝혀야 했던 바로 그것이다.

보조 정리. AB 대 BC가 AD로부터의 (정사각형) 대 DC로부터의 (정사각형)임을 보여야 한다.

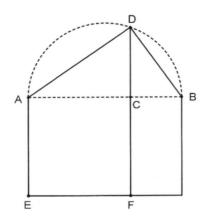

반원의 도해가 제시된다고 하고, DB가 이어졌다고 하고, AC로부터 정사각형 EC가 그려 넣어졌다고 하고, 평행사변형 FB가 마저 채워졌다고 하자.

삼각형 DAB가 삼각형 DAC와 등각이기 때문에 BA 대 AD가 DA 대 AC이므로, BA, AC로 (둘러싸인 직각 평행사변형)이 AD로부터의 (정사각형)과 같다[VI-8, VI-4, VI-17]. 또한 AB 대 BC가 EB 대 BF이고[VI-1], EA가 AC와 같아서 EB는 BA, AC로 (둘러싸인 직각 평행사변형)이다. 그런데 BF는 AC, CB로 (둘러싸인 직각 평행사변형)이므로, AB 대 BC가 BA, AC로 (둘러싸인 직각 평행사변형) 대 AC, CB로 (둘러싸인 직각 평행사변형)이다. 또한 BA와 AC로 (둘러싸인 직각 평행사변형)은 AD로부터의 (정사각형)과, ACB들로 (둘러싸인 직각 평행사변형)은 DC로부터의 (정사각형)과 같다. 각 ADB가 직각이기 때문에, 수직선 DC가 밑변의 선분 AC, CB에 대하여 비례 중항이니까 말이다[VI-8 따름]. 그래서 AB 대 BC가 AD로부터의 (정사각형) 대 DC로부터의 (정사각형)이다. 밝혀야 했던 바로 그것이다.

명제 14

정팔면체를 구성하기. 그리고, 앞에서 한 것처럼, (주어진) 구로 (그것을) 감싸기, 그리고 구의 지름이 정팔면체의 변보다 제곱으로 두 배임을 보이기.

주어진 구의 지름 AB가 제시된다고 하고, 점 C에서 이등분되었다고 하고 [I-10], AB 위에 반원 ADB가 그려졌다고 하고, C로부터 AB와 직각으로 CD가 그어졌다고 하고[I-11], DB가 이어졌다고 하고, 변들 각각이 DB와

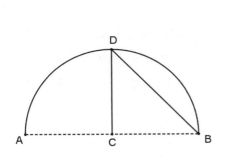

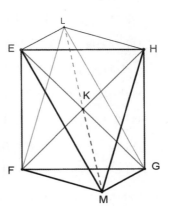

같은 변을 갖는 정사각형 EFGH가 제시된다고 하고[I-46], HF, EG가 이어졌다고 하고, 점 K로부터 정사각형 EFGH의 평면과 직각으로 KL이 일으켜 세워졌다고 하고[XI-12], KM처럼, (그 KL이) 평면의 다른 쪽으로도 더 그어졌다고 하고, KL, KM 각각으로부터 EK, FK, GK, HK 중 하나와 같은 KL, KM 각각이 빠졌다고 하고, LE, LF, LH, ME, MF, MG, MH가 이어졌다고 하자.

KE가 KH와 같고 각 EKH가 직각이므로, HE로부터의 (정사각형)이 EK로부터의 (정사각형)의 두 배이다[I-47]. 다시, 그런데 LK가 KE와 같고, 각 LKE가 직각이므로, EL로부터의 (정사각형)이 EK로부터의 (정사각형)의 두 배이다. 그런데 HE로부터의 (정사각형)이 EK로부터의 (정사각형)의 두 배라는 것도 밝혀졌다. 그래서 LE로부터의 (정사각형)이 EH로부터의 (정사각형)과 같다. 그래서 LE가 EH와 같다. 이제 똑같은 이유로, LH도 HE와 같다. 그래서 삼각형 LEH는 등변이다. 밑면은 정사각형 EFGH의 변들이고 꼭지는 점 L, M인 삼각형들의 남은 변들 각각이 등변이라는 것도 이제 우리는 비슷하게 밝힐 수 있다. 그래서 등변 삼각형들 여덟으로 (둘러싸인) 정팔면체가 구성되었다.

이제 그 (정팔면체)를 주어진 구로 감싸야 하고, 구의 지름이 정팔면체의 변보다 제곱으로 두 배임을 보여야 한다.

세 직선 LK, KM, KE가 서로 같으므로 LM 위에 그려진 반원이 E도 통과해 갈 것이다. 또한 똑같은 이유로, 고정된 LM에 대하여 반원이 회전하여 움직이기 시작한 그 자리로 되돌아오면 점 F, G, H도 통과해 갈 것이고, 정팔면체가 (어떤) 구로 감싸였을 것이다.

이제 나는 주장한다. 주어진 (구)로도 (감싸인다).

LK가 KM과 같은데 KE는 공통이고 직각을 둘러싸므로, 밑변 LE가 밑변

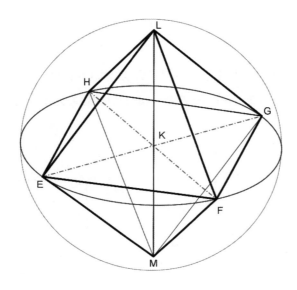

EM과 같다[I-4]. 또한 반원 안에 있으니까 각 LEM이 직각이므로[III-31], LM으로부터의 (정사각형)이 LE로부터의 (정사각형)의 두 배이다[I-47]. 다시, AC가 CB와 같으므로, AB는 BC의 두 배이다. 그런데 AB 대 BC가 AB로부터의 (정사각형) 대 BD로부터의 (정사각형)이다[VI-8, VI-19 따름]. 그래서 AB로부터의 (정사각형)이 BD로부터의 (정사각형)의 두 배이다. 그런데 LM으로부터의 (정사각형)이 LE로부터의 (정사각형)의 두 배라는 것도 밝혀졌다. DB로부터의 (정사각형)이 LE로부터의 (정사각형)과 같기도 하다. EH가 DB와 같게 놓이기 때문이다. 그래서 AB로부터의 (정사각형)이 LM으로부터의 (정사각형)과 같다. 그래서 AB가 LM과 같다. AB가 주어진 구의 지름이기도 하다. 그래서 LM이 주어진 구의 지름과 같다.

그래서 정팔면체가 주어진 구로 감싸였다. 구의 지름이 정팔면체의 변보다 제곱으로 두 배라는 것도 함께 입증되었다. 밝혀야 했던 바로 그것이다.

명제 15

정육면체를 구성하기. 그리고 정사면체에서 한 것처럼, (주어진) 구로 (그것을) 감싸기.
그리고 그 구의 지름이 정육면체의 변보다 제곱으로 세 배임을 보이기.

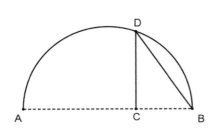
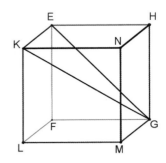

주어진 구의 지름 AB가 제시된다고 하고, AC가 CB의 두 배가 되도록 점
C에서 잘렸다고 하고[VI-9], AB 위에 반원 ADB가 그려졌다고 하고, C로
부터 AB와 직각으로 CD가 그어졌다고 하고[I-11], DB가 이어졌다고 하
고, DB와 같은 변을 갖는 정사각형 EFGH가 제시된다고 하고[I-46], 점 E,
F, G, H로부터 정사각형 EFGH의 평면과 직각으로 EK, FL, GM, HN이
그어졌다고 하고[XII-12], EK, FL, GM, HN 각각으로부터, EF, FG, GH,
HE 하나와 같은 EK, FL, GM, HN 각각이 빼졌다고 하고, KL, LM, MN,
NK가 이어졌다고 하자.

그래서 같은 정사각형들 여섯으로 둘러싸인 정육면체 FN이 구성되었다.

이제 주어진 구로 그것을 감싸야 하고, 구의 지름이 정육면체의 변보다 제
곱으로 세 배라는 것도 밝혀야 한다.

KG, EG가 이어졌다고 하자. KE가 평면 EG로 직각이고 분명히 직선 EG

로도 (직각)이기 때문에[XI-def-3] 각 KEG가 직각이므로, KG 위에 그려진 반원이 E도 통과해 갈 것이다[III-31]. 다시, GF가 FL, FE 각각으로 직각이 므로, GF는 평면 FK로도 직각이다[XI-4]. 결국 (직선) FK를 우리가 잇는다 면 GF가 (직선) FK로도 직각일 것이다. 다시, 똑같은 이유로 GK 위에 그려 진 반원이 F도 통과해 갈 것이다. 마찬가지로 정육면체의 남은 점들도 통 과해 갈 것이다. 이제 고정된 KG에 대하여 반원이 회전하여 움직이기 시 작한 그 자리로 되돌아오면, 정육면체가 (어떤) 구로 감싸였을 것이다.

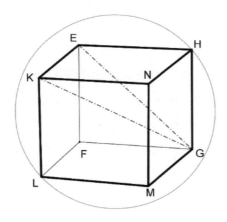

이제 나는 주장한다. 주어진 구로도 감싸인다.

GF가 FE와 같고, F에서의 각이 직각이므로, EG로부터의 (정사각형)이 EF 로부터의 (정사각형)의 두 배이다[I-47]. 그런데 EF가 EK와 같다. 그래서 EG로부터의 (정사각형)이 EK로부터의 (정사각형)의 두 배이다. 결국 GE, EK로부터의 (정사각형)들(의 합)이, 즉 GK로부터의 (정사각형)이[I-47] EK 로부터의 (정사각형)의 세 배이다. 또한 AB가 BC의 세 배인데 AB 대 BC가 AB로부터의 (정사각형) 대 BD로부터의 (정사각형)이므로[VI-8, VI-19 따름],

AB로부터의 (정사각형)이 BD로부터의 (정사각형)의 세 배이다. 그런데 GK 로부터의 (정사각형)이 KE로부터의 (정사각형)의 세 배라고 밝혀졌다. KE가 DB와 같게 놓이기도 한다. 그래서 KG가 AB와 같다. AB는 주어진 구의 지름이기도 하다. 그래서 KG가 주어진 구의 지름과 같다.

그래서 정육면체가 주어진 구로 감싸였다. 구의 지름이 정육면체의 변보다 제곱으로 세 배라는 것도 함께 입증되었다. 밝혀야 했던 바로 그것이다.

명제 16

정이십면체를 구성하기. 그리고 앞서 언급한 도형들처럼, (주어진) 구로 (그것을) 감싸기. 그리고 정이십면체의 변이 마이너라고 불리는 무리 직선임을 보이기.

주어진 구의 지름 AB가 제시된다고 하고, AC가 CB의 네 배가 되도록 점 C에서 잘렸다고 하고[VI-9], AB 위에 반원 ADB가 그려졌다고 하고, C로

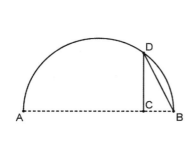

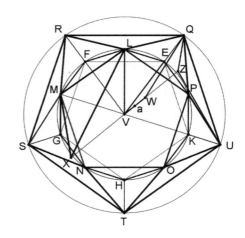

부터 AB와 직각으로 직선 CD가 그어졌다고 하고[I-11], DB가 이어졌다고 하고, 중심에서 (원까지 뻗은 직선)이 DB와 같은 원 EFGHK가 제시된다고 하고, 원 EFGHK 안으로 등변이고도 등각인 오각형 원 EFGHK가 내접했다고 하고[IV-11], 둘레 EF, FG, GH, HK, KE가 점 L, M, N, O, P에서 이등분되었다고 하고[III-30], LM, MN, NO, OP, PL, EP가 이어졌다고 하자. 그래서 오각형 LMNOP도 등변이고, 직선 EP는 십각형의 (변)이다. 점 E, F, G, H, K로부터 원의 평면과 직각으로, 원 EFGHK의 중심에서 (원까지 뻗은 직선)과 같은 직선 EQ, FR, GS, HT, KU가 일으켜 세워졌다고 하고[XI-12, I-3], QR, RS, ST, TU, UQ, QL, LR, RM, MS, SN, NT, T O, OU, UP, PQ가 이어졌다고 하자.

EQ, KU 각각이 그 평면과 직각으로 있으므로, EQ가 KU와 평행이다[XI-6]. 그런데 그것과 같기도 하다. 그런데 같고도 평행한 직선들을 동일한 쪽에서 이은 직선들은 같고도 평행하다[I-33]. 그래서 QU가 EK와 같고도 평행하다. 그런데 EK는 등변 오각형의 (변이다). 그래서 QU도 원 EFGHK 안으로 내접하는 등변 오각형의 (변이다). 이제 똑같은 이유로, QR, RS, ST, TU 각각도 원 EFGHK 안으로 내접하는 등변 오각형의 (변이다). 그래서 오각형 QRSTU가 등변이다. 또한 QE는 육각형의, EP는 십각형의 (변)이고, QEP가 직각이므로, QP가 오각형의 (변)이다. 오각형의 변이 제곱근으로, 동일한 원 안으로 내접하는 것들 중 육각형의 (변)과 십각형의 (변 모두)이니까 말이다[XI-10]. 똑같은 이유로 PU도 오각형의 변이다. 그런데 QU도 오각형의 (변이다). 그래서 삼각형 QPU가 등변이다. 이제 똑같은 이유로 QLR, RMS, SNT, TOU 각각도 등변이다. 또한 QL, QP 각각이 오각형의 (변)이라고 밝혀졌는데 LP도 오각형의 (변)이므로, 삼각형 QLP가 등변이다. 똑같은 이유로 삼각형 LRM, MSN, NTO, OUP 각각도 등변이다.

원 EFGHK의 중심인 점 V가 잡혔다고 하자. V로부터 원의 평면과 직각으로 VZ가 일으켜 세워졌다고 하고, VX처럼 (VZ가) 다른 쪽으로도 연장되었다고 하고, (VX로부터) 육각형의 (변과 같게)는 VW가, 십각형의 (변과 같게)는 VX, WZ 각각이 빠졌다고 하고, QZ, QW, UZ, EV, LV, LX, XM이 이어졌다고 하자.

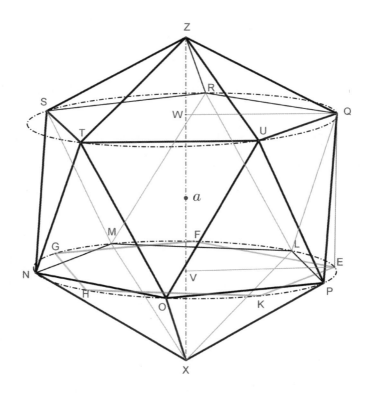

VW, QE 각각이 원의 평면과 직각으로 있으므로, VW가 QE와 평행이다 [XI-6]. 그런데 같기도 하다. 그래서 EV, QW도 같고도 평행하다[I-33]. 그런데 EV가 육각형의 (변이다). 그래서 QW도 육각형의 (변이다). QW는 육

각형의 (변), WZ는 십각형의 (변이고), 각 QWZ가 직각이므로[XI-def-11, I-29], QZ가 오각형의 (변이다)[XIII-10]. 이제 똑같은 이유로 UZ도 오각형의 (변)이다. 왜냐하면 VK, WU가 이어지면서 마주하는 직선들도 같을 것이고, 원의 중심으로부터 (나온 직선) VK가 육각형의 (변)이므로[IV-15 따름], WU도 육각형의 (변)인데, WZ가 십각형의 (변이고), UWZ가 직각이므로, UZ가 오각형의 (변이기) 때문이다[XIII-10]. 그런데 QU도 오각형의 (변이다). 그래서 삼각형 QUZ가 등변이다. 이제 똑같은 이유로 밑변들은 직선 QR, RS, ST, TU이고 꼭지는 Z인 남은 삼각형들 각각도 등변이다. 다시, VL은 육각형의 (변), VX는 십각형의 (변)이고, 각 LVX가 직각이므로, LX가 오각형의 (변이다). 이제 똑같은 이유로 육각형의 (변)인 MV가 이어지면서 MX도 오각형의 (변이라고) 귀결된다. 그런데 LM도 오각형의 (변)이다. 그래서 삼각형 LMX가 등변이다. 이제 밑변들은 직선 MN, NO, OP, PL이고 꼭지는 X인 남은 삼각형들 각각도 등변이라고 우리는 비슷하게 밝힐 수 있다. 그래서 등변 삼각형 스물로 둘러싸인 이십면체가 구성되었다.

이제 그것을 주어진 구로 감싸야 하고, 이십면체의 변이 마이너라고 불리는 무리 직선임을 밝혀야 한다.

VW가 육각형의 (변)인데 WZ가 십각형의 (변)이므로, VZ가 W에서 극단과 중항인 비율로 잘릴 것이고 그중 큰 선분이 VW이다[XIII-9]. 그래서 ZV 대 VW가 VW 대 WZ이다. 그런데 VW는 VE와, WZ는 VX와 같다. 그래서 ZV 대 VE는 EV 대 VX이다. 또한 각 ZVE, EVX가 직각들이다. 그래서 직선 EZ를 우리가 잇는다면, 삼각형 XEZ, VEZ의 닮음성 때문에, 각 XEZ는 직각일 것이다[VI-8]. 이제 똑같은 이유로, ZV 대 VW가 VW 대 WZ이고, ZV는 XW와, VW는 WQ와 같으므로, XW 대 WQ가 QW 대 WZ이다. 다시, 똑같은 이유로, 우리가 QX를 잇는다면 Q에서의 각이 직각일 것이다[VI-8]. 그래서 XZ 위에 그려진 반원이 Q도 통과해 갈 것이다[III-31]. 또 고정된 XZ에 대하여 반원이 회전하여 움직이기 시작한 그 자리로 되돌아오면, Q와 이십면체의 남은 점들도 통과하여 갈 것이고, 이십면체가 (어떤) 구로 감싸였을 것이다.

이제 나는 주장한다. 주어진 구로도 감싸인다.

VW가 a에서 이등분되었다고 하자[I-9]. 직선 VZ가 W에서 극단과 중항인 비율로 잘렸고 그중 작은 선분이 ZW이므로, 작은 선분 ZW는 큰 선분의 반 Wa을 붙여 잡아서, 큰 선분의 반으로부터의 (정사각형)보다 제곱근으로 다섯 배이다[XIII-3]. 그래서 Za로부터의 (정사각형)이 aW로부터의 (정사각형)의 다섯 배이다. Za의 두 배는 ZX요, aW의 두 배는 VW이다. 그래서 ZX로부터의 (정사각형)이 WV로부터의 (정사각형)의 다섯 배이다. 또한 AC가 CB의 네 배이므로, AB는 BC의 다섯 배이다. 그런데 AB 대 BC가 AB로부터의 (정사각형) 대 BD로부터의 (정사각형)이다[VI-8, VI-19 따름]. 그래서 AB로부터의 (정사각형)이 BD로부터의 (정사각형)의 다섯 배이다. 그런데 ZX로부터의 (정사각형)이 VW로부터의 (정사각형)의 다섯 배라고 밝혀졌다. DB가 VW와 같기도 하다. 그 직선들 각각이 원 EFGHK의 중심에서 (원까지 뻗은 직선)과 같으니까 말이다. 그래서 AB가 XZ와 같다. AB는 주어진 구의 지름이기도 하다. 그래서 XZ가 주어진 구의 지름과 같다. 그래서 이십면체가 주어진 구에 둘러싸였다.

이제 나는 주장한다. 이십면체의 변은 마이너라고 불리는 무리 직선이다. 구의 지름이 유리 직선이고 원 EFGHK의 중심에서 (원까지 뻗은 직선)보다 제곱으로 다섯 배이므로, 원 EFGHK의 중심에서 (원까지 뻗은 직선)도 유리 직선이다. 결국 그 (원의) 지름도 유리 직선이다. 유리 지름을 갖는 원 안으로 등변 오각형이 내접하면 그 오각형의 변은 마이너라고 불리는 무리 직선이다[XIII-11]. 그런데 오각형 EFGHK의 변이 이십면체의 (변)이다. 그래서 이십면체의 변은 마이너라고 불리는 무리 직선이다.

따름. 이제 이로부터 명백하다. 구의 지름은 정이십면체가 그려 넣어지게 된 원의 중심으로부터 (나온 직선)보다 제곱으로 다섯 배이고, 구의 지름은, 그 원 안으로 내접한 (등변 등각 도형)들 중 육각형의 (변)과 십각형의 (변) 둘에서 (비롯하여) 결합된다. 밝혀야 했던 그것이다.

명제 17

정십이면체를 구성하기. 앞서 언급한 도형들처럼, (주어진) 구로 (그것을) 감싸기, 또한 정십이면체의 변은 아포토메라고 불리는 무리 직선임을 보이기.

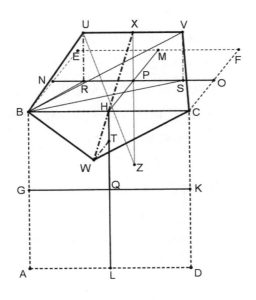

앞서 언급된 정육면체의[XIII-15] 두 평면 ABCD, CBEF가 서로 직각으로 제시된다고 하고, AB, BC, CD, DA, EF, EB, FC 각각이 G, H, K, L, M, N, O에서 이등분되었다고 하고[I-10], GK, HL, MH, NO가 이어졌다고 하고, NP, PO, HQ 각각이 R, S, T에서 극단과 중항인 비율로 잘렸다고 하고[VI-30], 그중 큰 선분들이 RP, PS, TQ라고 하고, 점 R, S, T로부터 정육면체의 평면들과 직각으로 RU, SV, TW가 정육면체의 바깥쪽에 일으켜 세워졌다고 하고[XI-12], RP, PS, TQ와 같게 놓인다고 하고[I-3], UB, BW, WC, CV, VU가 이어졌다고 하자.

나는 주장한다. 오각형 UBWCV는 등변이고, 한 평면 안에 있고, 또한 등각이다.

RB, SB, VB가 이어졌다고 하자. 직선 NP가 R에서 극단과 중항인 비율로 잘렸고 큰 선분이 RP이므로, PN, NR로부터의 (정사각형)들(의 합)은 RP로부터의 (정사각형)의 세 배이다[XIII-4]. 그런데 PN은 NB와, PR은 RU와 같다. 그래서 BN, NR로부터의 (정사각형)들(의 합)이 RU로부터의 (정사각형)의 세 배이다. 그런데 BN, NR로부터의 (정사각형)들(의 합)과 BR로부터의 (정사각형)이 같다[I-47]. 그래서 BR로부터의 (정사각형)이 RU로부터의 (정사각형)의 세 배이다. 결국 BR, RU로부터의 (정사각형)들(의 합)은 RU로부터의 (정사각형)의 네 배이다. 그래서 BU가 RU의 두 배이다. 그런데 VU도 UR의 두 배이다. SR도 PR의, 즉 RU의 두 배이기 때문이다. 그래서 BU가 UV와 같다. 이제 BW, WC, CV 각각이 BU, UV 각각과 같다는 것도 비슷하게 밝혀질 수 있다. 그래서 오각형 BUVCW가 등변이다.

이제 나는 주장한다. (오각형 BUVCW가) 한 평면 안에 있기도 하다.

P로부터 RU, SV 각각과 평행한 PX가 정육면체의 바깥쪽에 그어졌다고 하고, XH, HW가 이어졌다고 하자. 나는 주장한다. XHW가 직선이다. HQ

가 T에서 극단과 중항인 비율로 잘렸고 그중 큰 선분이 QT이므로, HQ 대 QT가 QT 대 TH이다. 그런데 HQ는 HP와, QT는 TW, PX 각각과 같다. 그래서 HP 대 PX가 WT 대 TH이다. 또한 HP는 TW와 평행하다. 그 직선들 각각이 평면 BD와 직각으로 있으니까 말이다[XI-6]. 그런데 TH는 PX와 (평행하다). 그 직선들 각각이 평면 BF와 직각으로 있으니까 말이다. 그런데 XPH, HTW처럼, 두 변과 비례하는 두 변을 갖는 두 삼각형이, 그 (삼각형)들의 상응하는 변들이 또한 평행하도록, 각 하나에 (붙여) 함께 놓이면, 그 삼각형들의 남은 직선들은 직선으로 있을 것이다[VI-32]. 그래서 XH가 HW와 직선으로 있다. 그런데 전체 직선은 한 평면 안에 있다[XI-1]. 그래서 오각형 UBWCV가 한 평면 안에 있다.

이제 나는 주장한다. 등각이기도 하다.

직선 NP가 R에서 극단과 중항인 비율로 잘렸고 큰 선분이 PR이므로, [NP, PR이 함께 합쳐진 것 대 PN이 NP 대 PR]인데, PR이 PS와 같[으므로, SN 대 NP가 NP 대 PS]이다. 그래서 NS가 P에서 극단과 중항인 비율로 잘렸고 큰 선분은 NP이다[XIII-5]. 그래서 NS, SP로부터의 (정사각형)들(의 합)이 NP로부터의 (정사각형)의 세 배이다[XIII-4]. 그런데 NP는 NB와, PS는 SV와 같다. 그래서 NS, SV로부터의 (정사각형)들(의 합)이 NB로부터의 (정사각형)의 세 배이다. 결국 VS, SN, NB로부터의 (정사각형)들(의 합)이 NB로부터의 (정사각형)의 네 배이다. 그런데 SN, NB로부터의 (정사각형)들(의 합)과 SB로부터의 (정사각형)이 같다[I-47]. 그래서 BS, SV로부터의 (정사각형)들(의 합)이, 즉 BV로부터의 (정사각형)이, [각 VSB가 직각이니까 말이다[XI-def-3]]. NB로부터의 (정사각형)의 네 배이다. 그래서 VB가 BN의 두 배이다. 그런데 BC도 BN의 두 배이다. 그래서 BV가 BC와 같다. 또한 두 직선 BU, UV가 두 직선 BW, WC와 같고 밑변 BV가 밑변 BC와 같으므로, 각 BUV가 각

BWC와 같다[I-8]. 이제 각 UVC가 BWC와 같다는 것도 우리는 비슷하게 밝힐 수 있다. 그래서 세 각 BWC, BUV, UVC가 서로 같다. 그런데 등변 오각형에 대하여 세 각이 서로 같으면 오각형은 등각일 것이다[XIII-7]. 그래서 오각형 BUVCW가 등각이다. 그런데 등변이라는 것도 밝혀졌다. 그래서 등변 오각형 BUVCW는 등각이기도 하고, 정육면체의 변들 중 하나인 BC 위에 있다. 그래서 정육면체의 열두 변들 각각 위에 동일한 (오각형) 들을 우리가 작도하면, 등변이고도 등각인 오각형 열둘로 둘러싸인, 정십이면체라고 불리는**234** 도형이 구성되었다.

이제 그것을 주어진 구로 감싸야 하고, 십이면체의 변이 아포토메라고 불리는 무리 직선임을 밝혀야 한다.

XP가 연장되었다고 하고, (그 직선을) XZ라 하자.

그래서 PZ가 정육면체의 지름과 만나고 서로 이등분한다. 11권의 끝에서 두 번째 정리에서 그렇게 밝혀졌으니까 말이다[XI-38]. Z에서 잘렸다고 하자. 그래서 Z가 정육면체를 감싸는 구의 중심이고, ZP는 정육면체 변의 절반이다. 이제 UZ가 이어졌다고 하자. 직선 NS가 P에서 극단과 중항인 비율로 잘렸고, 그중 큰 선분이 NP이므로, NS, SP로부터의 (정사각형)들(의 합)이 NP로부터의 (정사각형)의 세 배이다[XIII-4]. 그런데 NP가 PZ와 같기 때문에 NS는 XZ와 같고, XP는 PS와 같다. 더군다나 PS가 XU와 같기도 하다. RP와도 같기 때문이다. 그래서 ZX, XU로부터의 (정사각형)들(의 합)이 NP로부터의 (정사각형)의 세 배이다. 그런데 ZX, XU로부터의 (정사각형)들(의 합)과 UZ로부터의 (정사각형)이 같다[I-47]. 그래서 UZ로부터의 (정사각형)이 NP로부터의 (정사각형)의 세 배이다. 그런데 정육면체를 감싸는 구

234 정다면체 중에서 유일하게 '불리다'라는 표현을 썼다.

의 중심에서 (원까지 뻗은 직선)은 정육면체의 변보다 제곱으로 세 배이다.
정육면체를 구성하기, 구로 감싸기, 구의 지름이 정육면체의 변보다 제곱
으로 세 배라고 밝히기를 이미 보였으니까 말이다[XIII-15]. 그런데 만약
전체가 전체보다 (제곱으로 세 배)이면, 절반도 절반보다 (제곱으로 세 배)이
다. NP가 정육면체 변의 절반이기도 하다. 그래서 UZ가 정육면체를 감싸
는 구의 중심에서 (구까지 뻗은 직선)과 같다. Z는 정육면체를 감싸는 구의
중심이기도 하다. 그래서 점 U는 구의 표면상에 있다. 이제 십이면체의 남
은 각들 각각도 구의 표면상에 있다고 우리는 비슷하게 밝힐 수 있다. 그
래서 십이면체가 주어진 구로 감싸였다.

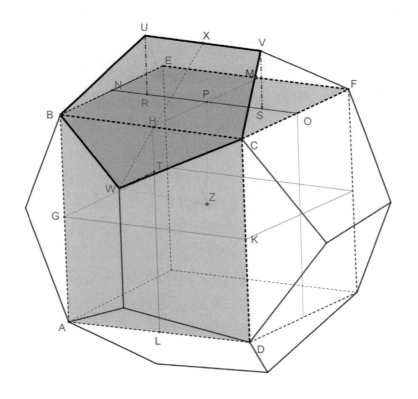

이제 나는 주장한다. 십이면체의 변은 아포토메라고 불리는 무리 직선이다. NP가 극단과 중항인 비율로 잘리면서 큰 선분이 RP인데, PO가 극단과 중항인 비율로 잘리면서 큰 선분이 PS이므로, 전체 NO가 극단과 중항인 비율로 잘리면서 큰 선분이 RS이다. [그러니까 NP 대 PR이 PR 대 RN이고, 그 두 배들도 (마찬가지다).—대응 순서대로 잡으면 몫들은 같게 곱절한 (크기)들과 동일한 비율을 가지니까 말이다[V-15].—그래서 NO 대 RS가, RS 대 NR, SO가 함께 합쳐진 것이다. 그런데 NO가 RS보다 크다. 그래서 RS가 NR, SO가 함께 합쳐진 것보다 크다[V-14]. 그래서 NO가 극단과 중항인 비율로 잘렸고, 그중 큰 선분이 RS이다.] 그런데 RS가 UV와 같다. 그래서 NO가 극단과 중항인 비율로 잘리면서 큰 선분이 UV이다. 구의 지름이 유리 직선이고 정육면체의 변보다 제곱으로 세 배이므로, 정육면체의 변인 NO가 유리 직선이다. 그런데 유리 (직)선이[235] 극단과 중항인 비율로 잘리면, 잘린 선분들 각각은 아포토메이다[XIII-6].

그래서 정십이면체의 변인 UV는 아포토메라고 불리는 무리 직선이다.

따름. 이제 이로부터 명백하다. 정육면체의 변이 극단과 중항인 비율로 잘리면서, 큰 선분은 정십이면체의 변이다. 밝혀야 했던 그것이다.

∵

235 원문에는 '선'이라고만 썼다. '직선'이라고 쓰지도 않았고, 가장 많이 나오는 형태인 '직(선)'이라고 쓰지도 않았다.

명제 18

(언급된) 다섯 도형의 변들을 내놓고 서로 비교하기.

주어진 구의 지름 AB가 제시된다고 하고, C에서는 AC가 CB와 같도록, D
에서는 AD가 DB의 두 배가 되도록 잘렸다고 하고, AB 위에 반원 AEB가
그려졌다고 하고, C, D로부터 AB와 직각으로 CE, DF가 그어졌다고 하고,
AF, FB, EB가 이어졌다고 하자.

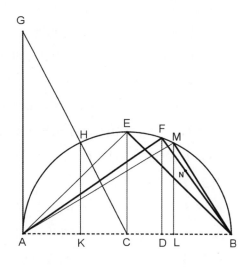

AD가 DB의 두 배이므로, AB는 DB의 세 배이다. 그래서 뒤바꿔, BA가
AD의 일과 이분의 일 (배)이다. 그런데 BA 대 AD가 BA로부터의 (정사각
형) 대 AF로부터의 (정사각형)이다. 삼각형 AFB가 삼각형 AFD와 등각이니
까 말이다[VI-8, VI-19 따름]. 그래서 BA로부터의 (정사각형)이 AF로부터의
(정사각형)의 일과 이분의 일 (배)이다. 그런데 구의 지름이 정사면체 변보다
제곱으로 일과 이분의 일 (배)이다[XIII-13]. AB는 구의 지름이기도 하다.

그래서 AF가 정사면체의 변과 같다.

다시, AD가 DB의 두 배이므로, AB는 BD의 세 배이다. 그런데 AB 대 BD
가 AB로부터의 (정사각형) 대 BF로부터의 (정사각형)이다. 그래서 AB로부
터의 (정사각형)이 BF로부터의 (정사각형)의 세 배이다. 그런데 구의 지름이
정육면체의 변보다 제곱으로 세 배이다[XIII-15]. AB는 구의 지름이기도
하다. 그래서 BF가 정육면체의 변이다.

AC가 CB와 같으므로, AB가 BC의 두 배이다. 그런데 AB 대 BC가 AB로
부터의 (정사각형) 대 BE로부터의 (정사각형)이다. 그래서 AB로부터의 (정사
각형)이 BE로부터의 (정사각형)의 두 배이다. 그런데 구의 지름이 정팔면체
의 변보다 제곱으로 두 배이다[XIII-14]. AB는 주어진 구의 지름이기도 하
다. 그래서 BE가 정팔면체의 변이다.

이제 점 A로부터 직선 AB와 직각으로 AG가 그어졌다고 하고, AB와 같게
AG가 놓인다고 하고, GC가 이어졌다고 하고, H로부터 AB로 수직선 HK
가 그어졌다고 하자. GA가 AB와 같으니까 GA가 AC의 두 배인데, GA 대
AC가 HK 대 KC이므로[VI-4], HK도 KC의 두 배이다. 그래서 HK로부터
의 (정사각형)이 KC로부터의 (정사각형)의 네 배이다. HK, KC로부터의 (정사
각형)들(의 합)은, 이것은 바로 HC로부터의 (정사각형)인데[I-47], KC로부터
의 (정사각형)의 다섯 배이다. 그런데 HC가 CB와 같다. 그래서 BC로부터
의 (정사각형)이 CK로부터의 (정사각형)의 다섯 배이다. AD가 DB의 두 배
인 것처럼, AB가 CB의 두 배이므로, 남은 BD가 남은 DC의 두 배이다. 그
래서 BC는 CD의 세 배이다. 그래서 BC로부터의 (정사각형)이 CD로부터의
(정사각형)의 아홉 배이다. 그런데 BC로부터의 (정사각형)이 CK로부터의 (정
사각형)의 다섯 배이다. 그래서 CK로부터의 (정사각형)이 CD로부터의 (정사
각형)보다 크다. 그래서 CK가 CD보다 크다. CK와 같게 CL이 놓인다고 하

고, L로부터 AB와 직각으로 LM이 그어졌다고 하고, MB가 이어졌다고 하자. BC로부터의 (정사각형)이 CK로부터의 (정사각형)의 다섯 배이고, BC의 두 배는 AB요, CK의 두 배는 KL이므로, AB로부터의 (정사각형)이 KL로부터의 (정사각형)의 다섯 배다. 그런데 구의 지름이, 거기로부터 정이십면체가 그려 넣어졌던, 그 원의 중심에서 (원까지 뻗은 직선)보다 제곱으로 다섯 배이다[XIII-16 따름]. 또한 AB가 구의 지름이다. 그래서 거기로부터 정이십면체가 그려 넣어졌던, 그 원의 중심에서 (원까지 뻗은 직선)이 KL이다. 그래서 KL은 언급된 원의 육각형의 변이다[IV-15 따름]. 또한 구의 지름은, 언급된 그 원 안으로 내접한 (등변 등각 도형)들 중 육각형의 (변)과 십각형의 (변) 둘에서 (비롯하여) 결합되고, AB는 구의 지름, KL은 육각형의 (변)이고, AK가 LB와 같으므로, AK, LB 각각이 거기로부터 정이십면체가 그려 넣어졌던, 그 원 안으로 내접한 십각형의 변이다. 십각형의 (변)은 LB, 육각형의 (변)은 ML이므로—HK, KL 각각이 KC의 두 배이고, 중심으로부터 같게 떨어져 있어서 HK와 KL이 같은데 KL과 ML이 같기 때문이다.—MB가 오각형의 (변)이다[XIII-10, I-47]. 그런데 오각형의 (변)이 정이십면체의 (변)이다. 그래서 MB가 정이십면체의 (변)이다.

또 FB가 정육면체의 변이므로 N에서 극단과 중항인 비율로 잘렸다고 하고, 큰 선분이 NB라 하자. 그래서 NB가 정십이면체의 변이다[XIII-17 따름]. 또 구의 지름이 정사면체의 변 AF보다는 제곱으로 일과 이분의 일 (배), 정팔면체의 변 BE보다는 제곱으로 두 배, 정육면체의 변 FB보다는 세 배라고 밝혀졌으므로[XIII-13, XIII-14, XIII-15], 어떤 기준 단위이든 구의 지름이 제곱으로 여섯(으로 이루어진다면), 그 기준 단위로 (제곱으로) 정사면체의 (변)은 넷, 정팔면체의 (변)은 셋, 정육면체에의 (변)은 둘(로 이루어진다). 그래서 정사면체의 변은, 정팔면체의 변보다는 제곱으로 일과 삼분의 일 (배)이고, 정육면체의 변보다는 제곱으로 두 배요, 정팔면체의 (변)은 정육면체의 (변)보다는 제곱으로 일과 이분의 일 (배)이다. 세 도형의 언급된 (변)들은—여기서 나는 정사면체와 정팔면체와 정육면체를 말한다—서로에 대해 유리 비율로 있는데 반해 남은 두 (변)들은—여기서 나는 정이십면체와 정십이면체를 말한다—서로에 대해서도 앞서 언급된 (변)들에 대해서도 유리 비율로 있을 수 없다. (정이십면체의 변)은 마이너, (정십이면체의 변)은 아포토메인 무리 직선이니까 말이다[XIII-16, XIII-17].

이십면체의 변 MB가 십이면체의 변 NB보다 크다는 것 또한 우리는 비슷하게 밝힐 수 있다.

삼각형 FDB가 삼각형 FAB와 등각이므로[VI-8], 비례로 DB 대 BF가 BF 대 BA이다[VI-4]. 세 직선이 비례하므로, 첫째 대 셋째가 첫째로부터의 (정사각형) 대 둘째로부터의 (정사각형)이다[VI-19 따름]. 그래서 DB 대 BA가 DB로부터의 (정사각형) 대 BF로부터의 (정사각형)이다. 그래서 뒤집어서, AB 대 BD가 FB로부터의 (정사각형) 대 BD로부터의 (정사각형)이다. 그런데 AB가 BD의 세 배이다. 그래서 FB로부터의 (정사각형)이 BD로부터의 (정사각형)의 세 배이다. 그런데 AD로부터의 (정사각형)이 DB로부터의 (정사각형)의 네 배이기도 하다. AD가 DB의 두 배이니까 말이다. 그래서 AD로부터의 (정사각형)이 FB로부터의 (정사각형)보다 크다. 그래서 AD가 FB보다 크다. 그래서 AL은 FB보다 더 크다. 또한 AL이 극단과 중항인 비율로 잘리면서 큰 선분이 KL이다. 왜냐하면 LK는 육각형의 (변), KA는 십각형의 (변)이기 때문이다[XIII-9]. 그런데 FB가 극단과 중항인 비율로 잘리면서 큰 선분이 NB이다. 그래서 KL이 NB보다 크다. 그런데 KL이 LM과 같다. 그래서 LM이 NB보다 크[고 MB가 LM보다 크]다. 그래서 정이십면체의 변인 MB가 십이면체의 변인 NB보다 크다. 밝혀야 했던 바로 그것이다.

이제 나는 주장한다.**236** 언급된 다섯 도형 말고는 등변이고도 등각인 (평면 도형들로) 둘러싸인 다른 어떤 입체 도형도 구성될 수 없다.

두 삼각형 또는 일반적으로 두 평면으로는 입체각이 구성될 수 없다[XI-def-11]. 그런데 세 삼각형들로는 정사면체의 각이, 네 (삼각형)들로는 정팔면체의 각이, 다섯 (삼각형)들로는 정이십면체의 각이 (구성되었다). 그런데 등변이고도 등각인 삼각형들 여섯이 한 꼭짓점에서 구성되면서 입체 각일 수는 없다. 등변 삼각형의 각이 직각의 삼분의 이이면서 각들 여섯(의 합)은 네 직각(의 합)일 테니까 말이다. 이것은 불가능하다. 모든 입체각은 네 직각(의 합)보다 작은 각들로 둘러싸이니까 말이다[XI-21]. 이제 똑같은 이유로 여섯 개보다 많은 평면 각들로는 입체각을 구성할 수 없다. 그런데 세 정사각형으로는 정육면체의 각이 둘러싸인다. 그런데 네 개로는 불가능하다. 다시, 네 직각(의 합)일 테니까 말이다. 그런데 등변이고도 등각인 오각형 셋으로는 십이면체의 (각이 둘러싸인다). 그런데 네 개로는 불가능하다. 등변 오각형의 각은 직각과 (직각의) 오분의 일(의 합)이면서 [아래에 이어지는 보조 정리] 그 각들 넷은 네 직각(의 합)보다 크니까 말이다. 이것은 불가능하다. 똑같이, 그럴 수 없는 까닭으로, 다른 어떤 (정)다각형들로 입체각이 둘러싸일 수는 없다.

그래서 언급된 다섯 도형 말고는, 등변이고도 등각인 (평면 도형들로) 둘러싸인 다른 어떤 입체 도형은 구성될 수 없다. 밝혀야 했던 바로 그것이다.

∴

236 이 문단은 명제 18과 상관없다. 이 부분 말고도 마지막 명제의 경우 그 의도와 내용 전개, 논증 방식에서 유클리드가 유지해온 기조와 달라 보인다. 훗날 추가된 것일 수 있다.

보조 정리. 등변이고 등각인 오각형의 각은 직각과 (직각의) 오 분의 일 (의 합)이라는 것은 다음과 같이 보인다.

등변이고도 등각인 오각형 ABCDE가 있다고 하고, 그 (오각형) 바깥으로 원 ABCDE가 외접한다고 하고[IV-14], 그 원의 중심 F가 잡혔다고 하고[III-1], FA, FB, FC, FD, FE가 이어졌다고 하자.

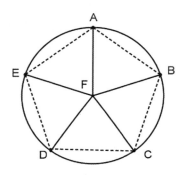

그래서 (그 직선들은) 오각형의 A, B, C, D, E에서의 각들을 이등분한다.[237] F에서의 다섯 각들(의 합)이 네 직각(의 합)과 같고, AFB처럼 그 각들 중 하나는 직각의 오분의 일이 (직각보다) 부족하다. 그래서 (삼각형 AFB에서) 남은 FAB, ABF 들(의 합)은 직각 하나와 (직각의) 오분의 일(의 합)이다[I-32]. 그런데 FAB가 FBC와 같다. 그래서 오각형의 전체 각 ABC도 직각 하나와 (직각의) 오분의 일(의 합)이다. 밝혀야 했던 바로 그것이다.

∴

237 제4권 명제 14에서의 작도와 같다. 그 증명에서 각이 이등분임을 말할 때 제4권 명제 13을 참조하라 지시했고 명제 13에서는 유클리드 『원론』 전체의 기초 명제인 제1권 명제 4(SAS 합동)를 근거로 보였다.

1. 유클리드와 『원론』

『원론』의 저자는 유클리드로 알려져 있다. 그러나 유클리드에 대해 알려진 사실은 거의 없다. 다음과 같은 두 개의 이야기만 전한다.

어느 날 유클리드에게 수업을 받던 왕이 기하학을 더 쉽게 배우는 방법은 없는지 물었다.

유클리드는 답했다.

"왕이시여, 기하학에는 왕의 길이 따로 없습니다."

다른 이야기도 있다.

기하학 수업을 받던 학생이 그것을 배워서 어디에 쓸 수 있는지 물었다.

유클리드는 옆에 있던 사람에게 말했다.

"저 이에게 돈을 줘서 보내라. 돈벌이를 하려고 배우려는 모양이다."

기하학의 공부 방법과 목적을 빗대어 표현한 것으로 보이지만 여하튼 이 이야기는 훗날 누군가 지어낸 허구일 공산이 크다.

유클리드는 플라톤 이후 아르키메데스 이전인 기원전 3세기 전후 알렉산드리아에서 활동했을 것으로 추정된다. 현재까지 전하는 저작물로『주어진 것들』,[238]『광학』, 천문학, 음악학 관련 저술 등이 있고『원뿔곡선론』처럼 제목만 전하는 저술도 있다. 유클리드 이전에도 여러 저자들이『원론』이라는 책을 썼으나 전하지 않고 유클리드의 다른 저술 역시 사라지거나 밀려났지만 이『원론』만큼은 인류 지성사에서 독보적인 역할을 하며 지금까지 전한다.

유클리드가『원론』을 저술한 목적에는 여러 가설이 있으나 이 또한 불확실하다. 단순히 수학 교재였을 수도 있고 논증 훈련의 수단이었을 수도 있다. 또는 당시에 '무리 직선'이 발견되면서 지성계는 큰 충격을 받았는데 그에 대한 응대로서 수학의 기초를 재정립한 야심작일 수도 있다. 어떤 목적에서 저술했든『원론』은 유클리드 이전의 여러 시대와 여러 학파의 수학 전통을 체계를 잡아 집대성한 결과로 보인다.[239]

『원론』은 수학 교재이기도 하지만 이성의 개발과 지성의 훈련을 위한 기초 교재로서 2,000년 동안 독보적인 역할을 수행했다. 올바르게 사고하고 엄밀하게 논증하기에 더할 나위 없는 모범이었기 때문이다.『원론』에는 도형,

..

238 이 저술의 영어 번역과 주석서는 한글로 번역되었다.『유클리드 데이터』(2013), 테이즈벡, 서보억·김동근 옮김.

239 프랑스의 탁월한 수학자 집단인 부르바키는『수학사 원론』에서 "유클리드의 저술에는 이어지는 층들이 여럿 있어서 그 층 각각은 수론의 역사에서 일정한 단계와 상응한다. (중략). 그 모든 과정의 섬세함과 논리적인 견고함에 감탄할 따름이다. 수론에서 그 정도로 해내기 위해서 2,000년을 기다려야 했으니 말이다."라고 했다. 유클리드『원론』의 자연수론 분야인 제7권부터 제9권까지에 대해 하는 말이지만『원론』전체에 대해서도 통하는 말이다.

크기·수·공약·합동·같음·닮음·비례 같은 보편적이고 추상적인 개념을, 의심하고·다듬고·밝히고·정립하여 이론 체계로 담아 가는 과정이 담겨 있다. 게다가 이 모든 것이 어떤 선행 지식이 없이 '원론' 수준에서 진행된다. 그래서 우리는 『원론』을 읽고 해석하면서 '인간이 수학을 한다'는 것에 대해서도 생각할 수 있고 '수학의 탄생'을 경험할 수도 있다.

2. 공리론적 사고

『원론』은 공준, 공통 개념, 정의를 사고 행위의 허용 범위이자 진리 판단의 근거로 삼는다. 그 기초 위에 가장 단순한 명제를 가장 단순한 논리로 증명한다. 그래서 공준, 공통 개념, 정의를 받아들인 사람은 증명에서 논리적인 결함을 찾아내지 못하는 한 그 명제를 참으로 받아들이게 된다. 그리고 입증된 명제들을 딛고 오르며 점점 복잡하고 고차원적인 명제들이 쌓인다.[240] 이 과정에서 어떤 명제가 참이 되는 근거는 공준, 공통 개념, 정의

⋮⋮

240 데카르트는 명저 『방법서설』의 서론에서 다음과 같이 말했다. "나는 단순하고 쉬운 것에서 시작하고 여기서 더이상 할 게 없다는 것이 분명해지기 전까지 다른 것으로 넘어가지 않겠다고 결심했다. (중략) 아주 어려운 것을 증명하기 위해 기하학자가 흔히 사용하는 아주 단순하고 쉬운 근거들의 긴 연쇄는 나에게 다음과 같은 것을 생각하게 했다. 즉, 인간이 인식할 수 있는 모든 것은 그와 같은 방식으로 서로 연결되어 있고, 참이 아닌 어떤 것도 참으로 간주하지 말며, 어떤 것을 다른 것에서 연역할 때 항상 필요한 순서를 지키기만 하면, 아무리 멀리 떨어져 있어도 결국 도달할 수 있고 또 아무리 숨겨져 있어도 결국 발견할 수 있다는 것이다." 유클리드의 『원론』은 데카르트의 이 말에 대한 명쾌한 사례다. 거의 불필요하다고 여겨질 정도로 단순한 명제를 의심할 바 없이 증명하고 증명된 명제들이 차곡차곡 쌓여 진리의 연쇄가 끊임없이 이어지고 거대한 건축물이나 대서사시의 형태로 발전한다. 데카르트의 『철학의 원리』, 스피노자의 『에티카』, 뉴턴의 『프린키피아』도 『원론』의 이런 성격이 반영된 사례다.

에서 바로 유도되거나 그것들을 근거로 이미 증명된 더 단순한 명제이다. 개인의 경험적 직관이나 주관적 판단이나 사회적 관습과 협상은 끼어들 여지가 없다. 그래서 공리론은 생각하기를 훈련하는 생각의 방식이기도 하다. 판본과 해석에 따라 다르지만 『원론』에는 공준과 공통 개념이 모두 열 개쯤이다. 각각이 너무 단순해서 왜 이런 것을 지정해야 하는지 의아할 정도이다. 그러나 그 단순한 사실들을 열거하고 그것만을 진위 판단의 근거로 삼으면 그것으로부터 파생한 명제는 한번 참이면 그 공리 체계 안에서는 영원히 어디서나 참이라는 결과를 낳는다. 그래서 2,300년 전 지중해의 어느 곳에서 유클리드가 밝힌 명제들은 21세기의 한국에서도 참이고 그 공리를 수용한다면 어느 별의 외계 생명체도 그 명제를 참이라고 받아들인다.

유클리드의 공리 체계 중 다섯 번째 공준은 특별하다. 일명 평행선 공준이라고 부르는 이 공준은 문장의 구성과 논리적인 성격상 공준이 아니라 명제 같은 느낌이 든다. 그래서 2,000년 동안 수많은 사람들이 증명을 시도했다. 그러나 모두 실패했다. 결국 1800년대에 들어서서 사람들은 그것은 증명할 수 없다는 것을 알게 되고 왜 증명할 수 없는지를 깨달으며 점차 새로운 이론을 발전시킨다. 그 긴 여정의 결과가 비유클리드 기하학이다. 비유클리드 기하학은 유클리드 기하학을 보완하며 수학의 세계를 풍요롭게 했고 인류의 세계관을 확장하면서 과학, 문학, 철학, 예술의 영역까지 큰 영향을 끼쳤다.

유클리드 『원론』의 공리론을 새로운 시대에 맞게 다듬은 명저가 힐베르트의 『기하학의 기초들』이다.[241] 그는 유클리드의 『원론』 중 기하학 부분을
••

---

241 독일어 원제목은 *Grundlagen der Geometrie*이고 1899년에 초판이 나왔다. 이후 몇 번의 개정을 거쳐 1930년에 제10판이 나왔다. 영역본은 *Foundations of Geometry*이다. 아쉽게도 한글 번역은 아직 없다.

철저하게 검토하여 보다 정밀한 공리 체계를 세우고 몇몇 공리를 추가하거나 빼면서 명제들 사이의 숨은 연관성을 밝혀 기하학을 새롭게 보게 했고, 공리 체계 자체에 대한 이론으로 가는 길을 열었다. 다만, 이 명저는 엄격하고 추상적이어서 수학 언어에 익숙한 사람에게도 쉽지 않다. 그에 비해 유클리드의 『원론』은 직관과 추상이 적당하게 균형을 이루고 있어서 끈기 있는 독자라면 연역적으로 사유하고 치밀하게 논증하는 즐거움을 느낄 수 있고 수학적 사실을 쌓아가며 체계를 잡고 이론을 구성하는 역동적인 과정을 체험할 수 있다.

3. 내용 요약

『원론』은 중요한 만큼 판본과 번역판도 많다. 판본에 따라 다르지만 보통 13권 구성을 정본으로 본다. 전체 내용과 각 권의 내용에 대한 해석도 다양하다. 아래의 요약은 본 역자의 해석에 따른 것이다. 전체 얼개를 파악하는 데 도움이 되기를 바란다.

〈제1권〉 정의 23개, 공준 5개, 공통 개념 5개, 명제 48개

서문 없이 정의 23개로 제1권을 시작한다. 이 정의들의 집합은 '점'에서 시작해서 '평행 직선'으로 마무리된다. 직선, 각, 원, 삼각형과 사각형 등 기하학의 기초 대상들이 지정된다. 이어서 공준과 공통 개념이 제시되면서 『원론』 전체를 규정할 논리의 기초가 설정된다.

제1권에 명제는 48개가 등장한다. 정삼각형을 구성하는 것으로 시작해서 피타고라스 정리로 마무리된다. 『원론』의 다른 권에서도 그렇듯이 명제의 초반에는 거의 공리에 가까운 명제들과 기초 작도가 등장한다. 이어서 삼각형의 합동 조건, 삼각형의 이등변성과 이등각성의 관계가 나오고 수직선, 각과 선분의 이등분 같은 앞으로 자주 쓰일 초보적인 작도가 이어진다. 이 초반부의 명제들은 『원론』 전체의 기초이기도 하다. 이 명제들은 조건을 완화하면서 점점 일반화되어 삼각형에서 각과 변의 관계로 이어지고 자연스럽게 평행선에 대한 논의로 넘어간다. 명제 28까지는 평행선 공준에 의존하지 않으나 명제 29부터는 평행선 공준이 지배하는 세계 안에서 사건이 벌어진다. 그 세계를 지탱하는 기초 정리는 삼각형의 세 안각의 합이 두 직각의 합과 같다는 사실이고 그 사실은 평행사변형의 넓이에 대한 탐구를 보장하고 그 탐구는 다각형과 넓이가 같은 평행사변형의 작도로 귀결한다. 제1권의 끝은 이른바 피타고라스 정리와 그 정리의 역정리이다. 이 명제들이 여기서 등장하는 것은 논리적 흐름상 의아하고 증명 또한 당황스럽다.

〈제2권〉 정의 2개, 명제 14개

제2권은 평행사변형 중 특수한 두 범주인 직사각형과 정사각형의 세계다. 제2권도 공리 수준의 단순한 명제로 시작한다. 직사각형의 넓이는 그 부분들의 합이라는 명제인데 실제로 현대 수학에서는 이 명제를 넓이에 대한 공리로 본다. 이어서 직선을 쪼개거나 덧붙이면서 생성되는 직사각형과 정사각형 들을 비교한다. 이때 제1권의 기하학적 성질에 거의 의존하지 않고 평행선과 연관된 넓이의 성질만 반복해서 쓴다.

명제 1부터 명제 10이 거의 대수학이라 볼 수 있을 정도로 추상적인 성질이라면 남은 명제 넷은 다시 기하학의 땅으로 내려온다. 명제 11은 이른바 황금비 작도인데 제2권에서 이 작도를 직사각형들의 넓이 언어로 밝히고 제6권 명제 30에서 같은 사실을 비례이론의 언어로 다시 밝힌다. 명제 14는 구적 문제이다. 즉, 다각형과 넓이가 같은 정사각형의 한 변을 작도한다. 제1권의 명제 45까지 논의되다가 피타고라스 정리가 등장하면서 뚝 끊긴 이야기가 제2권 명제 14에서 별안간 이어지며 일단락된다. 명제 11과 명제 14 사이에 있는 명제 12와 13은 피타고라스 정리를 예각과 둔각 삼각형까지 확장한 것이다. 현대의 코사인 법칙을 기하 언어로 표현한 것이기도 하다.

〈제3권〉 정의 11개, 명제 37개

제3권은 원의 세계다. 중심, 지름 등 원과 관련한 정의는 제1권에서 나오지만, 제1권과 제2권에서 원은 삼각형과 사각형의 세계를 탐사하는 보조 역할만 한다. 그래서 제3권 직전까지 우리는 원의 정의 말고는 원에 대해서는 전혀 모른다. 그리고 정의만 갖고는 원이 무엇인지 짐작하기란 쉽지 않다. 그래서 제3권의 정의는 두 원의 같음, 원과 직선의 교차, 원과 직선의 접함, 원의 부분인 활꼴에 대한 정의가 새로 나온다. 제3권의 명제는 원이 있을 때 중심을 찾는 것에서 출발한다. 이어지는 명제들은 다소 당황스럽다. 직관적으로 당연해 보이는 성질까지 일일이 따지기 때문이다. 그렇게 원과 원, 원과 직선의 관계에 대해 시시콜콜 따지는 동안 우리는 진정 원은 무엇인가를 조금씩 알아 간다. 그래서 직관이 아니라 논리로 원을 볼 수 있게 된다.

제3권 전반부의 정점은 명제 16이다. 여기서 어떤 직선이 곡선의 한 점에서 그 곡선을 접한다는 것이 무엇인지 구체적인 의미를 밝힌다. 또 이 명제에는 뿔각이라는 무한소의 개념도 등장한다. 이 명제에서 밝혀진 접선의 의미가 원이 아닌 다른 곡선에까지 적용되면서 『원론』 이후 2,000년 뒤에

미분학이 탄생하게 되는 씨앗이 된다. 원의 접선은 제4권의 정다각형의 작도 문제와 제12권의 원의 넓이를 찾는 문제에서 결정적인 역할을 한다. 명제 20부터가 제3권의 후반부이다. 여기서는 원의 호, 현, 각의 관계를 논의한다. 후반부의 이 명제들은 평행선 공준에 의존한다. 반면, 전반부의 명제들은 평행선 공준에 의존하지 않았다. 마지막 명제인 명제 36과 그 역명제인 명제 37에서는 제1권과 제2권의 넓이 이론과 호, 현, 각, 접선에 대한 원의 이론이 만난다.

〈제4권〉 정의 7개, 명제 16개

정다각형의 작도이다. 단순히 정다각형을 작도하는 게 아니라는 점에 주목해야 한다. 주어진 원에 외접하거나 내접하는 정다각형을 찾고 거꾸로 주어진 정다각형에 내접하거나 외접하는 원을 찾는다. 즉, 정다각형을 원과의 관계 안에서 파악한다. 제13권에서 정다면체의 경우도 그것을 외접하는 구와의 관계 속에서 파악하는 것과 일맥상통한다.

삼각형에 대한 작도가 기초 성질로 등장하고 이어서 정4각형, 정5각형, 정6각형, 그리고 정15각형의 작도가 따라온다. 삼각형과 연관된 작도에 쓰인 방법이 알고리듬처럼 다른 정다각형들에 그대로 적용된다. 제4권에서 가장 예민하고 심각한 지점은 정5각형의 작도이다(명제 10, 11). 정5각형은 제10권과 제13권의 무리 직선, 황금비, 정다면체에 대한 논의에서 핵심 역할을 한다. 그런데 유클리드는 정5각형 작도 문제를 밑변각이 꼭지각의 두 배인 이등변 삼각형(일명 황금삼각형)을 작도하는 문제로 환원하고 다시 그 작도 문제를 황금비 작도(제2권의 명제 11)로 환원해 해결한다. 이 명제 이전의 모든 주요 내용이 모이는 종합 명제이다.

제4권의 마지막 명제는 정15각형 작도이다. 이 명제는 무엇을 보였느냐 만큼 무엇을 보이지 않았느냐가 더 중요한 명제다. 정15각형의 작도는 왜 여기에 들어왔을까? 왜 정7각형이나 정9각형의 작도는 없는가? 등등. 유클리드 이후 2,000년쯤 뒤에 가우스가 자와 컴퍼스로 작도할 수 있는 모든 다각형 문제를 해결하기까지 유클리드가 남긴 이 질문은 수학의 발전을 견인하는 중요한 문제 중 하나였다.

〈제5권〉 정의 18개, 명제 25개

갈릴레이, 드모르강을 비롯해 유수한 학자들이 유클리드 『원론』에서 몹시 까다로운 지점이라고 언급한 대목이다. 제5권에서는 비례 이론을 새로 정립한다. 세상의 모든 크기들이 공약 가능하다면 비례라는 현상을 수학의 언어로 포착하는 것은 그리 복잡한 문제가 아니다. 실제로 아리스토텔레스의 저술이나 고대 건축, 천문, 음악 이론과 연관된 저술에서 비례 이론은 어느 정도 정립되어 자유롭게 쓰인 것으로 보인다. 그러나 플라톤의 몇몇 저술에서 미루어 보건대 비공약 크기가 존재한다는 사실이 드러나고 고대 그리스의 지성계는 충격에 휩싸인다. 기초 중의 기초 수준에서 전제가 잘못되었다면 그로부터 나온 모든 논의는 재검토해야 하기 때문이다. 특히 비례 이론은 널리 쓰이는 개념이었고 강력한 수학적 도구였기 때문에 더욱 세심한 고민이 필요했을 것이다. 이 거대한 문제에 대한 고대 그리스의 응대가 제5권이라고 볼 수 있다.

비례 이론인 제5권의 핵심은 정의 5이다. 현대에는 비율을 수로 보고 곱셈과 나눗셈을 하고 비율의 같음을 수의 같음으로 보지만 수와 곱셈이 무엇인지 모호한 상태에서 그렇게 정의하는 것은 사실 사상누각이다. 제5권은 비례의 기본 요소를 크기와 순서로 재정립한다. 다만 정의에 참여하는 변수가 많고 등식이 아니라 부등식으로 정의되면서 직관적인 이해가 쉽지 않다. 이 정의 5와 정의 4의 의미가 이해되면 제5권의 명제들은 대부분 단순한 조작의 문제가 된다. 물론 단순하다고 해서 쉽다는 뜻은 아니다. 명제 중에서는 명제 8을 주목해야 한다. 이 명제는 다른 명제들의 지렛대 역할을 하고 증명은 깊고 미묘하다.

〈제6권〉 정의 4개, 명제 33개

비례 이론은 순서를 지을 수 있는 크기라는 추상적인 것들에 대한 이론이다. 이 이론 위에 다각형을 얹어 닮음이라는 기하학 이론으로 발전시킨 것이 제6권이다. 닮음이라는 개념을 생각하면 삼각형의 닮음 조건이 나오고 그로부터 다각형의 닮음으로 이론이 펼쳐질 것이라고 예상할 수 있고 실제로 『원론』도 크게 봐서 그렇게 진행된다. 다만 그것을 뒷받침할 기초 성질이 먼저 밝혀질 텐데 그것에 해당하는 것이 명제 2이다. 탈레스 정리라고 부르는 명제 2는 삼각형의 밑변에 평행하게 남은 두 변을 잘랐을 때 잘린 변들의 비례 관계를 말한다. 그런데 뜻밖에도 이 명제는 삼각형의 넓이와 변의 관계에서 간단히 유도된다. 닮음의 기초 성질들이 평행선의 성질에 기초한다는 사실도 주목해야 한다. 따라서 평행선 공준을 받아들이지 않는다면 제6권의 명제들은 대부분 받아들이기 어렵다.

제6권의 마지막 열 개 명제는 닮음 이론의 여러 응용이다. 그중 명제 27부터 29까지는 해석하기에 따라 넓이 이론, 원뿔 곡선 이론, 2차 방정식 근의 공식 등과 연관된다. 그리고 명제 30은 제2권의 명제 11에서 언급한 황금비 분할을 비례와 닮음의 언어로 다시 쓴 명제이고 명제 31은 피타고라스 정리를 닮음 이론에서 일반화하는 명제이며 명제 33은 삼각비의 기하학으로 열린 창이다.

〈제7권부터 제9권〉 정의 22개, 명제는 각각 39, 27, 36개

이어지는 세 권은 자연수론이다. 유클리드의 관점에서 수는 자연수이다. 유클리드는 단위 선분들을 이은 막대 모델로 수를 형상화해서 본다. 단위와 자연수를 정의하면서 시작하는 제7권의 정의 22개가 9권까지 이어진다. 현대의 자연수론에서 가장 중요한 개념인 소수는 정의 11인데 단위로만 재어지는 수라고 정의된다. 소수가 등장했으니 소인수 분해 방법이 유일하다는 산술의 기초 정리, 소수의 개수에 대한 정리, 최대 공약수와 최소 공배수에 대한 정리들이 나올 것이라고 예상할 수 있는데 실제로 그 정리들이 제7권에서 대부분 나온다. 소수의 개수에 대한 정리만 예외인데, 이 유명한 정리는 제9권에서 갑작스럽게 툭 튀어나오고 『원론』 어디에서도 이 정리는 다시 언급되지 않는다.

제7권은 유클리드 자연수론의 기초 이론이다. 그런데 소수 자체보다 서로 소의 개념으로 기초 자연수론을 정립했고 이 서로 소의 개념은 최대 공약수 찾기 알고리듬(일명 유클리드 호제법)에 기댄다는 사실이 특별하다. 유클리드 자연수론이라고 부를 수 있을 정도다. 아주 꼼꼼하게 짜인 제7권의 기초 위에 제8권과 제9권에서 현대 등비수열의 기초 정리와 평면수, 입체수, 짝수와 홀수, 수의 닮음 개념까지 나온다. 제8권은 수열 안에서 자연수의 성질을 탐구하는 연속 비례론이다. 여기서 주목할 명제는 제곱수와 제곱수 사이에 비례 중항은 하나만 있다는 명제 11이다. 제10권의 보조 정리(제10권 명제 28과 29 사이)와 디오판토스의 『산술』과 17세기 이후의 수학사에서 보듯이 제곱수는 자연수론, 수론 일반, 대수학 등 수학 전체의 발전을 견인한다. 제8권에 나오는 제곱수의 성질은 그 긴 역사의 첫 디딤돌인 셈이다. 그리고 제9권의 명제 12부터 20까지는 소수의 성질이다. 이 중에는 소수의 개수 문제와 산술의 기초 정리와 관련한 기초 문제들이 있다.

제9권의 명제 35는 현대 언어로 하면 등비수열의 합이고 이것을 지렛대 삼아 짝수의 완전수를 찾는 명제 36으로 유클리드 자연수론이 종료된다.

〈제10권〉 정의 16개, 명제 115개

제10권은 양으로만 보면 『원론』 전체의 4분의 1이다. 구성도 세 권이 하나로 묶인 것처럼 되어 있다. 처음에 4개의 정의가 등장하고 그것과 연관된 명제 47개가 나오고 이어서 다시 정의 6개와 명제 37개가 나오고 다시 정의 6개와 명제 31개가 나온다. 겉으로 드러난 정의 말고도 명제에서 13개의 정의가 추가된다. 추상적인 이론이라 논리를 세심하게 추적해야 한다.

제10권의 주제는 무리 직선이다. 이 개념은 고대 그리스의 지성계를 강타한 비공약 크기의 출현에 뿌리를 두고 있다. 주어진 어떤 크기에 대해 다른 어떤 크기가 있을 때 한 크기를 몇 배하고 다른 크기를 몇 배 하며 아무리 연장해도 같게 할 수 없다면 주어진 크기에 대해 다른 크기는 비공약 크기이다. 그런 불길한 크기는 무엇이고 그로부터 어떤 사태가 이어질까? 공약 크기들만 있다고 가정한 세계에서 정립한 수학의 기초 개념은 안전할까? 비공약 크기의 세계에는 무엇이 있을까? 그 안에도 비슷한 성질로 묶이는 크기들이 있을까? 가능하다면 어떻게 분류할까? 한 분류에 속한 크기가 다른 분류에 속할 수 있을까? 한 분류의 크기와 다른 분류의 크기가 결합하면 어떤 성질을 가진 크기가 나올까? 이처럼 비공약 크기의 존재는 판도라의 상자를 열고 수학의 기초를 흔든다.

20세기의 문턱에서도 비슷한 사태가 있었다. 미적분학의 기초인 무한의 성격을 규명하기 위해 탄생한 집합론에서 무한집합의 위계가 무한하다는 사실 같은 낯선 결과들이 나오고 납득하기 어려운 역설이 나오기도 했다. 이로부터 차원이란 무엇인가? 증명과 논리는 무엇인가? 계산은 무엇인가?

결국 생각한다는 것은 무엇인가?에 이르기까지 인류는 20세기의 문턱에서 이런 근본적인 질문과 맞닥뜨리며 지각 변동을 경험한다. 비공약 크기가 등장하면서 고대 그리스의 지성인이 느꼈을 지각 변동이 이와 비슷하지 않았을까?

비공약 크기라는 난해한 개념을 만난 고대 그리스의 응대는 다음과 같았다. 즉, 비공약 크기를 분명하게 정의하고 그 크기에서 무리 직선이 생성되는 상황을 정리하고, 범주로 묶는 것이었다. 이런 논의의 초기의 시도가 플라톤의 『테아이테토스』 초반의 대화(특히 147d-148b)에서 잠깐 비춰진다. 그것을 그 이전에 나온 기하, 비례, 자연수 이론을 바탕으로 체계를 잡고 이론으로 구성한 결과가 제10권이고 여기에는 두 범주의 유리 직선과 열세 범주의 무리 직선이 등장한다. 우리는 이것을 탐구하는 동안 무리수의 판별, 무리수 분모의 유리화, 이중 근호를 제거하기 등 학교 수학에서 만났던 개념들을 다른 문맥 안에서 보게 되고 그러면서 밋밋하게 보였던 무리수의 세계가 얼마나 야생적인지를 경험하게 된다. 명제가 무려 115개이다. 양도 양이지만 현대 기호 수학에 익숙한 독자는 답답하고 기괴한 느낌을 받을 수 있다. 반대로 유클리드의 언어와 논리를 따라간 독자는 웅장하고 섬세한 교향악을 느낄 수도 있다. 마지막 명제인 명제 115는 선언한다. "메디알 크기로부터 끝없이 많은 무리 직선들이 발생하고, 그 직선들 중 그 어느 것도 그 이전에 발생한 무리 직선들과 동일하지 않다."라고. 즉, 제10권의 무리 직선 이론은 무리 직선 세계의 극히 일부에 대한 탐구일 뿐이고 우리 앞에는 거대한 미지의 세계가 있다고.

〈제11권〉 정의 28개, 명제 39개

이제 입체 기하로 비약한다. 플라톤의 『국가』 제7권에서 소크라테스가 입체 기하학을 아직 정립하지 못한 상황을 한탄하는 대목이 나오고 아리스토텔레스의 『분석 후서』 1권에는 입체 기하를 역학의 상위요, 기하학의 하위로 보는 대목이 나온다. 유클리드는 제11권에서 평면 기하의 기초인 제1권과 닮음 이론인 제6권의 틀로 입체 기하의 기초를 정립한다.

입체 기하학의 영역에서는 평면과 직선의 각, 입체각 등의 개념이 평면 기하학보다 복잡할 수밖에 없다. 이런 기초 대상들과 닮음, 그리고 뿔, 기둥, 구, 정다면체를 정의하며 입체 기하학의 문을 연다. 시작하는 명제는 지금까지 그래왔듯이 거의 공리에 가깝다. 이어서 입체에서 각, 특히 직각과 평행에 대한 명제들이 제11권의 전체 39개 명제들 가운데 반 정도를 차지한다. 이어서 제1권의 평행사변형의 넓이에 대한 명제들에 대응하는 평행육면체의 부피에 대한 명제들과 제6권의 닮은 평행사변형에 대한 명제들의 확장인 닮은 평행육면체에 대한 명제들이 이어진다. 즉, 여기까지는 평면 기하학의 확장이다.

〈제12권〉 명제 18개

이제 고급 이론으로 올라선다. 고대의 적분 이론이다. 원의 넓이, 각뿔과 원뿔의 부피, 그리고 구의 부피를 고대의 수렴론으로 찾는다. 시작부터 의미심장하다. 원의 넓이 문제가 그것이다. 유클리드는 이 문제를 비율의 관점으로 접근한다. 즉, 두 원의 넓이의 비율과 정사각형들의 넓이의 비율을 비교한다. 그리고 이 관점은 입체 도형의 부피 문제를 탐구할 때도 유지된다. 명제 3부터 명제 9까지는 각뿔과 각기둥의 성질과 그 둘의 부피 관계에 대한 명제들이다. 즉, 밑면의 넓이가 같은 두 삼각뿔의 높이가 같으면 부피도 같고, 높이가 다르면 높이에 비례해서 부피가 달라진다. 그리고 밑면과 높이가 같은 각뿔과 각기둥은 부피가 1 대 3의 비율이라는 놀라운 사실이 밝혀진다. 명제 10부터 명제 15까지는 원뿔과 원기둥의 관계다. 물론 이 명제들은 각뿔과 각기둥에 대한 탐구가 다각형과 원의 넓이에 대한 탐구와 합류한 결과다.

남은 명제 셋은 구의 부피이다. 핵심은 명제 17이다. 원에 대해서는 정다각형의 변의 개수를 늘리는 간단한 조작만으로 원하는 만큼 원에 붙일 수 있지만, 원에서 했던 이런 구상을 구에는 적용할 수 없다. 정다면체는 다섯 종류뿐이기 때문이다. 주어진 구에 원하는 만큼 바짝 붙은 다면체를 구성하는 알고리듬을 찾으려면 혁신적인 생각이 필요하다. 그것이 명제 17이다. 그 결과와 비례의 정의, 수렴 개념이 합쳐지면서 구의 부피에 대한 마지막 명제가 나온다. 훗날 아르키메데스는 상응하는 원뿔과 구와 원기둥의 부피가 1:2:3이라는 신비로운 질서를 밝히는데 이 증명 과정에서 유클리드의 제12권 명제들이 한 몫을 한다.

〈제13권〉 명제 18개

이제 지금까지 했던 논의들이 합류하면서 교향곡으로 치면 4악장의 피날레가 울려 퍼진다. 자연수 이론인 제7권부터 9권, 그리고 해석학 이론인 제12권을 제외하고 『원론』 전체가 참여하여 구에 내접하는 정다면체를 구성하고 그것의 성격을 밝히는 문제를 해결한다. 그런데 뜻밖에도 처음 다섯 개의 명제는 제2권의 부활이다. 즉, 유한한 직선 하나가 잘렸을 때 잘려서 나온 선분들로 정사각형이나 직사각형을 구성할 때 그 넓이가 어떤 관계인지 본다. 다만 여기서는 임의로 잘리는 게 아니라 황금비로 잘린다. 명제 7부터 명제 11까지는 원에 내접하는 정5각형의 변과 지름의 관계, 그리고 정6각형과 정10각형 변들의 관계이다. 그 자체로 흥미롭기는 하지만 입체 기하에서 왜 이런 논의를 하는지 의아하다. 이 당황스러움은 정20면체와 정12면체의 성격을 밝히는 명제 16과 17에 가서 감동으로 반전된다. 명제 13부터 17까지가 정다면체의 작도이다. 다만 주어진 구 안에 내접하게 작도해야 한다. 특히 정20면체와 정12면체의 작도는 여러 단계를 거쳐야 하고 참고할 도형이 복잡하고 논의가 상당히 길다. 그러나 자와 컴퍼스로 작도하며 이해에 도달한다면 수학적인 아름다움을 느낄 수 있으리라 기대한다. 미적인 아름다움은 덤이다.

제13권은 기하학적인 논의만 있는 게 아니다. 곳곳에서 무리 직선의 범주가 언급된다. 제10권을 무심히 지나친 독자는 이 대목에 이르러 작도에서 느꼈던 감동이 깨질 수 있지만 제10권을 충분히 음미한 독자는 이 대목에서 감동이 증폭하지 않을까 조심스럽게 기대한다.『원론』의 마지막 명제인 제13권의 명제 18은 대단원의 막을 내리는 명제이다. 즉, 구 하나에 정다면체 다섯이 내접해서 들어간다고 했을 때 그 변들 다섯을 꺼내 놓고 그 다섯 크기들이 반원의 어디에 어떻게 있는지를 비교한다. 마지막으로 정20면체의 변이 정12면체의 변보다 크다는 것을 밝히면서『원론』은 끝난다.

4. 번역

본 역자는 수학 교사들의 초청을 받아 유클리드『원론』강의를 시작하여 총 250시간 동안 제13권까지 일회독을 마쳤고 지금은 처음부터 다시 읽어가는 중이다. 수업을 위해 영어와 러시아어로 된 번역과 주석 그리고 연구논문들을 참조하되 역자 자신의 해석을 시도했다. 헬라어 원문 독해로 갈 수밖에 없었고 원문을 공부하며 몇몇 영역본과 러시아어 번역본, 영역에서 중역한 한글 번역본을 비교하며 읽다가 원문 번역의 필요성을 느꼈다.

〈본문 번역〉

『원론』은 기독교 성경 다음이라고 할 정도로 판본과 번역본이 많다. 본 번역의 저본은 헤이베르 편집본이다. 이 판본은 문헌학자이자 역사학자인 헤이베르가 여덟 개의 판본을 검토하며 1883년부터 1885년까지 출간하고 1916년까지 수정을 거쳤다. 물론 이 판본이라고 비판을 피해갈 수는 없다. 그러나 헤이베르판은 이미 가치를 널리 인정받았고 영역본과 러시아어번역본의 번역 저본이기도 해서 비교하며 번역하기 좋았고 터프츠 대학의 디지털 라이브러리를 이용할 수 있어서 번역의 판본으로 적당했다. 헬라어 공부가 독학이라 미진한 부분을 보완하기 위해 여러 헬라어 사전을 참조했고 번역 후 영역판과 러시아어 번역판 들을 비교하였다.

첫 번역은 철저하게 직역했다. 지나치다 싶을 만큼 원문을 그대로 옮기는 작업이었다. 『원론』의 문장과 단어는 매우 단순하지만 동시에 매우 엄격하다. 유클리드는 뜻이 비슷해도 상황이 다르면 다른 낱말을 쓰는데 한번 A 상황에서 a라는 낱말을 쓰면 『원론』 전체에서 일관되게 그렇게 한다. 번역도 그 기조를 따랐다. 특별한 경우가 아니라면 한번 번역된 단어는 전체에서 일관되고 비슷한 뜻이라도 원문에서 다르게 표현하면 한글로도 그렇게 했고 원문에서 문장이 반복된다면 번역에서도 그대로 하려고 애썼다. 원문에서 기호를 AB로 쓰다가 BA로 바꾼 경우는 번역에서도 그것을 따르려고 애썼다. 번역 도중 번역어를 고치면 전체를 뒤져서 그와 연관된 부분을 수정했다.

이처럼 직역한 이유는 다음과 같다. 첫째, 현대 한국의 시각으로 고대 그리스의 수학을 보기보다는 수학의 탄생 시점으로 돌아가 그 시각으로 현재 우리의 수학을 반추하는 것이 고전 번역의 취지에 부합한다고 보았다. 둘째, 러시아어 번역본의 역자가 '유클리드 『원론』의 번역은 단 한 낱말이라도 잘못 번역되면 자칫 전체 작품이 손상될 수 있다'라고 한 말에 영향을 받았다. 셋째, 『원론』의 엄격한 언어 사용이 '수학의 기호화'로 가는 전조라고 추측했다. 넷째, 원문을 그대로 옮겼을 때 『원론』 안에 담긴 '시대의 흔적'도 볼 수 있다. 마지막으로 서랍 속에 두더라도 직역 한글 번역본 하나는 남겨 두고 싶었다.

직역 일변도의 1차 번역을 다시 보면서 가독성을 기준으로 번역을 수정했다. 이를 위해 이미 쓰이고 정착된 한글 수학 용어를 일부 받아들이고 문장도 다듬었다. 다만 원문에서 많이 벗어나지 않으려고 조심했다. 몇몇 낱말은 현대 한국어의 관습을 따랐지만 대부분 직역으로 남겼다. 원문에서 생략된 말을 번역문에서 괄호를 넣어 추가할 때도 있었는데 이것도 최소로 했다. 유클리드가 기호의 순서를 바꾸거나 생략하는 등 혼란스럽고 읽기가 다소 불편한 지점들이 있는데 그런 경우라도 많이 불편하지 않다면 원문의 '실수'를 그대로 남겨 두었다. 외국어의 복수형은 한국어로 옮기면 읽기 불편하여 아쉽지만 일부를 다듬었다. 마지막 교정에서는 가독성을 기준으로 조금 더 수정했다. 크기, 각, 수, 직선, 원 같은 낱말은 원본에서 자주 생략되는데 이런 생략을 괄호로 두었다가 가독성을 위해 괄호를 지운 부분도 있다. 문단은 원문보다 짧게 나누었다. 헤이베르가 증명의 문장에 끼워 넣은 참조를 추가했고 도형 그림도 수정했다.

저자의 이름은 유클리드로, 저술의 제목은 『원론』으로 결정했다. 『원론』의 원문인 Στοιχεῖα(스토이케이아 또는 스토이헤이아)은 기본 입자, 기초, 시작을 뜻하는 낱말의 복수형으로 영어의 Elements에 해당한다. 우리말로 흔한 제목은 『기하학 원론』이다. 가끔 마테오 리치 신부의 최초 중국어 번역인 『기하 원본』이라고도 하고 직역어인 『원소들』로 번역하는 경우도 있다. 우리는 『기하학 원론』에서 '기하학'이라는 낱말을 빼고 『원론』으로 번역한다. 『원론』은 기하학의 언어로 쓰인 기초 수학일 뿐 내용으로 봐서는 전체 텍스트의 반이 자연수론과 무리수론이고 대수학과 해석학의 내용도 많기 때문이다. 저자의 이름도 에우클레이데스 또는 유클리디스 또는 유클리드 등으로 불리는데 우리는 널리 알려진 유클리드로 옮긴다.

〈도형 그림〉

본문의 도형 그림은 역자가 기하그래프 프로그램을 써서 그렸다. 헤이베르 편집본의 그림을 대체로 따랐지만 가독성을 위해 약간 바꾼 것도 일부 있다. 그림의 기호는 영역판을 따랐다. 영어 번역판과 기존의 한글 번역판을 비교하는 게 편할 것이라고 보았기 때문이다. 판본에 따라서 그림이 다르면 역자가 판단해서 고르고 다듬었다.

원문과 다른 부분도 있다. 원문의 선은 모두 실선이지만 번역판에는 '주어진 것'일 때는 점선으로, 증명을 위해 추가한 선이나 가상의 선은 실선으로 그렸다. 입체 도형 중 복잡한 것에 대해서는 원문을 크게 손상하지 않는 범위에서 실선의 굵기를 조정했다. 몇몇 그림은 배치를 조정했다. 복잡한 입체 도형의 경우 보조 그림을 추가했다. 이러한 모든 변경은 가독성을 높이기 위한 수단일 뿐이다. 변경은 최소로 하고 변경이 눈에 띄지 않기를 바란다.

〈주석〉

『원론』은 아주 단순한 명제부터 공리에 기대어 증명하고 그 단순한 명제를 딛고 점점 복잡한 명제들을 쌓아 올리는 구조이다. 그래서 단순히 읽고 거기 담긴 수학적 사실들만 얻으려면 해설은 거의 필요 없다. 그러나 유클리드 『원론』은 연역적 사고의 모범으로서 섬세하고 정밀한 추상적 사유 과정을 따르고 곳곳에 여러 시대의 수학이 층층이 쌓여 있는데 그 묘미를 만끽하려면 토론과 해설이 필요하다. 뉴턴도 혼자 읽을 때는 책장을 넘기듯 보았지만 스승이자『원론』의 번역자인 아이작 배로에게 배운 후 꼼꼼하게 다시 읽었고 유클리드 기하학의 엄정함을 깨닫고 그것이 명저『프린키피아』의 저술에도 영향을 주게 되었다고 전한다.

『원론』에 대한 연구와 해석은 지난 2,000년 동안 쌓였고 현재도 진행 중이다. 실제로『원론』텍스트의 생성 배경, 내부 구조, 그리고『원론』탄생 이후 수학의 발전 과정에 끼친 영향을 두루 이해할 때『원론』의 진가가 드러나므로 수학적, 역사적, 언어적 해설이 많이 필요하다. 역자가 참고한『원론』의 영역본이나 러시아어 번역본도 본문보다 주석이 많다. 1990년부터 10년에 걸쳐 나온 프랑스어 새 번역도 그렇다. 그러나 주석이 너무 많으면 독자가 본문에 집중하기 어렵다. 상세한 주석을 따라가며『원론』을 읽기보다 독자 스스로 해석하고 상상하고 토론하는 것이 더 의미 있지 않을까? 게다가 본 번역자에게는 주어진 시간 안에 본문을 번역하는 일도 벅찼다. 그렇다고 해서 주석이 전혀 없다면『원론』의 독해는 자칫 겉핥기가 될 수 있다. 그래서 주석을 어느 정도로 할까 고민했다. 그 결과 주석은 주로『원론』의 내부 구조를 이해하고 독서를 안내하는 쪽으로 초점을 맞추었다. 번역어를 선택한 이유를 밝히는 것도 있고 수학적, 역사적 사실을 언급한 해설도 일부 있다.

한때 수학 공부에 흠뻑 빠졌던 사람으로서, 지금도 진지한 수학의 애독자로서 이 귀한 저술을 번역하게 되어 영광이다. 그러나 책임감이 무겁다. 오역을 줄이고 원문에서 멀어지지 않으면서 더 매끄럽게 읽힐 수 있도록 노력했지만 아직도 많이 부족하다. 번역자의 미숙함을 주어진 시간 안에 극복하기가 쉽지 않았다. 많이 수정했지만 여전히 복수형 접미사와 직역투 문장이 꽤 남았다. 확실하게 개선된 번역 문장을 찾아내지 못한 아픈 자국도 곳곳에 남아 있다. 앞으로 계속 고민하겠다. 본 역자가 놓쳤을 오역도 여기저기 숨어 있을 것이다. 두렵고 죄송하다.

5. 감사의 말

지난 2,000년 동안 과학자나 수학자는 말할 것도 없고 다빈치, 스피노자, 토머스 모어, 링컨, 강희제, 정약전 같은 인물들도 『원론』을 읽고 또 읽었다. 논의가 정밀하고 논증의 힘이 강력하고 수학의 아름다움을 볼 수 있기 때문일 것이다. 본 역자는 최근 8년간 『원론』을 강의하면서 『원론』의 가치가 여전히 높다는 것을 깨닫는다. 어떤 정의가 있는지, 왜 그렇게 있는지, 어떤 이야기로 명제들이 연결되는지, 어떤 명제는 왜 거기에 그렇게 있는지, 어떤 명제는 왜 없는지, 명제와 증명 안에 숨겨진 비밀은 무엇인지, 그 명제가 어떻게 발전해 왔는지, 명제들이 연결되어 어떻게 이론이 되는지 등등 우리는 함께 생각하며 읽고 토론한다. 그 많은 질문은 결국, 사람은 왜 수학을 하는가? 수학을 한다는 것은 무엇인가?라는 질문으로 수렴했다.

칸트는 『형이상학 서설』에서 말했다. "수학에서 유클리드의 『원론』 같은 책이 우리의 형이상학에는 없다. 수학이 무엇인지 알고 싶으면 유클리드 『원론』을 보면 된다." 수학이 무엇인지 알고 싶은 분들은 다른 무엇보다 『원론』을 느리고 깊게 읽어 보기를 권한다. 『원론』 공부에는 선행 지식이 필요하지 않다. 생각하기를 즐기고 끈기가 있다면 누구나 수학의 진수를 만날 수 있다. 지독하다 여길 만큼 절제된 언어, 꼼꼼한 논증, 수학적 진리 탐색의 원형이 있다. 과거, 현재 그리고 미래의『원론』동학들에게 멀리서 감사와 반가움의 인사를 드린다.

수년간 번역을 잡다 놓다를 반복했다. 현실적인 이유로 번번이 중단할 수밖에 없었다. 연구재단의 명저번역사업 덕분에 마침내 유클리드『원론』을 원문에서 우리말로 옮길 수 있게 되었다. 부족한 번역자에게 번역할 기회를 주신 연구재단 관계자, 심사위원님들께 진심으로 감사드린다. 정대하 형의 응원이 없었다면 나는 아예 엄두를 못 냈을 것이고 박구용 교수님의 지지가 없었다면 나는 한발짝도 내딛지 못했을 것이다. 정성껏 번역하는 것만이 보답이라고 생각하며 번역에 임했다. 본 번역자가 평소에 좋아하던 출판사 아카넷에서 연락이 왔을 때 무척 기뻤다. 박수용, 임인기 편집자님의 섬세한 손길을 거치면서 본 번역서는 색과 톤을 얻었고 번역 초고에 숱하게 남아 있던 오류를 바로 잡을 수 있었다. 두 분께 감사드린다.

본 번역자를『원론』의 길로 초대하여 밀고 끌어 주신 'Reading Elements'의 선생님들 덕분에 여기까지 왔다. 아주 오래된 미래를 함께 여행한 동반자들의 이름을 불러드리고 싶다. 김보현, 김상미, 김연희, 김향미, 김효희, 권외순, 설혜민, 손영귀, 송지영, 심미례, 우진아, 윤민지, 윤정희, 이미류, 이승아, 정미린, 정하얀, 최정희, 최지현, 황귀숭 선생님. 이 여행의 새내기 동반자 강순영 선생님. 진심으로 고맙습니다.

유클리드 님과
2,000년 동안의 모든 선배 번역자님들께도.

참고문헌

1. 헬라어 원문

- 헤이베르 편집판: Euclid. 1883~1888. *Euclidis Elementa*. Leipzig: Teubner.
- 미국 터프츠 대학의 디지털 라이브러리 사이트
  (http://www.perseus.tufts.edu/).
- 그리스 아테네 국립기술대학 사이트
  (http://www.physics.ntua.gr/~mourmouras/euclid/index.html).

2. 유클리드 『원론』의 러시아어 번역과 주석

- Мордухай—Болтовской, Д. Д. 1948~1950. *Начала Евклида*. М.−Л.: ГТТИ.

3. 유클리드 『원론』의 영어 번역

- Heath, T. 1908. *The thirteen books of Euclid's Elements*. Cambridge: The University Press. (이 영어 번역 및 주석판을 한국어로 번역한 책은 다음과 같다. 『기하학 원론』 1997~1999. 이무현 옮김. 교우사).
- Fitzpatrick, R. 2007. *Euclid's Elements of Geometry*. Morrisville, NC: Lulu Press.
- 멘델(H. Mendell)의 부분 번역: 캘리포니아 주립대학 사이트 (https://web.calstatela.edu/faculty/hmendel/Ancient%20Mathematics/VignettesAncientMath.html).
- 조이스(Joyce, D.E.)의 번역: 히스의 영어 번역에 기초한 텍스트와 자바 언어로 구현한 도형 그림이 있는 사이트 (https://mathcs.clarku.edu/~djoyce/java/elements/toc.html).

4. 기타 참고 도서

- Artmann, B. 1999. *Euclid, The Creation of Mathematics*, New York: Springer Science+Business Media.
- Hilbert, D. *Grundlagen der Geometrie*(Leipzig, Berlin, Teubner)의 1930년 개정판에 기초한 영역판(1980)과 러시아어 번역판(1948).
- Knorr, W. 1975. *The Evolution of the Euclidean Elements*. Dordrecht, Boston, London: Reidel.
- Knorr, W. 1986. *The Ancient Tradition of Geometric Problems*. Boston [etc.]: Birkhäuser.
- Mueller, I. 1981. *Philosophy of Mathematics and Deductive Structure in Euclid's Elements*. Cambridge, Mass.: MIT Press.

지은이

⠶ 유클리드

고대 그리스의 수학자. 생애에 대해 알려진 것은 거의 없다. 생몰 연대조차 모호하다. 다만 플라톤 이후 아르키메데스 이전인 기원전 300년경 알렉산드리아에서 활동했을 것이라고 추정된다. 현재까지 전하는 저술로 『주어진 것들』, 『광학』 등 천문학, 음악학 관련 저술 등이 일부 남았고 『원뿔곡선론』 등 저술의 제목만 전하는 것들도 있다. 고대 그리스 수학의 기초를 집대성한 『원론』의 저자로서 인류 지성사에서 독보적인 역할을 하였다.

옮긴이

⠶ 박병하

연세대학교와 대학원에서 경영학을 공부했고 모스크바 국립대학교 수학부에서 수학을 공부하고 수리 논리 전공으로 박사 학위를 받았다. 아르키메데스의 저술집을 탐구하다가 수학의 고전에 심취하여 고대 그리스, 중세 아랍, 근대 유럽의 수학 고전을 공부하고 번역하고 강의하였다. 청소년을 위한 수학책과 몇 권의 수학 대중서를 썼고 약 6년간 유클리드 『원론』 전체를 1회 강독했고 그후 3년째 2회 강독 중이다.

한국연구재단총서 학술명저번역 **640**

유클리드 원론 ②

1판 1쇄 펴냄 | 2022년 11월 4일
1판 3쇄 펴냄 | 2023년 10월 18일

지은이 | 유클리드
옮긴이 | 박병하
펴낸이 | 김정호

책임편집 | 박수용
디자인 | 이대응

펴낸곳 | 아카넷
출판등록 2000년 1월 24일(제406-2000-000012호)
10881 경기도 파주시 회동길 445-3
전화 | 031-955-9510(편집) · 031-955-9514(주문)
팩시밀리 | 031-955-9519
www.acanet.co.kr

ⓒ 한국연구재단, 2022

Printed in Paju, Korea.

ISBN 978-89-5733-822-3 94410
ISBN 978-89-5733-214-6 (세트)